高等职业院校基于工作过程项目式系列教材
企业级卓越人才培养解决方案"十三五"规划教材

Spark 应用技术与处理

天津滨海迅腾科技集团有限公司　编著

天津大学出版社
TIANJIN UNIVERSITY PRESS

图书在版编目(CIP)数据

Spark应用技术与处理 / 天津滨海迅腾科技集团有限
公司编著. —天津：天津大学出版社，2020.1
高等职业院校基于工作过程项目式系列教材　企业级
卓越人才培养解决方案"十三五"规划教材
ISBN 978-7-5618-6623-8

Ⅰ.①S… Ⅱ.①天… Ⅲ.①数据处理软件－高等职
业教育－教材 Ⅳ.①TP274

中国版本图书馆CIP数据核字(2020)第020905号

主　　编：李春格　刘　健
副主编：贺国旗　王建敏
　　　　翟亚峰　张明宇

出版发行	天津大学出版社	
地　　址	天津市卫津路92号天津大学内(邮编:300072)	
电　　话	发行部:022-27403647	
网　　址	www.tjupress.com.cn	
印　　刷	廊坊市海涛印刷有限公司	
经　　销	全国各地新华书店	
开　　本	185mm×260mm	
印　　张	19	
字　　数	475千	
版　　次	2020年1月第1版	
印　　次	2020年1月第1次	
定　　价	68.00元	

高等职业院校基于工作过程项目式系列教材
企业级卓越人才培养解决方案"十三五"规划教材
编写委员会

成永江　东营科技职业学院
陈章侠　德州职业技术学院
王作鹏　烟台职业学院
郑开阳　枣庄职业学院
景悦林　威海职业学院
常中华　青岛职业技术学院
张洪忠　临沂职业学院
宋　军　山西工程职业学院
刘月红　晋中职业技术学院
田祥宇　山西金融职业学院
任利成　山西轻工职业技术学院
赵　娟　山西旅游职业学院
陈　炯　山西职业技术学院
范文涵　山西财贸职业技术学院
郭社军　河北交通职业技术学院
麻士琦　衡水职业技术学院
娄志刚　唐山科技职业技术学院
刘少坤　河北工业职业技术学院
尹立云　宣化科技职业学院
廉新宇　唐山工业职业技术学院
崔爱红　石家庄信息工程职业学院
郭长庚　许昌职业技术学院
李庶泉　周口职业技术学院
周　勇　四川华新现代职业学院
周仲文　四川广播电视大学
张雅珍　陕西工商职业学院
夏东盛　陕西工业职业技术学院
景海萍　陕西财经职业技术学院
许国强　湖南有色金属职业技术学院
许　磊　重庆电子工程职业学院
谭维齐　安庆职业技术学院
董新民　安徽国际商务职业学院
孙　刚　南京信息职业技术学院
李洪德　青海柴达木职业技术学院
王国强　甘肃交通职业技术学院

基于产教融合校企共建产业学院创新体系简介

基于产教融合校企共建产业学院创新体系是天津滨海迅腾科技集团有限公司联合国内几十所高校,结合数十个行业协会及1000余家行业领军企业的人才需求标准,在高校中实施十年而形成的一项科技成果,该成果于2019年1月在天津市高新技术成果转化中心组织的科学技术成果鉴定中被鉴定为国内领先水平。该成果是贯彻落实《国务院关于印发国家职业教育改革实施方案的通知》(国发〔2019〕4号)的深度实践,开发出了具有自主知识产权的"标准化产品体系"(含329项具有知识产权的实施产品)。从产业、项目到专业、课程形成了系统化的操作实施标准,构建了具有企业特色的产教融合校企合作运营标准"十个共",实施标准"九个基于",创新标准"七个融合"等全系列、可操作、可复制的产教融合系列标准,取得了高等职业院校校企深度合作的系统性成果。该成果通过企业级卓越人才培养解决方案(以下简称解决方案)具体实施。

该解决方案是面向我国职业教育量身定制的应用型技术技能人才培养解决方案,是以教育部—滨海迅腾科技集团产学合作协同育人项目为依托,依靠集团的研发实力,通过联合国内职业教育领域相关的政策研究机构、行业、企业、职业院校共同研究与实践获得的方案。本解决方案坚持"创新校企融合协同育人,推进校企合作模式改革"的宗旨,消化吸收德国"双元制"应用型人才培养模式,深入践行基于工作过程"项目化"及"系统化"的教学方法,形成工程实践创新培养的企业化培养解决方案,在服务国家战略——京津冀教育协同发展、中国制造2025(工业信息化)等领域培养不同层次的技术技能型人才,为推进我国实现教育现代化发挥了积极作用。

该解决方案由初、中、高三个培养阶段构成,包含技术技能培养体系(人才培养方案、专业教程、课程标准、标准课程包、企业项目包、考评体系、认证体系、社会服务及师资培训)、教学管理体系、就业管理体系、创新创业体系等,采用校企融合、产学融合、师资融合"三融合"的模式在高校内共建大数据(AI)学院、互联网学院、软件学院、电子商务学院、设计学院、智慧物流学院、智能制造学院等,并以"卓越工程师培养计划"项目的形式推行,将企业人才需求标准、工作流程、研发规范、考评体系、企业管理体系引进课堂,充分发挥校企双方的优势,推动校企、校际合作,促进区域优质资源共建共享,实现卓越人才培养目标,达到企业人才招录的标准。本解决方案已在全国几十所高校实施,目前形成了企业、高校、学生三方共赢的格局。

天津滨海迅腾科技集团有限公司创建于2004年,是以IT产业为主导的高科技企业集团。集团业务范围覆盖信息化集成、软件研发、职业教育、电子商务、互联网服务、生物科技、健康产业、日化产业等。集团以科技产业为背景,与高校共同开展"三融合"的校企合作混合所有制项目。多年来,集团打造了以博士研究生、硕士研究生、企业一线工程师为主导的科研及教学团队,培养了大批互联网行业应用型技术人才。集团先后荣获全国模范和谐企业、国家级高新技术企业、天津市"五一"劳动奖状先进集体、天津市"AAA"级劳动关系和谐企业、天津市"文明单位"、天津市"工人先锋号"、天津市"青年文明号"、天津市"功勋企业"、天津市"科技小巨人企业"、天津市"高科技型领军企业"等近百项荣誉。集团将以"中国梦,腾之梦"为指导思想,深化产教融合,坚持围绕产业需求,坚持利用科技创新推动生产,坚持激发职业教育发展活力,形成"产业 + 科技 + 教育"生态,为我国职业教育深化产教融合、校企合作的创新发展作出更大贡献。

前　言

随着互联网数据的逐渐增多,对大数据处理与计算的要求也越来越高,而 Hadoop 中的 MapReduce 计算组件并不能进行实时推荐和用户行为分析等对实时性要求较高的工作, Spark 实时计算框架的出现使 Hadoop 的这一问题得到解决, Spark 能够通过自身丰富的 API 和基于内存的高速执行引擎完成数据批处理和交互式查询。

本书主要涉及八个项目,通过初识 Spark 与环境部署学习 Spark 的优势和运行架构,通过手机号码归属地信息查询学习 Scala 基础语法结构、变量和流程控制,通过简易计算器制作学习 Scala 类和对象的定义及基本使用,通过学生信息统计学习 RDD 创建方法与 Transformation 算子使用方法,通过网站浏览量分析学习分区器的使用方法,通过商品交易信息统计学习 SparkSession、DataFrame 的创建方式,通过热门网页信息实时更新学习信息实时更新,通过网站访问行为实时分析学习 Spark 实时处理数据;严格按照生产环境中的操作流程对知识体系进行编排;使用循序渐进的方式从 Spark 环境搭建、开发语言介绍、相关组件使用以及 Spark 性能优化等方面对知识点进行讲解。

本书结构条理清晰、内容详细,每个项目都通过学习目标、学习路径、任务描述、任务技能、任务实施、任务总结、英语角和任务习题八个模块进行相应知识的讲解。其中,学习目标和学习路径对本项目包含的知识点进行简述;任务实施模块对本项目中的案例进行了步骤化的讲解;任务总结模块作为最后陈述,对使用的技术和注意事项进行了总结;英语角解释了本项目中专业术语的含义,使学生全面掌控所讲内容。

本书由李春格、刘健共同担任主编,贺国旗、王建敏、翟亚峰、张明宇担任副主编,李春格、刘健负责整书编排,项目一和项目二由贺国旗负责编写,项目三和项目四由王建敏负责编写,项目五和项目六由翟亚峰负责编写,项目七和项目八由张明宇负责编写。

本书理论内容简明、扼要,实例操作讲解细致、步骤清晰,实现了理实结合,操作步骤后有对应的效果图,便于读者直观、清晰地看到操作效果,牢记书中的操作步骤,使读者对 Spark 相关知识的学习更加顺利。

天津滨海迅腾科技集团有限公司

技术研发部

2019 年 10 月

目　录

项目一　初识 Spark 与环境部署

通过对 Spark 架构与环境部署的学习，了解 Spark 的相关概念，熟悉 Spark 的优势和运行架构，掌握 Spark 的集群搭建和集群操作，具有独立完成 Spark 单机环境与集群环境部署的能力，在任务实现过程中：

- 了解 Spark 的相关概念；
- 熟悉 Spark 的优势和运行架构；
- 掌握 Spark 的集群搭建和集群操作；
- 具有独立完成 Spark 单机环境与集群环境部署的能力。

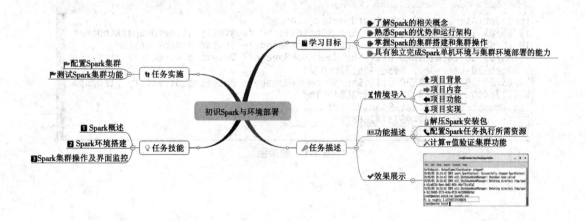

【情境导入】

随着信息时代的发展，各行业对大数据处理与计算的要求也越来越高，Hadoop 中的 MapReduce 计算框架无法满足实时推荐和用户行为分析等对实时性要求较高的业务，直到 Spark 的出现。Spark 是实时计算框架，它能够通过自身丰富的应用程序编程接口（Application Programming Interface，API）和基于内存的高速执行引擎完成数据批处理和交互式查询。本项目通过对 Spark 基础架构的讲解和配置文件的讲解，最终完成 Spark 环境的部署。

【功能描述】

● 解压 Spark 安装包。
● 配置 Spark 任务执行所需资源。
● 计算 π 值验证集群功能。

【效果展示】

通过对本项目的学习，能够使用 Spark 配置属性以及配置方法等相关属性，完成 Spark 的集群部署和集群验证等任务。效果如图 1-1 所示。

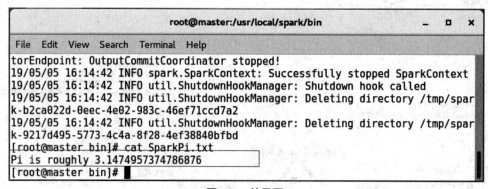

图 1-1　效果图

技能点一　　Spark 概述

1.Spark 简介

Spark 是由加州大学伯克利分校的 AMP 实验室（Algorithms, Machines, and People Lab）所开发的，基于内存的并行计算框架，是为实现大规模数据处理而设计的快速通用计算引擎。Spark 依靠其先进的设计理念，迅速成为社区的热门项目。Spark 虽然拥有 MapReduce 所具有的优点，但与 MapReduce 不同的是，Spark 中 Job 的中间输出结果可以保存到内存中，不再需要读写分布式文件系统（Hadoop Distributed File System，HDFS），从而提高了它的读写速度，因此 Spark 能更好地适用于数据挖掘与机器学习等需要迭代的 MapReduce 的算法。

Spark 使用 Scala 语言作为其应用程序框架。与 Hadoop 不同，Spark 和 Scala 能够进行紧密集成，其中 Scala 可以像操作本地集合对象一样轻松地操作分布式数据集。Spark 图标如图 1-2 所示。

图 1-2　Spark 图标

2.Spark 优势

Spark 以快速、简洁易用、通用以及支持多种运行模式四大特性著称，是众多企业的标准大数据分析框架，其四大特性如下所示。

（1）快速

Hadoop 中的 MapReduce 读 / 写性能因受到了磁盘读 / 写和网络 I/O 速度的约束，在处理迭代计算、实时计算或交互式数据查询时无法有效地提高性能。

Spark 作为一个面向内存的大数据处理引擎，能够为多个不同数据源的数据提供几乎实时的处理，适用于需要多次操作特定数据集的场景。

在相同环境下处理相同数据时，内存中运行 Spark 时的处理速度要比 MapReduce 快 100 多倍，如图 1-3 所示，在磁盘中 Spark 的处理速度比 MapReduce 快 10 倍，如图 1-4 所示。

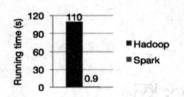

图 1-3　内存中 Spark 与 MapReduce 速度对比

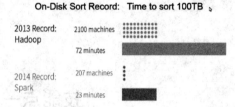

图 1-4　磁盘中 Spark 与 MapReduce 速度对比

Spark 的性能比 MapReduce 的性能高如此之多，主要得益于基于内存和优秀的作业调度策略，详细说明如下。

1）基于内存

Spark 可以在内存中处理任何可能的数据，也可以将未全部加载到内存中的数据放到磁盘中进行处理。由于内存的读 / 写速度和磁盘存在巨大的差异，所以内存对数据的处理速度要比磁盘快数倍。

2）优秀的作业调度策略

因为 Spark 采用了有向无环图（Directed Acyclic Graph，DAG）这一概念，所以 Spark 应用程序可以分为若干个作业，Spark 会将每个作业抽象成为一个图，图中每个节点都是一个数据集，图中的边为数据集之间的转换关系，Spark 会根据响应的策略将有向无环图拆分为若干个子图，其中每个图为一个阶段，每个阶段都对应了一组任务，Spark 会将每组任务交由集群中的执行器进行计算。Spark 借助了 DAG 对应用程序的执行进行优化，能够更好地实现数据流循环和数据计算。

（2）简洁易用

Spark 除了在计算性能方面尤为突出外，在易用性方面也是 Hadoop 或其他同类计算框架无法比拟的。它不但支持 Scala、Java、Python 等多种语言的 API，还是基于 Scala 语言开发的。并且，由于 Scala 是一种面向对象的函数式静态编写语言，因此，Spark 能够借助其强大的类型推断、模式匹配、隐式转换等功能让 Spark 应用程序代码非常简洁。

（3）通用

与 MapReduce 相比，Spark 在性能和方案统一性方面都有着巨大优势，Spark 框架中包含了多个集成紧密的组件，如图 1-5 所示，底层的 Spark Core 实现了作业调度、内存管理、容错和存储系统交互等功能，并且为弹性分布式数据集（Resilient Distributed Datasets，RDD）提供了丰富的操作。Spark 在 Spark Core 的基础上提供了能够应对不同应用需求的组件，主要有 Spark SQL、Spark Streaming、MLlib、GraphX。

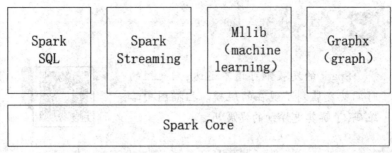

图 1-5　Spark 软件栈

（4）支持多种运行模式

Spark 为 Mesos 和 YARN 提供了可靠的支持。在生产环境中，中小规模的集群可以采用更加轻量级的 Spark Standalone 模式（不适用外部资源管理框架），该模式可以满足中小型企业的业务需求。

Spark on YARN 模式：该模式作为一个用来提交程序的客户端，将 Spark 任务提交到YARN，并由 YARN 负责调度和管理 Spark 任务执行过程中所需的资源。此模式需要先部署 YARN，然后将 Spark 作为一个组件纳入 YARN 的调度管理中，以帮助系统共享资源。

Spark on Mesos 模式：该模式是 Spark 与 Mesos 进行结合的运行模式。Apache Mesos能够将 CPU、内存等资源从计算机的物理硬件中进行抽象隔离，搭建一个高容错、弹性配置的分布式系统。Mesos 同样采用 master/slave 架构，并支持粗粒度模式和细粒度模式两种调度模式。

Spark Standalone 模式：该模式是不借助于第三方资源管理框架的完全分布式模式。Spark 使用自己的 Master 进程对应用程序运行过程中所需的资源进行调度和管理。中小规模的 Spark 集群首选 Standalone 模式。

3.Spark 发展历史

Spark 作为一个入门门槛较高并且相对复杂的平台，仅仅用了 10 年的时间就已经从测试版发展到了如今较为成熟的正式版。从最初的研究性项目到 2010 年的正式开源，它在2013 年成为 Apache 的基金项目并在 2014 年成为 Apache 的顶级项目，这个过程也仅仅用了 5 年的时间。Spark 的发展过程如下。

● 2009 年，Spark 诞生于加州大学伯克利分校的 AMP 实验室。

● 2010 年，Spark 正式对外开源。

● 2014-05-30，Spark 1.0.0 发布。为 Spark SQL、MLlib、GraphX 和 Spark Streaming都增加了新特性并进行了优化。Spark 核心引擎还增加了对安全 YARN 集群的支持。

● 2016-07-26，Spark 2.0.0 发布。该版本主要更新 APIs，支持 SQL 2003，支持 R UDF，增强其性能。300 个开发者贡献了 2500 个补丁程序。

● 2016-12-28，Spark 2.1.0 发布。此发行版的 Structured Streaming 已经能够在生产环境中使用且支持 event time watermarks。此外该版本还支持了 Kafka 0.10。

● 2018-02-28，Spark 2.3.0 发布。此版本增加了对 Structured Streaming 中的 Continuous Processing 以及全新的 Kubernetes Scheduler 后端的支持，并对 DataSource 和 Structured Streaming v2 API 进行了更新。

    Spark 的发展不可谓不迅速,只短短的时间就发展到了现在的规模。扫描图中二维码,了解其更详细的发展历程。

4.Spark 生态系统

Spark 生态系统的核心组件是 Spark Core。Spark Core 能够从传统文件、HDFS、Amazon S3、Alluxio 和 NoSQL 中获取数据并利用 Standalone、EC2、YARN 和 Mesos 等资源调度管理组件并借用应用程序完成数据分析和处理。应用程序分别来自 Spark 的不同组件,如 Spark Shell 或 Spark Submit(交互式批处理方式)、Spark Streaming(实时流处理应用)、Spark SQL(即席查询)、BlinkDB(采样近似查询引擎)、MLBase/MLlib(机器学习框架)、GraphX 的图处理和 SparkR 的数学计算等。目前,Spark 已经发展成为包含众多子项目的大数据计算平台。加州大学伯克利分校将 Spark 的整个生态系统称为伯克利数据分析栈(BDAS),Spark 生态系统如图 1-6 所示。

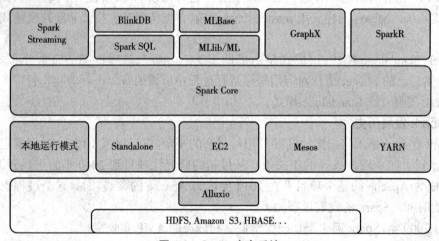

图 1-6　Spark 生态系统

各组件功能说明如下。

（1）Spark Core

Spark Core 是一个分布式大数据处理框架,提供了多种资源调度管理组件,通过内存计算、有向无环图(一个无回路的有向图 DAG)等机制保证了分布式计算任务的计算速度,还通过引入 RDD 的数据抽象保证了其容错性。

（2）Spark SQL

Spark SQL 发布之前若要将 SQL 编译成为可扩展的 MapReduce 作业只能使用 SQL On Hadoop,鉴于 Hive 的性能以及与 Spark 的兼容,Shark 由此而生。Shark 即 Hive on Spark,Shark 重用了 HiveQL 解析、逻辑执行翻译和执行计划优化等逻辑,通过使用 HiveQL 解析将其翻译成 Spark 上的 RDD 进行操作。

（3）Spark Streaming

Spark Streaming 是一个能够实现对实时数据流进行高吞吐和高容错的流式处理系统，可以对来自 Kafka、Flume、Twitter 和 ZeroMQ 等数据来源的数据进行类似 Map、Reduce 和 Join 等复杂操作，并将结果保存到外部文件系统、数据库或应用于实时数据展示。

（4）BlinkDB

BlinkDB 是一个大规模并行查询引擎，能够对海量数据进行交互式 SQL 查询，用户可以通过控制在误差范围内的数据精度来缩短查询响应时间。

（5）MLBase/MLlib

MLBase 是 Spark 中的机器学习组件，它能够降低机器学习的入门门槛，能够让不了解机器学习的人轻松地使用 MLBase 完成机器学习任务。MLBase 分为 4 个部分：MLRuntime、MLlib、MLI 和 ML Optimizer。

（6）GraphX

GraphX 最初是加州大学伯克利分校 AMP 实验室开发的分布式图计算框架，后来成为 Spark 中的核心组件，主要用于 Spark 中图和图的并行计算。

（7）SparkR

SparkR 是遵循 GNU 自由文档许可证（GNU Free Documentation Licence）协议的一款免费的开源软件，应用于统计计算和统计制图，但只能单机运行。

（8）Alluxio

Alluxio 是一个高容错的分布式文件系统，允许文件以内存的速度在集群框架中进行可靠的共享。

以上 8 个组件均为 Spark 生态体系组件，本书后面章节主要对 Spark Core、Spark SQL、Spark Streaming 3 个组件进行详细介绍。

5.Spark 运行架构

Spark 使用的是分布式计算中的 master/slave 模型，master 代表集群中含有 Master 进程的节点，主要负责整个集群的正常运行；slave 代表集群中含有 Worker 进程的节点，负责接收主节点命令和状态汇报。运行架构如图 1-7 所示。

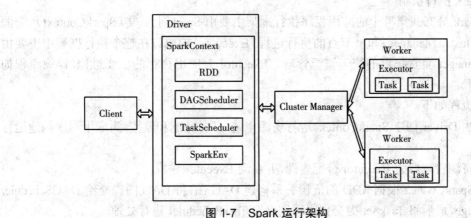

图 1-7　Spark 运行架构

Spark 架构主要由 Client 作业提交程序、Driver 驱动程序运行程序、Cluster Manager 资源调度程序和 Worker 执行程序等组成,详细说明如下。

●   Client 程序:Client 程序可以是一台提交程序的物理机或一个终端,负责将 Spark 程序提交到集群中运行。

●   Driver 程序:Driver 程序的主要工作是创建用户的上下文,这个上下文中包括 DAGScheduler、TaskScheduler 等控件。Driver 程序能够完成 RDD 的生成并能够将 RDD 划分成有向无环图后生成 Task,并在接收到 master 的指令后将生成的 Task 发送到 Worker 节点上进行执行等工作。

●   Worker:集群中可以运行 Application(应用程序)的节点。

●   Executor:运行在 Worker 节点的 Task 执行器,Executor 能够启动线程池来运行 Task,并能够将结构数据存储在内存或磁盘中。

●   SparkContext:整个 Spark 应用的上下文,负责控制应用的生命周期。

●   RDD:Spark 的基本计算单元。

●   DAGScheduler:根据 Job 构建基于 Stage 的 DAG 工作流,并提交 Stage 给 TaskScheduler。

●   TaskScheduler:将 Task 分发给 Executor 执行。

●   SparkEnv:线程级别的上下文,用来存储任务在运行时的重要组件的引用。

●   Cluster Manager 程序:整个集群的 master,主要完成资源的调度。

快来扫一扫!

在学习 Spark 相关知识时,是否对 Spark 相关词语的含义理解不够充分呢?扫描图中二维码,一起来学习吧!

6.Spark 执行机制

在 Spark 分布式集群上的应用程序执行框架主要由 Spark 上下文(SparkContext)、资源管理器(Cluster Manager)和单节点的执行进程(Executor)构成。在整个执行框架中主要由 Cluster Manager 负责集群的统一资源管理。Executor 为应用执行的主要进程,详细流程如图 1-8 所示。

基本流程如下。

●   由 Driver 创建 SparkContext 进行资源申请、任务分配和监控,为应用程序构建运行环境。

●   资源管理器为 Executor 分配资源,并启动 Executor 进程。

●   SparkContext 根据 RDD 的依赖关系构建 DAG 图,将 DAG 图提交给 DAGScheduler 解析为 Stage,最后将 TaskSet 提交到底层调度器 TaskScheduler 进行处理。

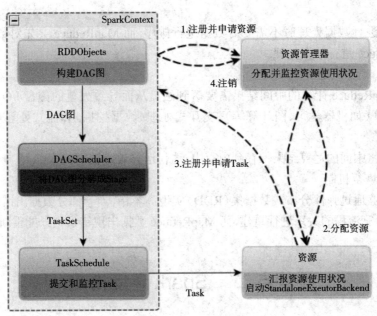

图 1-8 详细流程图

● Executor 向 SparkContext 申请 Task，TaskScheduler 将 Task 发放给 Executor 运行并提供应用程序代码。

● Task 在 Executor 上运行，把执行结果反馈给 TaskScheduler，然后反馈给 DAGScheduler，运行完毕后写入数据并释放所有资源。

7.Spark 与 MapReduce 区别

在实际生产环境中，由于 MapReduce 在处理较大数据集时存在高延迟的问题，所以导致 Hadoop 无法适用于对时间有较高要求的场景，很多公司将 Spark 作为大数据计算的核心技术，Spark 与 MapReduce 的具体区别如下。

（1）通用性

在通用性方面，Spark 不但提供了 Transformation 和 Action 两大类算子，另外还有专门为流式数据处理设计的 Spark Streaming 流计算框架和 GraphX 图计算框架等，而 MapReduce 只提供了 Map 和 Reduce 两种操作。

（2）内存利用和磁盘开销

MapReduce 会将计算的中间结果写入磁盘，MapReduce 之间通过 HDFS 进行数据交换从而提高可靠性，减少内存占用，但是性能会大量衰减。

Spark 中的 DAGScheduler 类似于一个改进版的 MapReduce，它默认会将结果写入内存，如果不需要与其他节点进行数据的交换，Spark 会在内存中一次性将计算完成，中间无须将结果保存到磁盘从而减少了对磁盘的读 / 写操作。如果操作过程中需要进行数据交换，Spark 会将 shuffle 的数据写入磁盘。

（3）任务调度

MapReduce 任务调度和启动开销大，Spark 用线程池模型减少了 Task 启动的开销。

（4）排序

Spark 在进行数据处理时不需要对数据进行排序，而 MapReduce 会先对数据进行排序然后交由 Reduce 进行数据处理。

（5）迭代

因为 MapReduce 计算的中间结果需要落到磁盘从而导致大量的磁盘 I/O，所以不适合处理迭代计算（如机器学习、图计算等）、交互式处理（数据挖掘）和流式处理（点击日志分析）等。

Spark 会将中间的运算结果保存到内存中，迭代运算效率较高。

（6）错误恢复机制

Spark 能够通过弹性分布式数据集（RDD）实现高容错，当一部分数据出错或丢失时，可通过数据集计算流程的关系进行重建，而 MapReduce 数据出现错误则只能重新进行计算。

技能点二　　Spark 环境搭建

1.Spark 目录结构

Spark 与 Hadoop 一样都分为单机环境配置和集群环境配置，单机配置中环境启动后 Master 与 Worker 进程同属于一个节点，而集群配置则是 Master 进程和 Worker 进程分别在不同的节点。通过以下步骤完成 Spark 的单机环境配置。

第一步：登录 Spark 下载网址 "https://www.apache.org/dyn/closer.lua/spark/spark-2.4.2/spark-2.4.2-bin-hadoop2.7.tgz" 下载 Spark 最新稳定版，如图 1-9 所示。

图 1-9　　下载 Spark

　　第二步：将安装包和 MySQL 驱动包同时上传到 Centos7 虚拟机中的 /usr/local 目录下，执行解压和重命名命令（安装 Spark 时安装 Hadoop），代码如下。

```
[root@master ~]# cd /usr/local/
[root@master local]# tar -zxvf spark-2.4.2-bin-hadoop2.7.tgz
[root@master local]# mv spark-2.4.2-bin-hadoop2.7 spark
[root@master local]# cd ./spark
[root@master local]# ll
```

结果如图 1-10 所示。

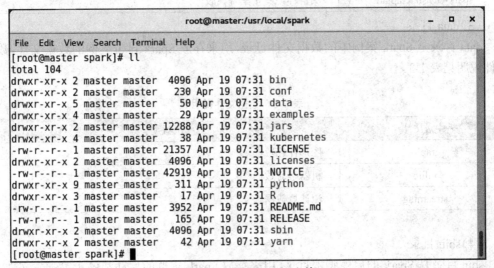

图 1-10　解压 Spark 文件

　　Spark 常用功能目录分别有"./bin""./conf"" ./data"" ./lib"" ./examples"" ./sbin"，详细说明如下。

　　（1）bin 目录

　　bin 目录是 Spark 的运行脚本目录，用来存放 Spark 可执行的脚本文件，其中常用脚本文件说明见表 1-1。

表 1-1　可执行脚本文件说明

脚本文件	说明
load-spark-env.sh	加载 spark-env.sh 中的配置信息，确保仅加载一次
pyspark	启动 Python spark shell
run-example	运行 example
spark-shell	启动 Scala spark shell
spark-submit	提交作业到 master

（2）conf 目录

conf 目录是 Spark 的配置文件目录，用来存放 Spark 的配置文件和模板文件，常用模板文件说明见表 1-2。

表 1-2　模板文件说明

模板文件	说明
log4j.properties.template	集群日志模版
slaves.template	Worker 节点配置模版
spark-defaults.conf.template	SparkConf 默认配置模版
spark-env.sh.template	集群环境变量配置模版

（3）data 目录

data 目录是 Spark 案例中的数据文件目录，用来存放 Spark 自带案例的数据文件，数据文件说明见表 1-3。

表 1-3　数据文件说明

数据文件	说明
graphx	图形计算数据
mllib	机器学习数据
streaming	流计算数据

（4）sbin 目录

sbin 目录是 Spark 的启停脚本目录，用来存放 Spark 集群的启动和停止等脚本文件，常用脚本文件说明见表 1-4。

表 1-4　集群启停脚本文件说明

脚本文件	说明
spark-daemon.sh	将一条 Spark 命令变成一个守护进程
start-all.sh	启动 Master 进程
start-history-server.sh	启动历史记录进程
start-master.sh	启动 Spark Master 进程
start-slave.sh	启动某机器上 Worker 进程
stop-all.sh	停止在 ${SPARK_CONF_DIR}/ 中配置的 slaves 的机器上的 Worker 进程
stop-history-server.sh	停止历史记录进程
stop-master.sh	停止 Spark Master 进程
stop-slave.sh	停止某机器上 Worker 进程
stop-slaves.sh	停止所有 Worker 进程

2.Spark 单机部署

Spark 单机部署是指在一台机器上既运行 Master 进程又运行 Worker 进程。Spark 的部署安装步骤与安装 Hadoop 类似，需要对其安装包进行解压和配置文件的修改等操作，Spark 部署步骤如下。

第一步：在介绍 Spark 目录结构时已经对 Spark 安装包进行了解压操作，本步骤将对 spark-env.sh 文件进行配置，配置结果如图 1-11 所示。

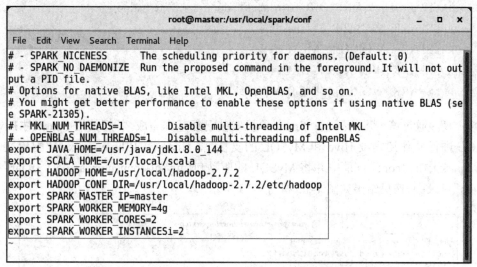

图 1-11 spark-env.sh 文件配置结果

配置 Spark 时较为常用的配置属性说明见表 1-5。

表 1-5 spark-env.sh 配置属性说明

配置属性	说明
JAVA_HOME	Java 安装目录
SCALA_HOME	Scala 安装目录
HADOOP_HOME	Hadoop 安装目录
HADOOP_CONF_DIR	Hadoop 集群的配置文件的目录
SPARK_MASTER_IP	Spark 集群的 master 节点的 IP 地址
SPARK_WORKER_MEMORY	每个 Worker 节点能够分配给 Executors 的最大内存
SPARK_WORKER_CORES	每个 Worker 节点所占有的 CPU 核数目
SPARK_WORKER_INSTANCES	每台机器上开启的 Worker 节点的数目

图 1-11 中所示的配置效果是通过复制并重命名"spark-env.sh.template"文件得来的，spark-env.sh 配置代码如下。

```
[root@master ~]# cd /usr/local/spark/conf/
[root@master conf]# cp spark-env.sh.template spark-env.sh
[root@master conf]# vi ./spark-env.sh          # 在文件底部添加如下配置
export JAVA_HOME=/usr/java/jdk1.8.0_144
export SCALA_HOME=/usr/local/scala
export HADOOP_HOME=/usr/local/hadoop-2.7.2
export HADOOP_CONF_DIR=/usr/local/hadoop-2.7.2/etc/hadoop
export SPARK_MASTER_IP=master
export SPARK_WORKER_MEMORY=4g
export SPARK_WORKER_CORES=2
export SPARK_WORKER_INSTANCES=2
```

　　第二步：通过第一步的配置，Spark 单机安装已经基本完成，若想使用 Spark 对 Hive 和 MySQL 进行操作还需要 Hive 和 MySQL 的支持，将 Hive 中的"hive-site.xml"配置文件拷贝到 Spark 中的"conf"目录中并将 MySQL 的驱动包"mysql-connector-java-5.1.39.jar"拷贝到"jars"目录中，拷贝结果如图 1-12 和图 1-13 所示。

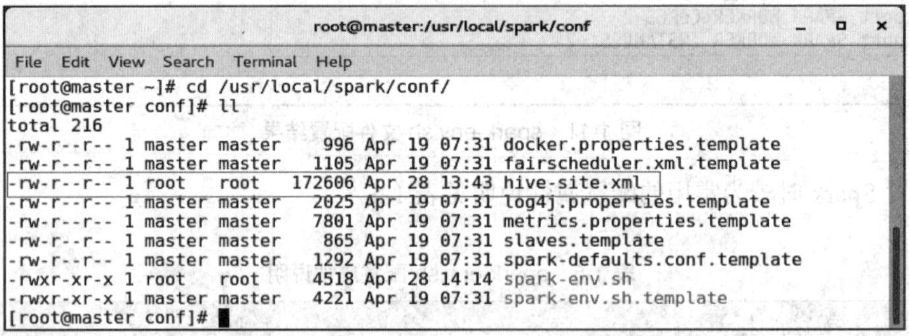

图 1-12　conf 中的 hive-sit.xml 文件

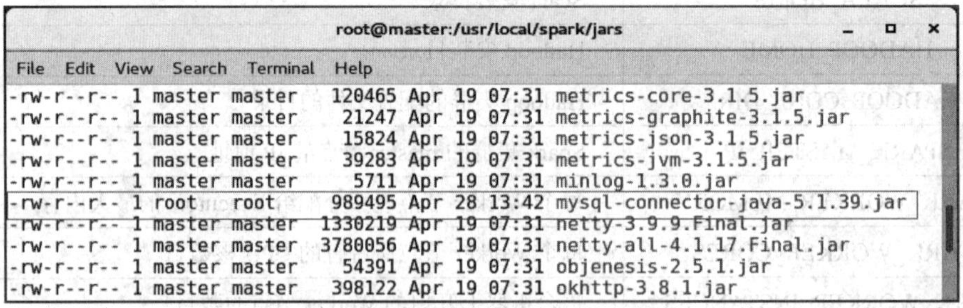

图 1-13　jars 中的 MySQL 驱动文件

　　为实现图 1-12 和图 1-13 所示的效果，代码如下。

```
[root@master ~]# cp /usr/local/mysql-connector-java-5.1.39.jar /usr/local/spark/jars
[root@master ~]# cp /usr/local/hive/conf/hive-site.xml /usr/local/spark/conf
```

第三步：配置 spark-config.sh 文件，在该配置文件中配置 jdk 路径，结果如图 1-14 所示，但需要注意，此处不配置在启动 Spark 时会提示"slave JAVA_HOME not set"错误。

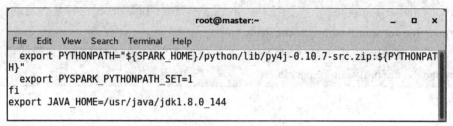

图 1-14   配置 spark-config.sh

为实现图 1-14 所示的效果，代码如下。

```
[root@master ~]# vi /usr/local/spark/sbin/spark-config.sh    # 在文件底部添加如下配置
export JAVA_HOME=/usr/java/jdk1.8.0_144
```

第四步：进入 Spark 的"sbin"目录，启动 Spark 进程，并使用 Spark 自带的案例测试 Spark 是否能够正常使用，效果如图 1-15 和图 1-16 所示。

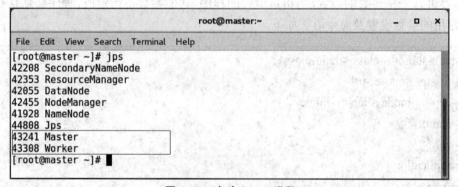

图 1-15   启动 Spark 进程

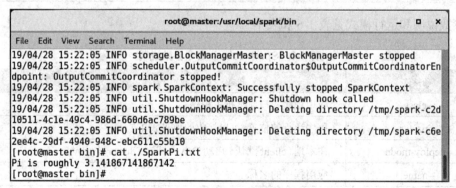

图 1-16   使用 Spark 计算 π 值

为实现图 1-15 和图 1-16 所示的效果，代码如下。

```
[root@master ~]# cd /usr/local/spark/sbin      # 进入 Spark 启停脚本目录
[root@master sbin]# ./start-all.sh             # 启动 Spark
[root@master sbin]# jps          # 查看 Spark 的 Master 和 Worker 进程是否启动
[root@master sbin]# cd /usr/local/spark/bin
[root@master bin]# ./run-example SparkPi 2 > SparkPi.txt   # 执行 Spark 自带的案例
[root@master bin]# cat ./ SparkPi.txt              # 查看结果
```

技能点三　　Spark 集群操作及界面监控

1.Spark submit 提交模式

spark-submit 命令提供了一个统一的 API，能够将编写好的 Spark 应用程序提交给 Spark 集群进行具体的任务计算。spark-submit 命令还提供了一些常用参数，能够设置程序执行时的内存、程序执行时使用的内核数和运行模式等。spark-submit 在提交 Spark 应用程序时需要进行一些参数的设置，当指定运行的程序，其他参数不指定时，程序会默认在本地运行，常用的参数设置及命令语法如下。

```
spark-submit --class <main-class> \
--master <master-url> \
--deploy-mode <deploy-mode> \
--name
--conf
<application-jar> \
…….            # 其他配置参数
[application-arguments]
```

参数说明和运行模式见表 1-6 和表 1-7。

表 1-6　Spark-submit 命令参数说明

参数	说明
--class	应用程序入口通常指主程序
--master	程序运行的位置，可以接收的值见表 1-7
--deploy-mode	在本地（client 默认）启动 Driver 或在 Cluster 上启动
--name	应用程序的名称
application-jar	应用程序和所有依赖关系 JAR 文件的路径
--conf	指 Spark 配置属性的值
application-arguments	传递给主类 main 方法的参数

表 1-7　运行模式

运行模式（master url）	含义
local	用一个工作线程在本地模式运行 Spark（即没有并行性）
local[K]	指使用 K 个线程在本地模式下运行 Spark（可指定为机器的核心数）
local[*]	本地运行 Spark，"*"代表工作线程与机器上的逻辑内核一样多
spark://HOST:PORT	连接到指定的 Spark 独立集群，端口默认为 7077
mesos:// HOST:PORT	连接到指定端口的 Mesos 集群
yarn	根据配置的值连接到 YARN 集群，使用 Client 或 Cluster 模式
yarn-client	相当于 YARN 用 --deploy-mode client
yarn-cluster	相当于 YARN 用 --deploy-mode cluster，只能在集群中运行时使用

　　资料包中提供了一个用于进行单词统计的"Wordcount.jar"文件和一个"words.txt"文件，"words.txt"文件内容如图 1-17 所示。

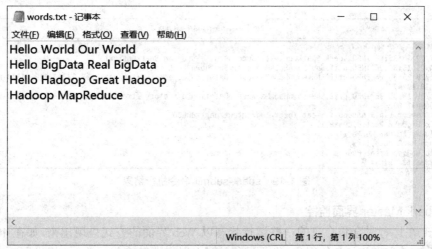

图 1-17　"words.txt"文件内容

　　第一步：将"Wordcount.jar"和"words.txt"文件上传到虚拟机的"/usr/lcoal"目录下并将"words.txt"上传到 HDFS 的"/user/log/input"目录中，命令如下。

```
[root@master local]# hadoop fs -mkdir -p /user/log/input
[root@master local]# hadoop fs -put ./words.txt /user/log/input
[root@master local]# hadoop fs -ls /user/log/input
```

结果如图 1-18 所示。

```
                    root@master:/usr/local                       _  □  ×

File  Edit  View  Search  Terminal  Help
[root@master local]# hadoop fs -mkdir -p /user/log/input
[root@master local]# hadoop fs -put ./words.txt /user/log/input
[root@master local]# hadoop fs -ls /user/log/input
Found 1 items
-rw-r--r--   1 root supergroup          94 2019-04-29 15:22 /user/log/input/words.txt
[root@master local]# █
```

图 1-18　将原文件上传到 HDFS

第二步：使用 spark-submit 命令将"Wordcount.jar"提交到 Spark 集群运行，最后将结果
输出到 HDFS 文件系统中的"/user/log/output"目录中，命令如下。

[root@master bin]# ./spark-submit --master local[*] --class com.bigdata.WordCount /usr/
local/Wordcount.jar /user/log/input/words.txt /user/log/output
　　[root@master bin]# hadoop fs -cat /user/log/output/part-00000

结果如图 1-19 所示。

```
                    root@master:/usr/local/spark/bin                 _  □  ×

File  Edit  View  Search  Terminal  Help
19/04/29 15:35:06 INFO spark.SparkContext: Successfully stopped SparkContext
19/04/29 15:35:06 INFO util.ShutdownHookManager: Shutdown hook called
19/04/29 15:35:06 INFO util.ShutdownHookManager: Deleting directory /tmp/spark-e3a57284-2066-43fd-8ddf
-85d410f19ae7
19/04/29 15:35:06 INFO util.ShutdownHookManager: Deleting directory /tmp/spark-dc30caa3-64e8-4330-8a15
-956600a41789
[root@master bin]# hadoop fs -cat /user/log/output/part-00000
(Hello BigData Real BigData,1)
(Hello World Our World,1)
(Hadoop MapReduce,1)
(Hello Hadoop Great Hadoop,1)
[root@master bin]# █
```

图 1-19　spark-submit 命令执行结果

2.Spark Master 界面监控

Spark 在运行时会将自己的一些运行状态以 Web 界面的方式呈现出来，如在 4040 端口
中能够看到提交当前任务的用户、当前运行的任务的基本信息等，Spark 提供了 3 个端口来
显示不同的监控信息，分别为 4040、8080 和 18080，其中 4040 端口中包含了多数 Spark 运行
任务时的参数，这里主要对 4040 端口进行详细说明。

4040 端口主要展示了任务运行中的状态，该端口只有在运行任务时才能够进行访问，
如图 1-20 所示。

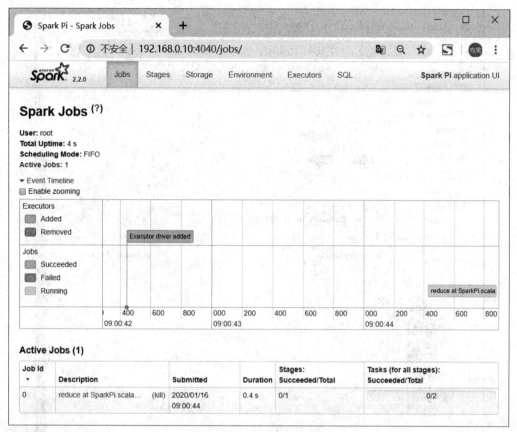

图 1-20　4040 端口页面

（1）Jobs

将任务提交到 Spark 后,日志中会输出一个 tracking URL（任务日志链接）。通过浏览器访问该链接默认进入如图 1-20 所示页面,Jobs 整体参数含义如下。

● User：Spark 提交任务时使用的用户。

● Total Uptime：spark application 的运行时间。

● Scheduling Mode：在 application 中的 Task 的任务调度策略。

● Completed Jobs：已完成 Job 的基本信息,可点击对应 Job 查看详细信息。

● Active Jobs：正在运行的 Job 基本信息。

● Event Timeline：在 application 运行时,对 Job 和 Executor 的增加和删除时间进行图形化展现。

（2）Jobs Detail

在 Jobs 页面中点击某个 Job 可查看详细信息,如图 1-21 所示。

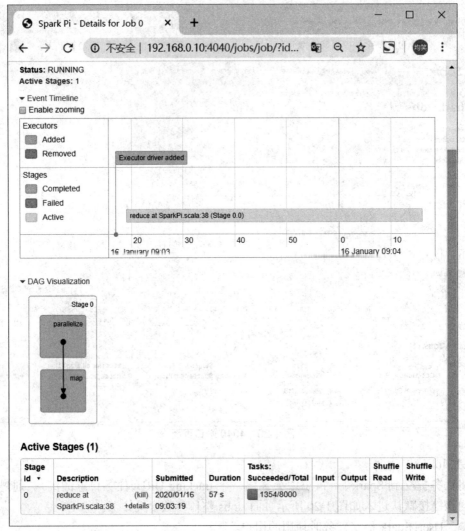

图 1-21　Jobs Detail 页面

说明如下。

● Status：Job 的当前运行状态。

● Active Stages：正在运行的 Stage 信息，可点击查看 Stage 详情。

● Pending Stages：队列中的 Stage 信息。

● Completed Stages：已完成的 Stage 信息。

● Event Timeline：当前 Job 运行期间 Stage 的信息。

● DAG Visualization：当前 Job 中所有的 Stage 信息以及各 Stage 间的 DAG 依赖图。

DAG 是一种调度模型，在 Spark 的作业调度中，有很多作业存在依赖关系，所以没有依赖关系的作业可以并行执行，有依赖的作业不能并行执行。

（3）Stages

在 Jobs Detail 页点击进入某个 Stage 后，可以查看某一 Stage 的详细信息，如图 1-22 所示。

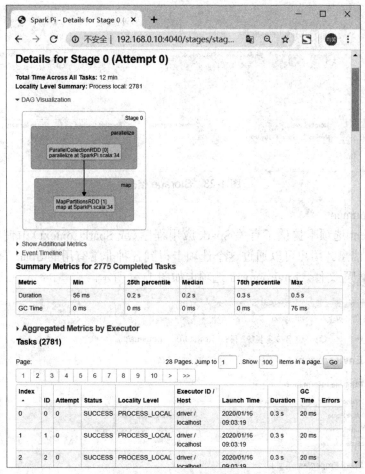

图 1-22　Stages 信息

页面信息说明如下。

● Total Time Across All Tasks：当前 Stage 中所有 Task 耗时的总和。

● Locality Level Summary：不同本地化级别下的任务数，本地化级别是指数据与计算间的关系。

● Input Size/Records：输入数据的字节大小 / 记录条数。

● Shuffle Write：Shuffle 过程中通过网络传输的数据字节数 / 记录条数。

● DAG Visualization：当前 Stage 中包含的详细的 transformation 操作流程图。

● Metrics：当前 Stage 中所有 Task 的指标统计信息，鼠标指向指标后会有对应解释信息。

● Event Timeline：每个 Executor 上的 Task 的各个阶段的时间统计信息。

● Tasks：当前 Stage 中所有任务运行的明细信息。

（4）Storage

Storage 页面中能看出 application 当前使用的缓存情况，可以查看 RDD 缓存以及内存资源占用等的情况。如果 Job 在执行时持久化（persist）/ 缓存（cache）了一个 RDD，那么 RDD 的信息可以在该页面中查看。Storage 页面如图 1-23 所示。

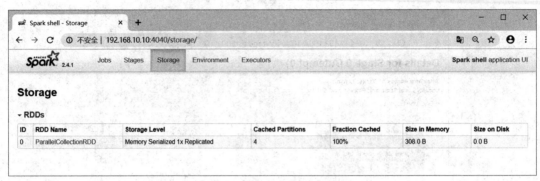

图 1-23　Storage 信息

（5）Environment

　　Environment 选项卡提供了有关 Spark 应用程序（或 SparkContext）中使用的各种属性和环境变量的信息。用户可以通过这个选项卡得到各种非常有用的 Spark 属性信息，而不用去翻找属性配置文件。Environment 选项卡如图 1-24 所示。

图 1-24　Environment 选项卡

（6）Executors

Executors 选项卡提供了关于内存、CPU 核和其他被 Executors 使用的资源的信息，这些信息在 Executors 级别和汇总级别都可以获取。一方面通过它可以看出每个 Executor 是否发生了数据倾斜，另一方面可以具体分析目前的应用是否产生了大量的 Shuffle，是否可以通过数据的本地性或者减小数据的传输来减少 Shuffle 的数据量。Executors 选项卡如图 1-25 所示。

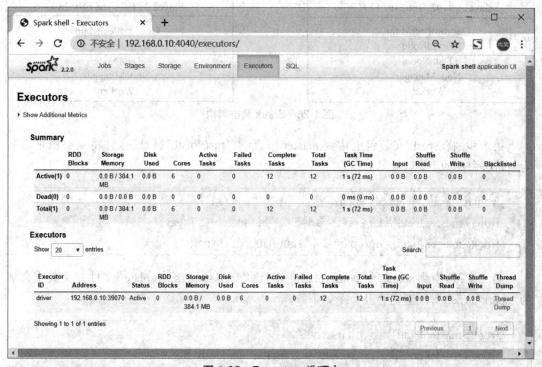

图 1-25 Executors 选项卡

其中，Summary 为该 application 运行过程中使用 Executor 的统计信息；Executors 为每个 Executor 的详细信息（包含 Driver），可以点击查看某个 Executor 中任务运行的详细日志。

通过上面的学习，可以了解 Spark 的部署方式分为单机和集群。在讲解 Spark 目录结构和配置文件时已经对单机部署方法进行了说明，为了实现更高效的数据计算，可通过以下步骤搭建完全分布式 Spark 集群环境，使用四个节点搭建 Spark 集群，将其中一个节点作为主节点，其他节点作为子节点，集群拓扑图如图 1-26 所示。

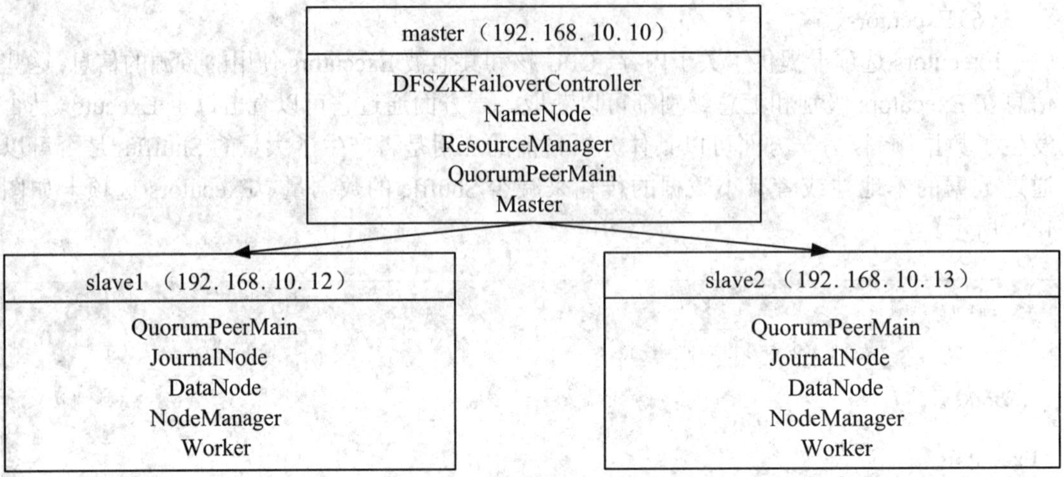

```
                    master（192.168.10.10）
              DFSZKFailoverController
                    NameNode
                    ResourceManager
                    QuorumPeerMain
                    Master
```

```
  slave1（192.168.10.12）              slave2（192.168.10.13）
      QuorumPeerMain                      QuorumPeerMain
       JournalNode                          JournalNode
        DataNode                             DataNode
       NodeManager                         NodeManager
         Worker                               Worker
```

图 1-26　Spark 集群架构

第一步：将 Spark 安装包上传到 master 节点的"/usr/local"目录下，并将其解压重命名为 spark，命令如下。

```
[root@master ~]# cd /usr/local/
[root@master local]# tar -zxvf spark-2.4.1-bin-hadoop2.7.tgz
[root@master local]# mv spark-2.4.1-bin-hadoop2.7 spark
```

第二步：切换到 spark 的"conf"目录中，复制"spark-env.sh.template"文件并将其重命名为"spark-env.sh"，配置内容及命令如下。

```
[root@master local]# cd ./spark/conf/
[root@master conf]# cp spark-env.sh.template spark-env.sh
[root@master conf]# vi spark-env.sh          # 在配置文件末尾添加如下内容
export JAVA_HOME=/usr/java/jdk1.8.0_144
export HADOOP_CONF_DIR=/usr/local/hadoop/etc/hadoop
export SPARK_MASTER_IP=master
export SPARK_MASTER_PORT=7077
export SPARK_WORKER_MEMORY=512m
export SPARK_WORKER_CORES=1
export SPARK_EXECUTOR_MEMORY=512m
export SPARK_EXECUTOR_CORES=1
export SPARK_WORKER_INSTANCES=1
export SPARK_HISTORY_OPTS="-Dspark.history.fs.logDirectory=hdfs://master:9001/
spark-logs"
```

结果如图 1-27 所示。

```
root@master:/usr/local/spark/conf                    _  □  ×

File  Edit  View  Search  Terminal  Help
# Options for native BLAS, like Intel MKL, OpenBLAS, and so on.
# You might get better performance to enable these options if using native BL
AS (see SPARK-21305).
# - MKL_NUM_THREADS=1         Disable multi-threading of Intel MKL
# - OPENBLAS_NUM_THREADS=1    Disable multi-threading of OpenBLAS
export JAVA_HOME=/usr/java/jdk1.8.0_144
export HADOOP_CONF_DIR=/usr/local/hadoop/etc/hadoop
export SPARK_MASTER_IP=master
export SPARK_MASTER_PORT=7077
export SPARK_WORKER_MEMORY=512m
export SPARK_WORKER_CORES=1
export SPARK_EXECUTOR_MEMORY=512m
export SPARK_EXECUTOR_CORES=1
export SPARK_WORKER_INSTANCES=1
export SPARK_HISTORY_OPTS="-Dspark.history.fs.logDirectory=hdfs://master:9001
/spark-logs"
```

图 1-27 spark-env.sh 配置

第三步：将"slaves.template"文件复制并重命名为"slaves"，删除 localhost 并将 slave1 和 slave2 添加到配置文件中，每行代表一个节点，命令如下。

[root@master conf]# cp slaves.template slaves

[root@master conf]# vi slaves   # 在配置文件中添加如下配置

slave1

slave2

结果如图 1-28 所示。

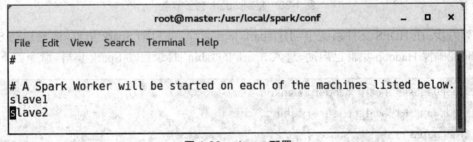

图 1-28 slaves 配置

第四步：将"spark-defaults.conf.template"复制并重命名为"spark-defaults.conf"，配置任务日志存放位置并打开任务日志功能，命令如下。

[root@master conf]# cp park-defaults.conf.template spark-defaults.conf

[root@master conf]# vi spark-defaults.conf

结果如图 1-29 所示。

```
root@master:/usr/local/spark/conf
File  Edit  View  Search  Terminal  Help
# spark.serializer                 org.apache.spark.serializer.KryoSer
ializer
# spark.driver.memory              5g
# spark.executor.extraJavaOptions  -XX:+PrintGCDetails -Dkey=value -Dn
umbers="one two three"
spark.eventLog.enabled     true
spark.eventLog.dir      hdfs://master:9000/spark-logs
-- INSERT --
```

图 1-29　spark-defaults.conf 文件配置

第五步：在主节点将配置好的 spark 目录分别复制到 slave1 和 slave2 中，命令如下。

```
[root@master local]# scp -r ./spark slave1:/usr/local
[root@master local]# scp -r ./spark slave2:/usr/local
```

结果如图 1-30 所示。

```
root@master:/usr/local
File  Edit  View  Search  Terminal  Help
spark-root-org.apache.spark.deploy. 100% 3856    3.2MB/s   00:00
spark-root-org.apache.spark.deploy. 100% 5431   10.0MB/s   00:00
spark-root-org.apache.spark.deploy. 100% 3838    1.3MB/s   00:00
spark-root-org.apache.spark.deploy. 100% 5431    7.0MB/s   00:00
spark-root-org.apache.spark.deploy. 100% 5431    1.1MB/s   00:00
spark-root-org.apache.spark.deploy. 100% 5363   10.8MB/s   00:00
spark-root-org.apache.spark.deploy. 100% 5363    8.4MB/s   00:00
[root@master local]#
```

图 1-30　复制 Spark 到子节点

第六步：在 HDFS 文件系统中创建 spark-logs 目录，并启动 Spark 集群，注意启动 Spark 集群时应确保 Hadoop 集群已启动，进入 Spark 的“sbin”目录启动 Spark 集群，命令如下。

```
[root@master local]# hadoop fs -mkdir spark-logs
[root@master local]# cd ./spark/sbin
[root@master sbin]# ./start-all.sh
[root@master sbin]# ./start-history-server.sh
[root@master sbin]# jps
```

结果如图 1-31 至图 1-33 所示。

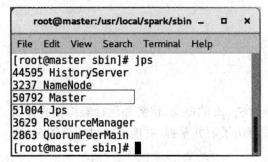

图 1-31 master 节点进程

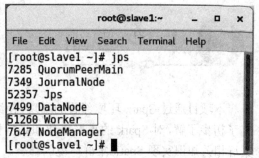

图 1-32 slave1 节点进程

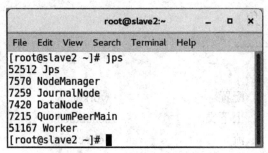

图 1-33 slave2 节点进程

第七步:验证集群功能是否能够正常使用,通过 Spark 自带的案例进行测试,命令如下。

```
[root@master bin]# ./run-example SparkPi 2 > SparkPi.txt
[root@master bin]# cat SparkPi.txt
```

结果如图 1-34 所示。

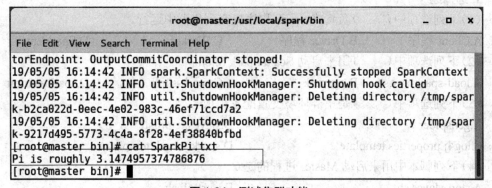

图 1-34 测试集群功能

任 务 总 结

　　本项目通过 Spark 环境部署的实现,使读者对 Spark 的概念、优势和运行架构相关知识有了初步了解,对 Spark 的集群搭建和集群操作有所了解并掌握,并能够通过所学的 Spark 集群相关知识实现 Spark 集群环境的部署。

英 语 角

deploy	配置	worker	工作程序
context	上下文	scheduler	调度器
streaming	流	connector	连接器
master	控制	locality	位置

任 务 习 题

1. 选择题

（1）下列选项中（　　　）负责将 Spark 程序提交到集群中运行。

A.Client 程序　　　　　B.Driver 程序　　　　　C.Worker　　　　　D.SparkEnv

（2）下列选项中（　　　）用来启动 Scala Spark Shell。

A.load-spark-env.sh　　B.pyspark　　　　　C.spark-shell　　　　D.spark-submit

（3）下列选项中（　　　）是集群环境变量配置模板。

A.genspider　　　　　　　　　　　　B.slaves.template

C.log4j.properties.template　　　　　　　D.spark-env.sh.template

（4）下列脚本中用来启动 Master 进程的是（　　　）。

A.stop-slaves.sh　　　　　　　　　　B.start-all.sh

C、start-history-server.sh　　　　　　D.stop-all.sh

（5）使用 spark-submit 提交任务时使用（　　　）参数设置程序入口。

A.--class　　　　　B.--deploy-mode　　　　C.--conf　　　　　D.--name

2.简答题

（1）Spark 的优势有哪些?

（2）简述 Spark 运行流程。

项目二　手机号码归属地信息查询

　　通过对手机号码归属地信息查询的实现,了解 Scala 的相关知识,熟悉 Scala 基础语法内容和声明变量,掌握 Scala 数据结构、条件语句、循环的基本使用,具有使用 Scala 知识实现查询手机号码归属地信息的能力,在任务实现过程中:

● 　了解 Scala 的相关知识;

● 　熟悉 Scala 基础语法结构和声明变量;

● 　掌握 Scala 数据结构、条件语句、循环的使用;

● 　具有实现查询手机号码归属地信息的能力。

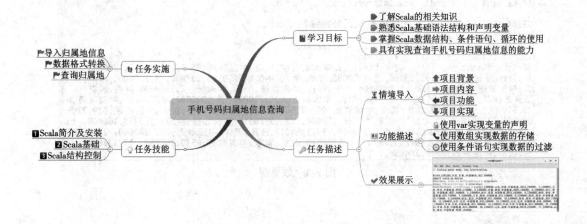

【情境导入】

现如今,手机已经成为人们生活不可或缺的一部分,手机在给人们带来便利的同时,也会伴随着一些困扰,如对于陌生的未接来电,当回拨回去后由于来电地址的不确定,会产生长途的费用,甚至有可能是诈骗号码。为了解决这一问题,可以通过归属地进行判断,当来电号码的归属地与亲朋好友所在地相同时,则很有可能是熟人,可以回拨,否则可能是骚扰电话或诈骗电话。本项目通过对 Scala 基础知识的学习,最终实现手机号码归属地信息的查询。

【功能描述】

- 使用 var 实现变量的声明。
- 使用数组实现数据的存储。
- 使用条件语句实现数据的过滤。

【效果展示】

通过对本项目的学习,能够借助 Scala 相关基础知识,实现手机号码归属地信息的查询,效果如图 2-1 所示。

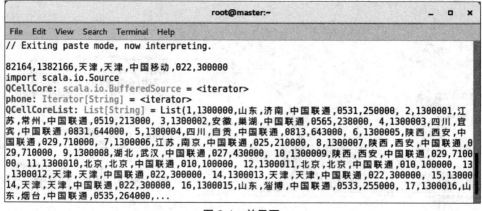

图 2-1 效果图

技能点一　Scala 简介及安装

1.Scala 简介

Scala，全称为"Scalable Language"，是运行在 Java 虚拟机（Java Virtual Machine，JVM）上的一门多范式编程语言，能够兼容大多数的 Java 程序，设计初衷是使其能够集成面向对象和函数式编程的各种特性。另外，Scala 源代码被编译成 Java 字节码，可以运行于 Java 虚拟机之上，并可以调用现有的 Java 类库。Scala 图标如图 2-2 所示。

图 2-2　Scala 图标

Scala 最早是基于 Funnel 由联邦理工学院洛桑的 Martin Odersky 在 2001 年开始设计的，之后随着时间的推移，其发生了很多变化，发展历程见表 2-1。

表 2-1　Scala 发展历程

时间	进程
2003 年年底	发布了 Java 平台的 Scala
2004 年 6 月	进行了 .NET 平台的 Scala 的发布
2006 年 3 月	出现了 .NET 平台的第二个版本的 Scala
2009 年 4 月	Twitter 宣布已经把大部分后端程序从 Ruby 迁移到 Scala，其余部分也打算要迁移。此外，Wattzon 已经公开宣称，其整个平台都已经是基于 Scala 基础设施编写的
2009 年 9 月	最新版本是版本 1.7.6
2010 年 10 月	Scala 发布了 1.8 版本，与之前有了非常大的改变，包括重新设计的集合库、类型特殊化、包对象、增强的 Actor、新的数组实现、命名和默认参数等
截至 2018 年 12 月	Scala 已经更新到 2.12 版本

Scala 经过这么长时间的发展，已经逐渐成长，众多的开发人员为其添加了各种各样的功能，使其能够全面、健康地发展，Scala 中包含的特性如下。

● 快速实验：Scala 有交互式命令行（Read-Evaluate-Print-Loop，REPL），可以在上面快速调试代码。

● 一致性：Scala 融合了静态类型系统、面向对象、函数式编程等语言特性。Scala 是融合了许多语言特性而又不显得杂乱且很少能看出融合痕迹的编程语言之一。

● 面向对象：Scala 是面向对象的编程语言，所有的变量和方法都被封装在对象中供外部使用。

● 函数式编程：Scala 又是函数式编程语言，函数可以独立存在，可以定义一个函数作为另一个函数的返回值，也可以接收函数作为函数的参数，给组合函数带来了很大的便利。如果把面向对象编程形容成搭积木的话，函数式编程就像拼线条，更灵活、更有创意。

● 异步编程：由于函数式编程提倡变量不可变以及 Scala 提供的 Future 和 Akka 类库使得异步编程变得非常容易。

● 基于 JVM：Scala 会被编译成 jvm bytecode，所以 Scala 能无缝集成已经存在的庞大且稳定的 Java 类库，如 apache.common.* 或 Java 上的各种工具类库。

● 静态类型：Scala 具备类型系统，通过编译时的检查，保证代码的安全性和一致性。类型系统具体支持以下特性：泛型类、注释（Variance Annotation）、类型继承结构的上限和下限、把类别和抽象类型作为对象成员、复合类型、引用自己时显示指定类型、视图、多态方法。

● 扩展性：Scala 的设计承认一个事实，即在实践中，某个领域特定的应用程序开发往往需要特定于该领域的语言扩展。Scala 提供了许多独特的语言机制，可以以库的形式轻易无缝添加新的语言结构。任何方法都可以用作前缀或后缀操作符，也可以根据预期类型自动构造闭包。联合使用以上两个特性，可以定义新的语句而无须扩展语法也无须使用宏之类的元编程特性。

2.Scala 安装

目前常用的操作系统有 Windows、Linux、Mac OS 等，Scala 能够很好地在各个系统平台中使用，因此，下面将分别介绍在不同系统平台进行 Scala 的安装配置，由于 Scala 是基于 Java 开发的，因此在安装 Scala 之前需要事先安装并配置好 Java 的相关环境，Scala 的安装如下。

（1）Windows 下安装

在 Windows 上进行 Scala 的安装是非常简单的，只需要在 Scala 官网下载相应的安装包进行安装，之后按照 JDK 的配置进行 Scala 的相关配置即可，步骤如下所示。

第一步：打开命令窗口，输入"java -version"进行 JDK 版本的查看，效果如图 2-3 所示。

图 2-3　JDK 版本查看

第二步：打开浏览器，输入"https://www.scala-lang.org/"进入 Scala 官网，Scala 官网如图 2-4 所示。

图 2-4 Scala 官网

第三步：点击图 2-4 中的"DOWNLOAD"按钮，进入 Scala 安装包下载界面，并滑动到页面最下方，Scala 安装包下载界面如图 2-5 所示。

Archive	System	Size
scala-2.12.8.tgz	Mac OS X, Unix, Cygwin	19.52M
scala-2.12.8.msi	Windows (msi installer)	123.96M
scala-2.12.8.zip	Windows	19.56M
scala-2.12.8.deb	Debian	144.40M
scala-2.12.8.rpm	RPM package	124.27M
scala-docs-2.12.8.txz	API docs	53.21M
scala-docs-2.12.8.zip	API docs	107.53M
scala-sources-2.12.8.tar.gz	Sources	

License

The Scala distribution is released under the Apache License, Version 2.0.

图 2-5 Scala 安装包下载界面

第四步：在图 2-5 中，找到符合系统环境的安装包，点击安装包名称进行下载。

第五步：安装包下载完成后，双击安装包进行安装，之后根据安装提示进行安装即可，

Scala 安装界面如图 2-6 所示。

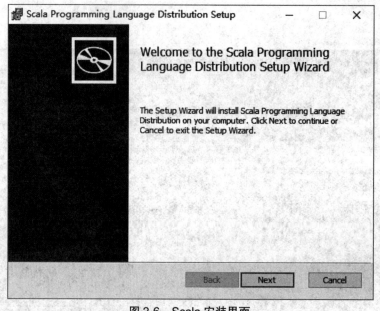

图 2-6　Scala 安装界面

第六步：出现如图 2-7 所示效果即说明 Scala 安装成功。

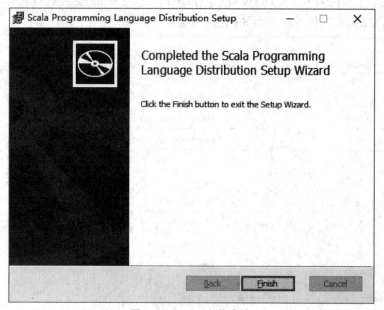

图 2-7　Scala 安装成功

第七步：Scala 安装成功后，在"我的电脑"上单击鼠标右键，之后点击"属性"→"高级系统设置"→"环境变量"进入环境变量配置界面，界面如图 2-8 所示。

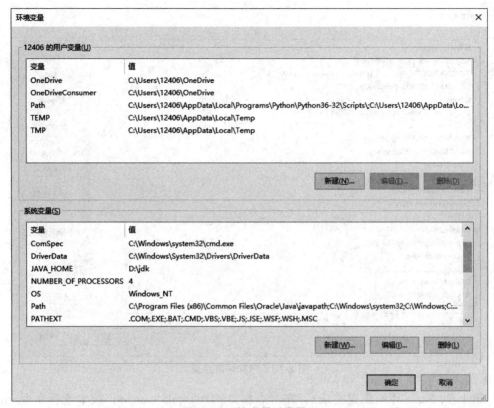

图 2-8　环境变量配置界面

第八步：点击图 2-8 下方系统变量中的"新建"按钮，在"编辑系统变量"里面，输入变量名称和 Scala 安装路径设置系统变量，效果如图 2-9 所示。

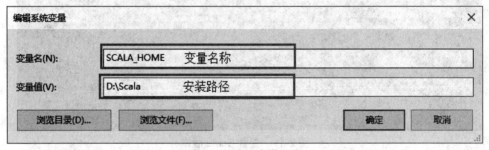

图 2-9　环境变量设置

第九步：Scala 系统变量设置完成后，在系统变量中找到 Path 变量，点击"编辑"按钮进行添加，效果如图 2-10 所示。

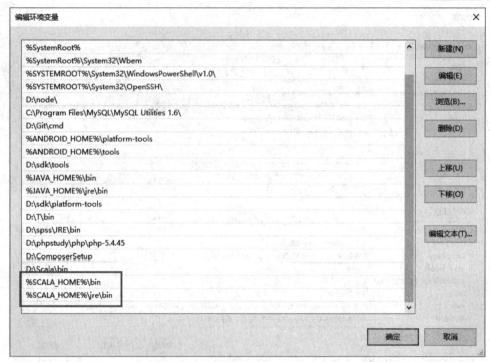

图 2-10 添加环境变量

第十步：Scala 环境配置完成后，在命令窗口输入"scala -version"版本查看命令，出现 Scala 版本即说明 Scala 环境搭建成功，效果如图 2-11 所示。

图 2-11 查看 Scala 版本

（2）Linux、Mac OS X 下安装

在 Linux、Mac OS X 下进行 Scala 的安装基本相同，这里选用 Linux 为例进行安装，步骤如下所示。

第一步：与 Windows 下相同，打开命令窗口，输入"java -version"进行 JDK 版本的查看，效果如图 2-12 所示。

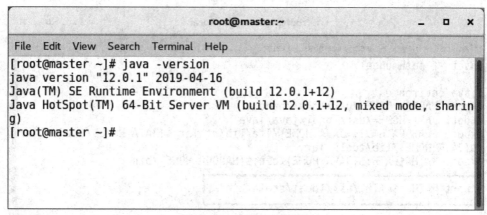

图 2-12　查看 JDK 版本

　　第二步：进入 Scala 官网，点击"DOWNLOAD"按钮，进入安装包下载界面，并滑动到页面最下方，选择符合的安装包，点击安装包名称进行下载。

　　第三步：复制当前安装包到"usr/local"路径下并进行解压，效果如图 2-13 所示。

```
                      root@master:/usr/local              _  □  ×

 File  Edit  View  Search  Terminal  Help
[root@master local]# tar -zxvf scala-2.12.8.tgz
scala-2.12.8/
scala-2.12.8/man/
scala-2.12.8/man/man1/
scala-2.12.8/man/man1/fsc.1
scala-2.12.8/man/man1/scalac.1
scala-2.12.8/man/man1/scalap.1
scala-2.12.8/man/man1/scaladoc.1
scala-2.12.8/man/man1/scala.1
scala-2.12.8/doc/
scala-2.12.8/doc/licenses/
scala-2.12.8/doc/licenses/mit_tools.tooltip.txt
scala-2.12.8/doc/licenses/mit_jquery.txt
scala-2.12.8/doc/licenses/bsd_asm.txt
scala-2.12.8/doc/licenses/bsd_jline.txt
scala-2.12.8/doc/licenses/apache_jansi.txt
scala-2.12.8/doc/License.rtf
scala-2.12.8/doc/README
```

图 2-13　解压 Scala 安装包

　　第四步：修改解压后的文件夹名称为"scala"，之后输入"vim /etc/profile"命令进行配置文件的修改，在配置文件末尾加入"export PATH="$PATH:/usr/local/scala/bin""，效果如图 2-14 所示。

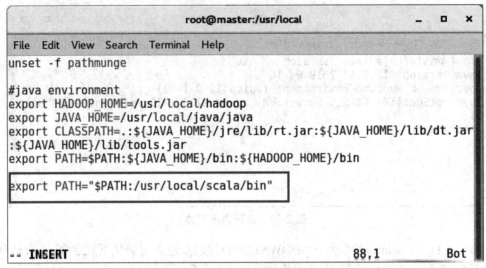

图 2-14　文件配置

第五步：修改完成后，输入"source /etc/profile"命令使配置文件生效，之后输入"scala -version"查看 Scala 版本，效果如图 2-15 所示。

图 2-15　查看 Scala 版本

技能点二　Scala 基础

1.Scala 基础语法

在 Scala 中，基础语法是必不可少的知识，是编写 Scala 程序的基石。目前，主要包括 REPL、脚本运行、语法格式、注释、包等。

（1）REPL

读取－计算－打印－循环（Read-Evaluate-Print-Loop，REPL），即 Scala 交互解释器，可以即时编译、运行代码并返回结果，在进行 Scala 的实践练习时比较好用。在窗口输入"scala"即可进入 REPL，效果如图 2-16 所示。

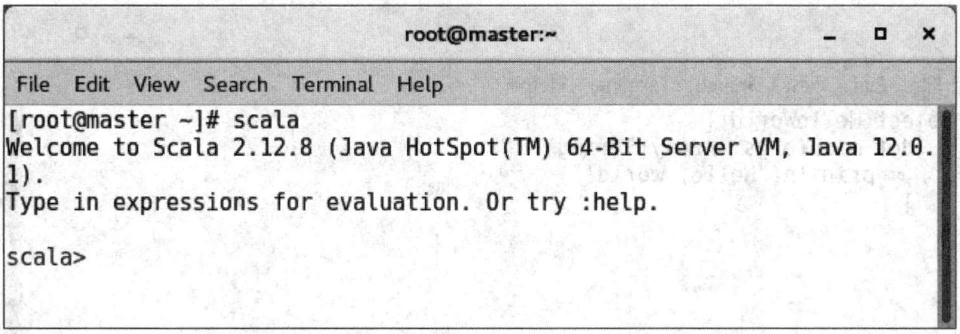

图 2-16　REPL

通过输入":quit"或按"Ctrl + C"组合键即可退出当前 REPL,另外,REPL 还提供了一个 paste 模式,可以实现大量代码块的粘贴,在 REPL 下输入":paste"即可进入 paste 模式,代码块粘贴或编写完成后,通过按"Ctrl + D"组合键即可执行代码并退出 paste 模式,效果如图 2-17 所示。

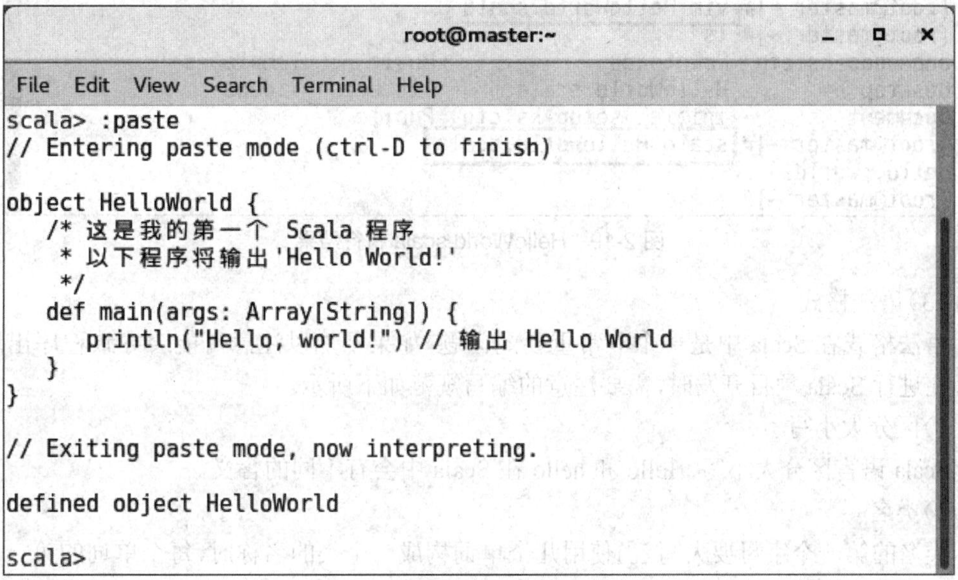

图 2-17　paste 模式

（2）脚本运行

脚本运行顾名思义就是进行 Scala 的脚本运行,在命令窗口,通过使用"scala + 名称. scala"命令即可实现 Scala 脚本的运行。在命令窗口输入"vim HelloWorld.scala"创建 Scala 文件并添加代码,之后使用"scala HelloWorld.scala"命令运行 Scala 脚本,效果如图 2-18 和图 2-19 所示。

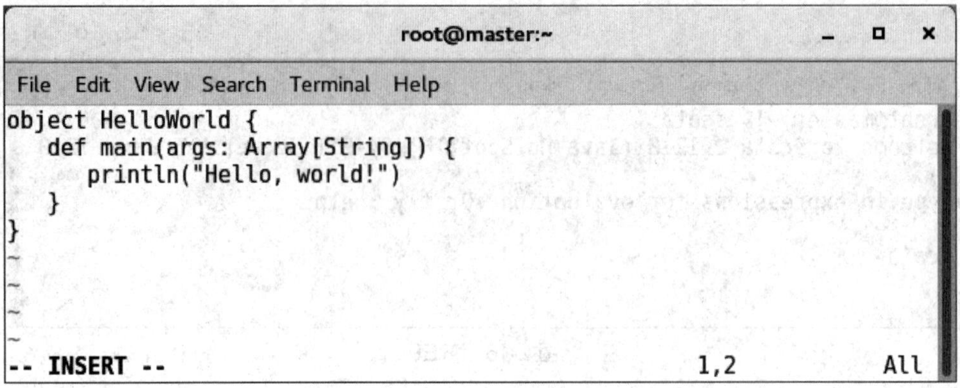

图 2-18　HelloWorld.scala 内容

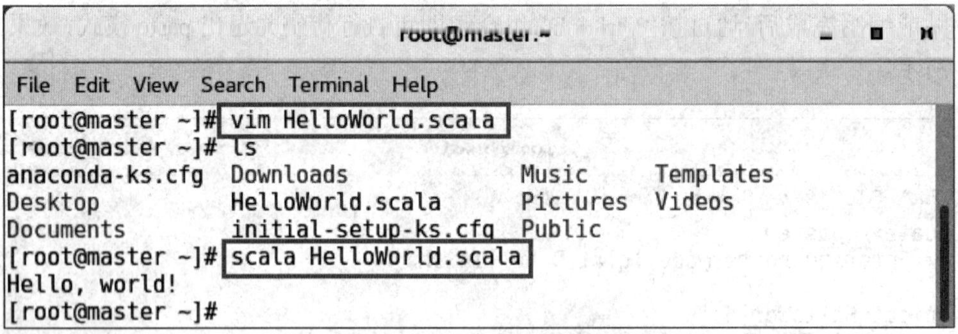

图 2-19　HelloWorld.scala 执行结果

（3）语法格式

语法格式在 Scala 中是一个非常重要的问题，如果不加以注意可能会导致程序出现问题。在进行 Scala 项目开发时，需要注意的编写规范如下所示。

1）区分大小写

Scala 语言区分大小写，Hello 和 hello 在 Scala 中会有不同的含义。

2）类名

类名的第一个字母要大写，当使用几个单词构成一个类的名称时，每个单词的第一个字母要大写，如 class MyFirstScalaClass。

3）方法名称

方法名称的第一个字母用小写，当多个单词组成方法名称时，每个单词的第一个字母应大写，如 def myMethodName()。

4）def main(args: Array[String])

Scala 程序从 main() 方法开始处理，这是每一个 Scala 程序的强制程序入口部分。

（4）注释

一个好的程序员需要学会添加注释，注释可以让其他人很好地理解当前代码的意义及实现流程，在 Scala 中包含了两种注释方式，一种是单行注释，使用"//"即可实现；另一种是多行注释，可以使用"/* 内容 */"实现，具体如图 2-20 所示。

```
object HelloWorld {
    /* 这是一个 Scala 程序
     * 这是一行注释
     * 这里演示了多行注释
     */
    def main(args: Array[String]) {
        // 输出 Hello World
        // 这是一个单行注释
        println("Hello, World!")
    }
}
```

图 2-20　Scala 注释

（5）包

包在 Java 中是一个非常重要的内容，Scala 中同样存在包，且与 Java 中的包没有什么不同，在 Scala 中，通过"package"关键字进行包的定义，但定义包的格式有两种，一种是像 Java 一样，在文件的头定义包名，包含了后续所有代码；另一种可以在同一文件中定义多个包，包含的代码只限于当前包中的代码。效果如图 2-21 所示。

```
//第一种
package hello
class HelloWorld
//第二种
package hello {
    class HelloWorld
}
```

图 2-21　Scala 定义包

包定义完成后，可以通过"import"关键字实现包的引用，其可以出现在任何地方，而不是只能在文件顶部，import 的引用效果从开始延伸到语句块的结束，可以大幅减少名称冲突的可能性，具体实现如图 2-22 所示。

```
import hello.HelloWorld
```

图 2-22　包引用

2. 常量和变量

在 Scala 中包含两个非常重要的知识，常量和变量，其中常量为一直不变的值，在项目中不允许改变，如果强制进行更改则会出现错误；变量即变化的值，能够通过赋值运算符（在下面会有讲解）进行更改。在使用常量和变量时，还需要进行声明，可以分别使用"val"和"var"关键字进行常量、变量的声明，但声明时应注意，其名称不能是关键字。声明常量和变量的语法格式如下。

```
// 定义常量
val 常量名称 : 数据类型 = 初始值
// 定义变量
var 变量名称 : 数据类型 = 初始值
```

其中,变量、常量名称为一个字符串;数据类型则规定了当前变量、常量初始值的数据类型,由于 Scala 具备类型推断功能,可以根据后面的初始值推断出当前的数据类型,因此在声明时,数据类型可以省略;初始值即当前变量、常量开始时的值; Scala 中包含的常用数据类型见表 2-2。

表 2-2　Scala 中包含的常用数据类型

数据类型	描述
Byte	8 位有符号补码整数。数值区间为 -128 到 127
Short	16 位有符号补码整数。数值区间为 -32768 到 32767
Int	32 位有符号补码整数。数值区间为 -2147483648 到 2147483647
Long	64 位有符号补码整数,需在末尾加“L”。数值区间为 -9223372036854775808 到 9223372036854775807
Float	32 位,IEEE 754 标准的单精度浮点数
Double	64 位 IEEE 754 标准的双精度浮点数
Char	16 位无符号 Unicode 字符,区间值为 U+0000 到 U+FFFF
String	字符序列
Boolean	true 或 false
Unit	表示无值,和其他语言中 void 等同。用作不返回任何结果的方法的结果类型。Unit 只有一个实例值,写成“()”
Null	Null 或空引用
Nothing	Nothing 类型在 Scala 的类层级的最低端;它是任何其他类型的子类型
Any	Any 是所有其他类的超类
AnyRef	AnyRef 类是 Scala 里所有引用类(reference class)的基类

使用“val”和“var”关键字进行常量、变量的声明,效果如图 2-23 和图 2-24 所示。

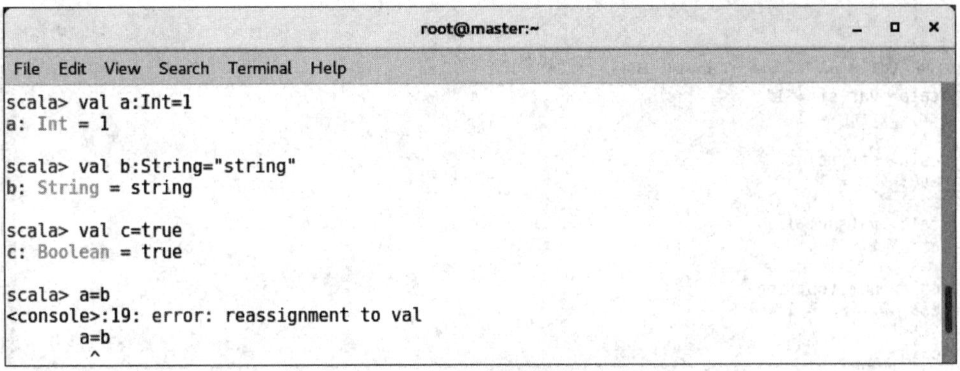

```
root@master:~                                    _  □  ✕

File  Edit  View  Search  Terminal  Help
scala> val a:Int=1
a: Int = 1

scala> val b:String="string"
b: String = string

scala> val c=true
c: Boolean = true

scala> a=b
<console>:19: error: reassignment to val
       a=b
       ^
```

图 2-23 常量声明

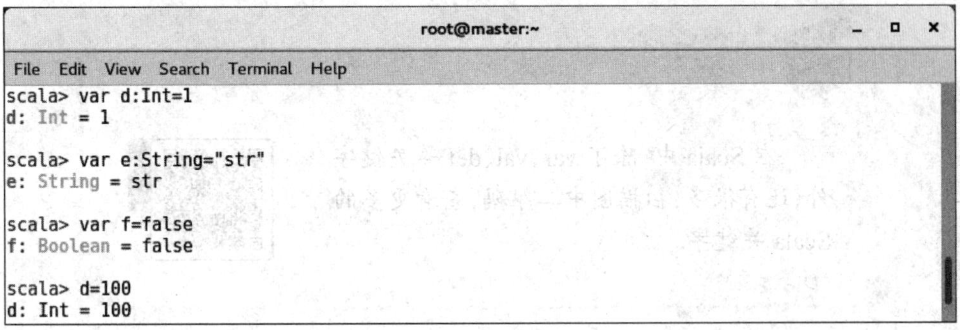

```
root@master:~                                    _  □  ✕

File  Edit  View  Search  Terminal  Help
scala> var d:Int=1
d: Int = 1

scala> var e:String="str"
e: String = str

scala> var f=false
f: Boolean = false

scala> d=100
d: Int = 100
```

图 2-24 变量声明

变量、常量声明后，数据类型也同样设置完成，如果当前的数据类型不能满足需求，Scala 提供了多个方法可以用于强制转换当前变量、常量的数据类型，常用数据类型强制转换方法见表 2-3。

表 2-3 常用数据类型强制转换方法

方法	描述
toString	强制转换为字符串类型
toInt	强制转换为 32 位有符号补码整数类型
toDouble	强制转换为双精度浮点数类型
toFloat	强制转换为单精度浮点数类型
toLong	强制转换为 64 位有符号补码整数类型

使用强制数据类型转换方法实现数据类型的转换，效果如图 2-25 所示。

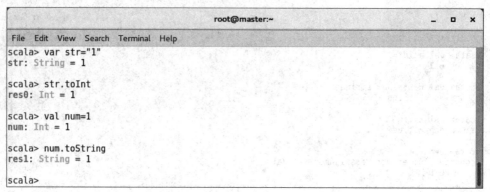

图 2-25　数据类型强制转换

在 Scala 中，除了 var、val、def 等关键字外，还有很多，扫描图中二维码，查看更多的 Scala 关键字。

3. 运算符

运算符主要用于进行变量或常量值的运算，一个运算符是一个符号，用来通知编译器执行哪类运算，Scala 中内置了丰富的运算符，包含算术运算符、关系运算符、逻辑运算符、位运算符、赋值运算符，可以实现各种各样的运算，如两个数相加、判断两个值是否相等、变量赋值等。

（1）算术运算符

算术运算符主要用于进行数字的算数运算，包括加、减、乘、除等，是最常用的运算符，部分算数运算符见表 2-4。

表 2-4　部分算数运算符

运算符	描述
+	加号
-	减号
*	乘号
/	除号
%	取余

使用算术运算符实现数值之间的运算，效果如图 2-26 所示。

图 2-26 数值之间的运算

（2）关系运算符

关系运算符主要用于实现两个值之间的判断，这个值可以是数字、字符串等，判断完成后返回值为 true 或 false，当为 true 时，则说明两个值满足当前条件，当为 false 时，则表示不满足，如两个数比较大小和是否相等的情况。部分关系运算符见表 2-5。

表 2-5 部分关系运算符

运算符	描述
==	等于
!=	不等于
>	大于
<	小于
>=	大于等于
<=	小于等于

使用关系运算符实现值之间的判断，效果如图 2-27 所示。

```
root@master:~                                    _  □  ×
File  Edit  View  Search  Terminal  Help
scala> var a=2
a: Int = 2

scala> val b=3
b: Int = 3

scala> a==b
res31: Boolean = false

scala> a!=b
res32: Boolean = true

scala> a>b
res33: Boolean = false

scala> a<b
res34: Boolean = true

scala> a>=b
res35: Boolean = false

scala> a<=b
res36: Boolean = true
```

图 2-27　值之间的判断

（3）逻辑运算符

逻辑运算符也叫逻辑联结词，可以将两个不同的命题连接起来，形成一个新的命题，如 a 大于 b 和 a 大于 c 两个条件，通过逻辑运算符的使用可以生成一个 a 大于 b 并且 a 大于 c 的命题，这个新的命题叫作复合语句或复合命题。部分逻辑运算符见表 2-6。

表 2-6　部分逻辑运算符

运算符	描述
&&	逻辑与
||	逻辑或
!	逻辑非

使用逻辑运算符定义复合语句效果，如图 2-28 所示。

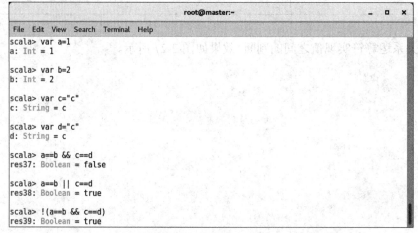

```
root@master:~                                    _  □  ×
File  Edit  View  Search  Terminal  Help
scala> var a=1
a: Int = 1

scala> var b=2
b: Int = 2

scala> var c="c"
c: String = c

scala> var d="c"
d: String = c

scala> a==b && c==d
res37: Boolean = false

scala> a==b || c==d
res38: Boolean = true

scala> !(a==b && c==d)
res39: Boolean = true
```

图 2-28　复合语句定义

（4）位运算符

位运算符主要用于对二进制形式的数值进行运算,当初始值不是二进制形式时,会将初始值转化为二进制后再进行相应运算,例如初始值为 60,在运算时其转化的二进制为"00111100"。部分位运算符见表 2-7。

表 2-7　部分位运算符

运算符	描述
&	按位与运算符,两位同为 1 时结果为 1,否则为 0
|	按位或运算符,两位只要有一位为 1 则结果为 1
^	按位异或运算符,两位不同为 1,相同为 0
~	按位取反运算符
<<	左移动运算符
>>	右移动运算符
>>>	无符号右移

使用位运算符进行数值二进制的位运算操作效果如图 2-29 所示。

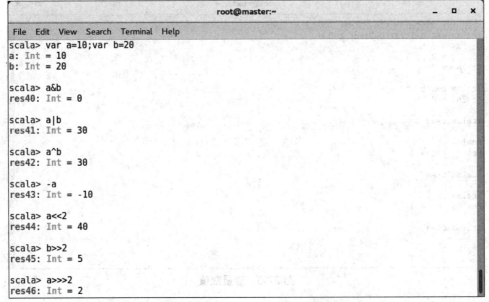

图 2-29　数值二进制的位运算操作

（5）赋值运算符

赋值运算符顾名思义主要用于对变量进行赋值,可以根据指定的赋值运算符进行运算并将运算结果赋值给变量,上面定义常量、变量时使用的"="就是最简单的赋值运算符。部分赋值运算符见表 2-8。

表 2-8 　部分赋值运算符

运算符	描述
=	简单的赋值运算，将右侧值赋给左侧
+=	相加后再赋值给左侧
-=	相减后再赋值给左侧
*=	相乘后再赋值给左侧
/=	相除后再赋值给左侧
%=	求余后再赋值给左侧
<<=	按位左移后再赋值给左侧
>>=	按位右移后再赋值给左侧
&=	按位与运算后赋值给左侧
^=	按位异或运算后再赋值给左侧
|=	按位或运算后再赋值给左侧

使用赋值运算符对变量进行赋值，效果如图 2-30 所示。

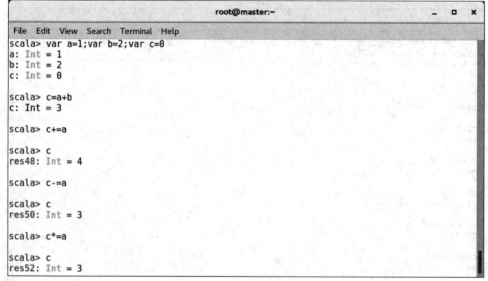

图 2-30 　变量赋值

4. 数据结构

　　数据结构是指相互之间存在一种或多种特定关系的数据元素的集合。通常情况下，精心选择的数据结构可以带来更高的运行或者存储效率。在 Scala 中，提供了多种数据结构的支持，包含字符串、数组、列表、元组、集、映射等。

　　（1）字符串

　　字符串是代码中最常见的数据结构之一，在各类编程语言中基本都会存在，Scala 中的字符串类型实际是 Java 中的 String。字符串的创建是非常简单的，只需使用"var"或"val"

关键字即可实现，当字符串创建完成后，Scala 提供了很多操作字符串的相关方法，包括长度查询、连接、字符大小写转换等，Scala 中包含的部分字符串操作方法见表 2-9。

表 2-9　部分字符串操作方法

方法	描述
charAt(index)	返回指定位置的字符
concat(str)	将指定字符串连接到此字符串的结尾
indexOf(str)	返回指定字符在此字符串中第一次出现处的索引
lastIndexOf(str)	返回指定字符在此字符串中最后一次出现处的索引
length()	返回此字符串的长度
replace(oldStr,newStr)	指定字符替换，返回一个新的字符串
split(str)	字符串拆分
toLowerCase()	将字符串中的所有字符都转换为小写
toUpperCase()	将字符串中的所有字符都转换为大写
trim()	删除指定字符串的首尾空白符

使用以上方法实现字符串的操作，效果如图 2-31 所示。

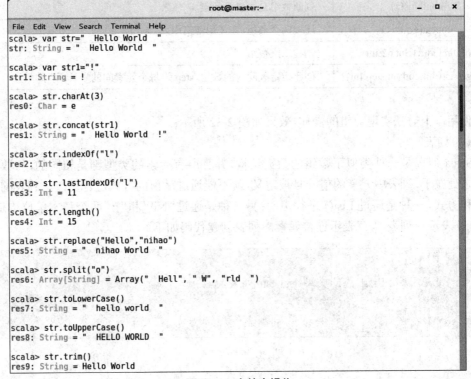

图 2-31　字符串操作

（2）数组

数组同样是编程中经常用到的数据结构之一，包括一维数组、二维数组、三维数组等，能够用来存储固定大小的同类型元素。在 Scala 中可以使用 Array() 声明数组，而不是和 Java 相同的 Array[]，之后通过索引进行某个指定元素的访问，数组的第一个元素索引为 0，最后一个元素的索引为元素总数减 1。数组的声明代码如下。

```
// 声明数组
var 数组名称 : Array[ 数据类型 ]= new Array( 数组长度 )
var 数组名称 : Array[ 数据类型 ]= Array( 数组元素 1, 数组元素 2,......)
```

数组的相关操作很多，如数组的合并、长度查询等，Scala 中包含的部分数组操作属性和方法见表 2-10。

表 2-10　部分数组操作属性和方法

属性和方法	描述
length	返回数组长度
head	查看数组的第一个元素
tail	查看数组第一个元素外的其他元素
isEmpty	判断数组是否为空
contains(x)	判断数组是否包含元素 x
concat(arr,arr1)	连接两个数组，在使用前需引入"Array._a"包
ofDim[T](n1:Int,n2:Int)	创建二维数组
range(start:Int,end:Int,step:Int)	创建指定区间内的数组，step 为每个元素间的步长，可不填

使用以上方法实现数组的操作，效果如图 2-32 所示。

（3）列表

Scala 列表是一种类似于数组的数据结构，并且所有元素的类型都是相同的，与数组的不同之处在于，列表中元素的值一旦被定义，就不能通过赋值的方式进行更改。列表的创建有两种方式，一种是通过 List() 进行声明；另一种是通过"Nil"和"::"两个基本单位构造，其中"Nil"表示空列表，"::"表示连接元素。列表创建代码如下。

```
// 列表声明
val 列表名称 : List[ 数据类型 ]= List( 列表元素 )
// 列表构造
val 列表名称 : List[ 数据类型 ]= 列表元素 :: 列表元素 ::Nil
```

```
root@master:~
File  Edit  View  Search  Terminal  Help
scala> var arr:Array[Int]=new Array(3)
arr: Array[Int] = Array(0, 0, 0)

scala> arr(0)=0;arr(1)=1;arr(2)=2

scala> arr
res11: Array[Int] = Array(0, 1, 2)

scala> var arr1:Array[Int]=Array(3,4,5)
arr1: Array[Int] = Array(3, 4, 5)

scala> arr1
res12: Array[Int] = Array(3, 4, 5)

scala> arr.length
res13: Int = 3

scala> arr.head
res14: Int = 0

scala> arr.tail
res15: Array[Int] = Array(1, 2)

scala> arr.isEmpty
res16: Boolean = false

scala> arr.contains(1)
res17: Boolean = true

scala> import Array._
import Array._

scala> concat(arr,arr1)
res18: Array[Int] = Array(0, 1, 2, 3, 4, 5)

scala> var arr2=ofDim[Int](3,3)
arr2: Array[Array[Int]] = Array(Array(0, 0, 0), Array(0, 0, 0), Array(0, 0, 0))

scala> var arr3=range(10, 20, 2)
arr3: Array[Int] = Array(10, 12, 14, 16, 18)
```

图 2-32　数组操作

Scala 中提供了许多列表的相关操作属性和方法,还包含了很多与数组相同的方法和属性,如 head、length、contains() 等,部分列表操作属性和方法见表 2-11。

表 2-11　部分列表操作属性和方法

属性和方法	描述
length	返回列表长度
head	查看列表的第一个元素
tail	查看列表第一个元素外的其他元素
isEmpty	判断列表为空
contains(x)	判断列表是否包含元素 x
concat(list,list1)	连接两个列表
last	查看列表的最后一个元素
init	查看列表最后一个元素外的其他元素

续表

属性和方法	描述
:::	连接两个列表
take(n)	获取列表前 n 个元素

使用以上方法实现列表的操作（与数组相同的属性和方法不再讲解如何使用），效果如图 2-33 所示。

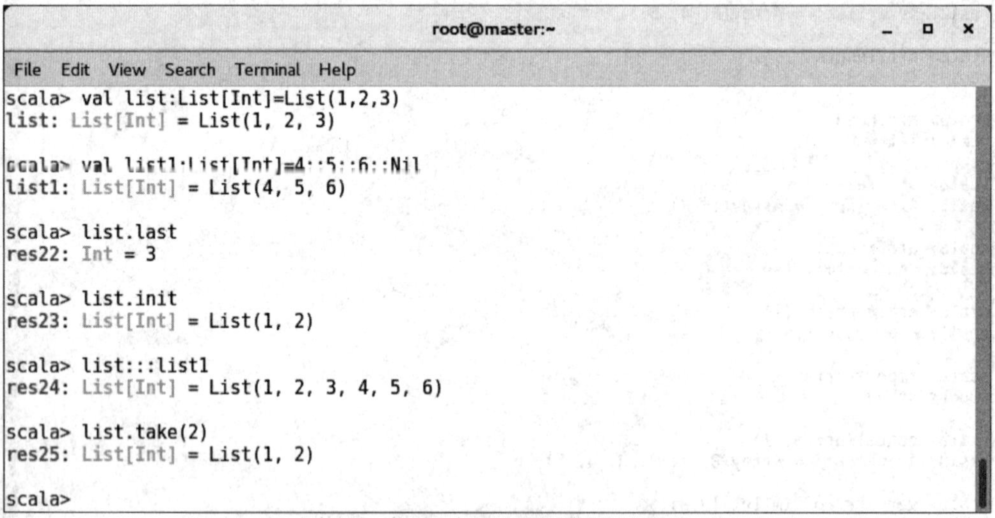

图 2-33　列表操作

（4）元组

元组是一种与列表基本一致的数据结构，不同的是，元组能够包含不同类型的多个元素，但最多只能包含 22 个，定义方式有多种，第一种是通过赋值操作符直接定义，第二种是使用"Tuple+ 元素个数"定义，代码如下。

```
// 直接定义
val 元组名称 :[ 数据类型，可省略 ]= ( 元组元素 )
//Tuple+ 元素个数
val 元组名称 :[ 数据类型，可省略 ]= Tuple3(3 个元组元素 )
```

Scala 中，关于元组的相关操作方法较少，其中最主要的就是元素的获取操作，元组的元素可通过"元组 ._ 索引"获取，但元组的索引与列表不同，元组的索引是从 1 开始的，定义元组并获取元素效果如图 2-34 所示。

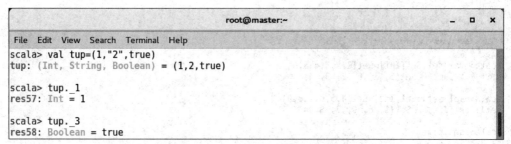

图 2-34 定义元组并获取元素效果

（5）集

集是集合的简称，与列表功能相同，可以用来实现元素的存储，但"集"中的元素不是按照插入的先后顺序进行保存的，而是以"哈希"方法对元素的值进行存储并且集中的元素都是同类型且唯一的，可以极大提高查询效率。集可以分为可变集和不可变集，默认情况下创建的是不可变集。创建可变集需要进行 scala.collection.mutable.Set 包的引用。集的创建非常简单，使用"Set"关键字即可实现，创建代码如下。

val 集名称 : Set[数据类型]= Set(集的元素)

Scala 中同样提供了许多集相关操作的属性和方法，并且同样包含了很多与列表相同的属性和方法（相同属性和方法的使用省略），部分集操作属性和方法见表 2-12。

表 2-12 部分集操作属性和方法

属性和方法	描述
head	查看集的第一个元素
tail	查看集第一个元素外的其他元素
last	查看集的最后一个元素
init	查看集最后一个元素外的其他元素
isEmpty	判断集是否为空
contains(x)	判断集是否包含元素 x
take(n)	获取集前 n 个元素
size	返回不可变集元素的数量
Set++Set1/Set.++(Set1)	连接两个集
min	查找集合中的最小元素
max	查找集合中的最大元素
Set.&(Set1)/Set.intersect(Set1)	查看两个集合的交集元素

使用以上方法实现集的操作，效果如图 2-35 所示。

图 2-35 集的操作

（6）映射

映射不同于数组和列表，是一种特殊的数据结构，以键值对（Key-Value）形式存在，可进行迭代，所有的值通过键即可获取。另外，映射的键都是唯一的，而值可以是任意的数据类型，并且键和值之间通过"->"进行连接。映射的创建也比较简单，通过"Map"关键字即可创建映射，创建代码如下。

val 映射名称 : Map[数据类型]= Map("key"->value)

映射相关操作的属性和方法同样有很多，但也同样存在着诸多与数组、列表等相同的属性和方法（相同属性和方法的使用省略），部分映射操作属性和方法见表 2-13。

表 2-13 部分映射操作属性和方法

属性和方法	描述
head	查看映射的第一个元素
tail	查看映射第一个元素外的其他元素
last	查看映射的最后一个元素
init	查看映射最后一个元素外的其他元素
isEmpty	判断映射是否为空
contains(x)	判断映射是否包含指定的键 x
take(n)	获取映射前 n 个元素
size	返回映射元素的数量
Map++Map1/Map.++(Map1)	连接两个映射
keys	查看映射所有的键

续表

属性和方法	描述
values	查看映射所有的值
Map("key")	获取指定键的值

使用以上方法实现映射的操作,效果如图 2-36 所示。

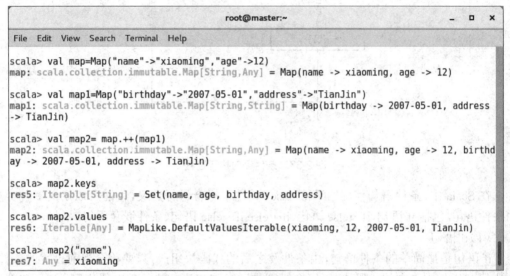

图 2-36　映射的操作

技能点三　Scala 结构控制

1. 条件语句

条件语句主要工作是根据给定的条件(表达式)进行判断(表达式值为 true/false),并根据返回的结果来决定后面的操作。在代码编辑过程中经常会用到条件语句,可以根据条件的定义设置代码的执行步骤,其执行过程如图 2-37 所示。

条件表达式
表达式值为true
代码
表达式值为false

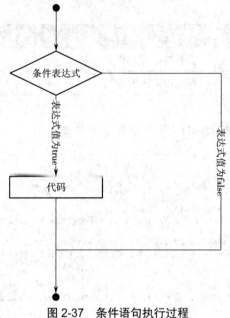

图 2-37 条件语句执行过程

在 Scala 中，条件语句使用“if”和“else”关键字组合进行定义，目前可以定义多种类型的条件语句，包括 if 语句、if…else 语句、if…else if…else 语句、条件嵌套语句。

（1）if 语句

if 语句是最简单的条件语句，由条件及之后的代码块组成，只要符合当前设置的条件，就执行 if 语句中包含的代码块，不符合时则跳过当前 if 语句执行后面的代码。if 语句的语法格式如下。

```
if( 表达式 ){
  // 如果表达式值为 true，则执行该语句块
}
```

定义一个名为“number”的变量赋值为 1，使用 if 语句判断如果“number”的值小于 2 则输出“number < 2”，反之不做任何操作退出程序，使用 if 语句的效果如图 2-38 所示。

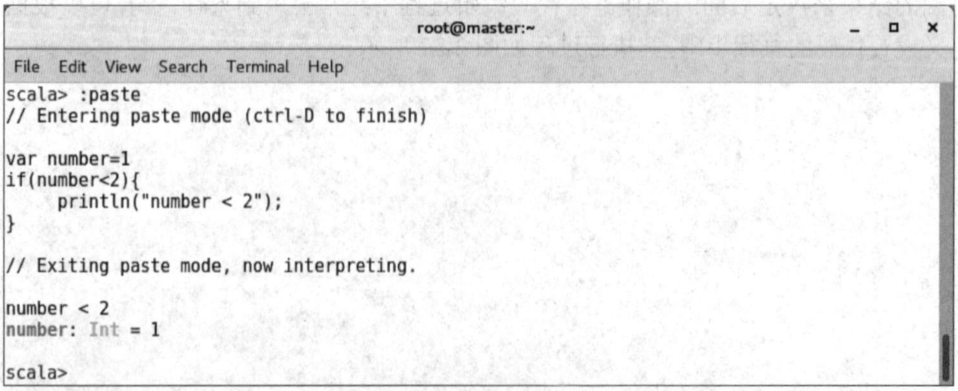

root@master:~
File Edit View Search Terminal Help
scala> :paste
// Entering paste mode (ctrl-D to finish)
var number=1
if(number<2){
println("number < 2");
}
// Exiting paste mode, now interpreting.
number < 2
number: Int = 1
scala>

图 2-38 if 语句使用

在图 2-38 中，可以看到一段"println("number < 2");"代码，println() 是 Scala 中的内容输出方法，在方法中填入内容即可进行输出。

（2）if…else 语句

if…else 语句相对于 if 语句就全面很多了，在 if 语句后面紧跟 else 语句，增加了不符合条件时执行的操作，当不符合 if 语句条件时执行 else 语句中的代码块，执行完毕后跳出当前 if…else 语句继续执行后面的代码。if…else 语句的语法格式如下。

```
if( 表达式 ){
 // 如果表达式值为 true，则执行该语句块
}else{
// 如果表达式值为 false，则执行该语句块
 }
```

与 if 语句类似，定义变量"number"判断其值是否大于 2，若大于 2 则输出"number > 2"否则输出"number < 2"，使用 if…else 语句的效果如图 2-39 所示。

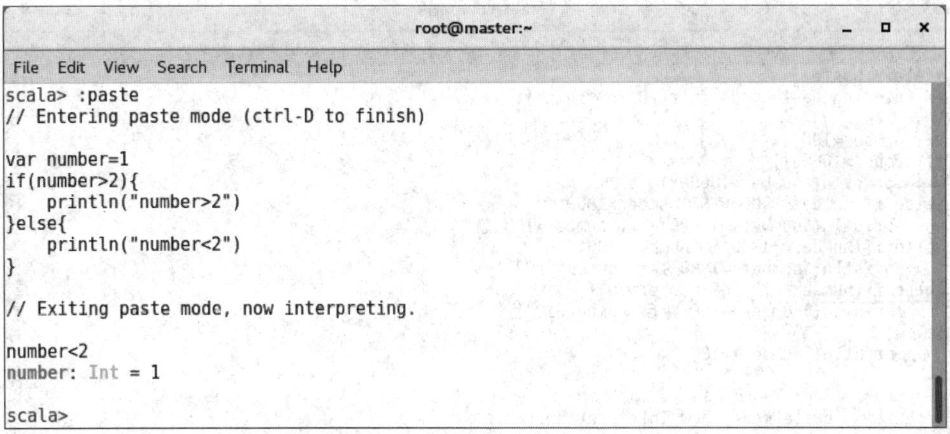

图 2-39　if…else 语句使用

（3）if…else if…else 语句

if…else if…else 语句相比于之前的两种就比较复杂了，在 if…else 语句之间，通过 else if 语句进行了另一个或多个条件的设置，当不符合第一个 if 语句条件时，会进入后面 else if 语句条件判断，只有前面所有条件都不符合时才会进入 else 语句并执行其包含的代码块。if…else if…else 语句的语法格式如下。

```
if( 表达式 ){
    // 如果表达式值为 true，则执行该语句块
}else if( 表达式 1){
    // 如果表达式 1 值为 true，则执行该语句块
}else if( 表达式 2){
    // 如果表达式 2 值为 true，则执行该语句块
}


else{
    // 如果以上条件都为 false，则执行该语句块
}
```

if…else if…else 语句可以用于多条件的判断，定义变量“number”判断其值属于哪个区间内，使用 if…else if…else 语句的效果如图 2-40 所示。

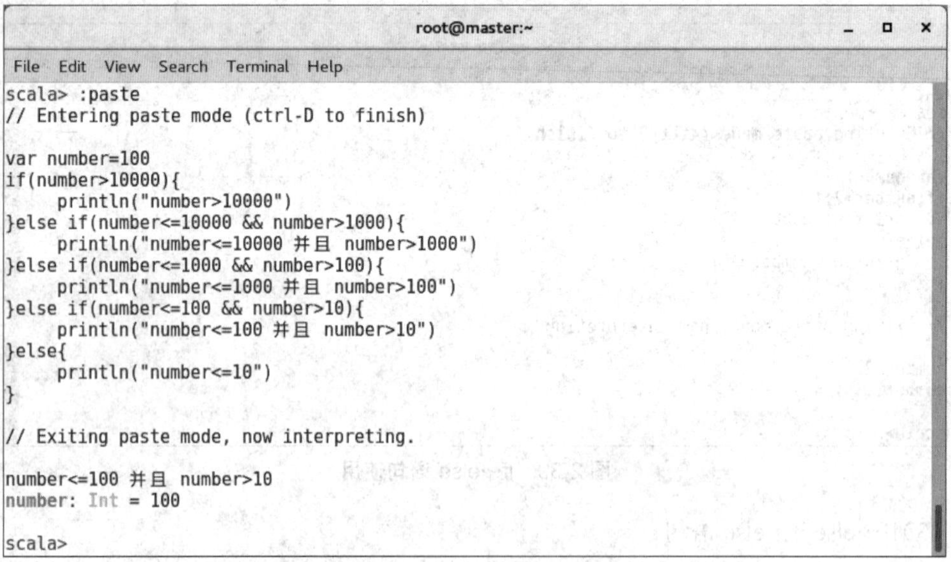

图 2-40　if…else if…else 语句使用

（4）条件嵌套语句

条件嵌套语句，说简单点就是条件语句的嵌套，在任意形式的条件语句里面，又定义了另一任意形式条件语句，只有当满足最外层条件时，才会进行里面条件语句的判断。if 条件嵌套语句的语法格式如下。

```
if( 表达式 ){
    // 如果表达式值为 true,则进行下面条件语句判断
    if( 表达式 1){
        // 如果表达式 1 值为 true,则执行该语句块
    }
}
```

分别定义变量"a"和"b",判断 a 和 b 的值是否满足 a=1 且 b=2,使用条件嵌套语句的效果如图 2-41 所示。

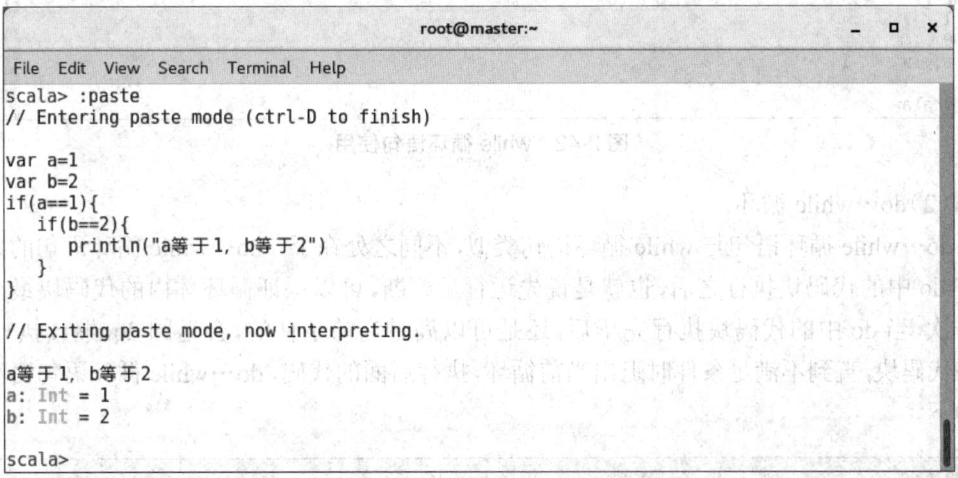

图 2-41　条件嵌套语句使用

2. 循环

循环,指事物进行周而复始的运动、变化,在 Scala 中,循环主要用于按照一定的顺序重复执行一段代码,能够实现字符串、数组、列表等内容的遍历,目前,循环的方法有三种,分别为:while 循环、do…while 循环、for 循环。

（1）while 循环

while 循环语句的使用是非常简单的,只需在"while"关键词后面加入循环条件即可,当满足循环条件时,即可重复执行循环体内的代码块,直到不满足条件时退出当前循环,执行后面的代码,while 循环语句语法格式如下。

```
while( 表达式 ){
    // 如果表达式值为 true,则执行该代码块
}
```

在 while 循环外部定义一个循环条件"a",判断当 a>0 时进入循环体输出"a"的值,并将"a"的值减 1,直到不满足 a>0 后不再输出"a"的值,使用 while 循环语句的效果如图 2-42 所示。

```
root@master:~
File Edit View Search Terminal Help
scala> :paste
// Entering paste mode (ctrl-D to finish)

var a=5
while(a>=0){
    println(a);
    a=a-1;
}

// Exiting paste mode, now interpreting.

5
4
3
2
1
0
a: Int = -1

scala>
```

图 2-42　while 循环语句使用

（2）do…while 循环

do…while 循环语句与 while 循环语句类似，不同之处在于，do…while 循环语句的判断是在 do 中的代码块执行之后，也就是说先运行后判断，可以保证循环体内的代码块最少执行一次，当 do 中的代码块执行完毕后，还是可以满足当前条件的，会返回 do，继续执行 do 中的代码块，直到不满足条件时退出当前循环，执行后面的代码，do…while 循环语句语法格式如下。

```
do{
  // 执行该代码块后，进行表达式的判断，为 true 时继续从头开始执行该代码块
}while( 表达式 )
```

使用 do…while 循环输出变量"a"的值，直到"a"的值不满足条件后退出循环，使用 do…while 循环语句的效果如图 2-43 所示。

```
root@master:~
File Edit View Search Terminal Help
scala> :paste
// Entering paste mode (ctrl-D to finish)

var a=5
do{
    println(a);
    a=a-1;
}while(a>=0)

// Exiting paste mode, now interpreting.

5
4
3
2
1
0
a: Int = -1

scala>
```

图 2-43　do…while 循环语句使用

（3）for 循环

for 循环语句是目前使用最多的循环语句，通过"for"关键词并在后面加入"变量 <-"和需要循环的内容即可定义，这个循环内容可以是数字、列表、集合等，当进行数字的循环时，使用"to""until"进行前后范围的设置，"to"表示包含后面的值，"until"表示不包含；当进行列表的循环时，只需使用"<-"指定循环内容即可。另外，for 循环不仅可以支持单条语句循环，还可以进行嵌套循环，相比于 while、do…while 循环语句使用范围更广。for 循环语句语法格式如下。

```
// 数字循环
for( x <- i to j ){
  // 代码块
}
// 列表、集合等循环
for(x <- list){
  // 代码块
}
// 嵌套循环
for(x <- i to j){
  for(y <- i to j){
    // 代码块
  }
}
```

使用 for 循环语句效果如图 2-44 所示。

在使用 for 循环语句时，除了基本的循环外，不仅可以在循环内容的后面使用"if + 条件"实现内容的过滤，还可以在 for 循环语句的末尾使用"yield + 变量"实现遍历内容的存储。实现 for 循环语句内容过滤并存储效果如图 2-45 所示。

在进行循环语句的使用时，不管是哪种循环方式，都存在一个共同点，就是在进行内容的循环时，获取到了需要的内容后，循环并不会停止，会一直进行循环直到当前循环完成，当数据量较小时，时间的浪费并不会太明显，但当数据量非常大时，就会浪费极大的时间在不需要的内容上，这时 Scala 针对这一问题，提供了一个 break 语句，可以将当前的循环中断并执行循环后面的代码。实现 for 循环语句的中断效果，如图 2-46 所示。

Spark 应用技术与处理

```
root@master:~                                    _  □  ×

File  Edit  View  Search  Terminal  Help

scala> :paste
// Entering paste mode (ctrl-D to finish)

println("循环数字")
var x=0
for (x <- 1 to 2){
    println(x)
}
println("循环列表")
var y=0
val list:List[Int]=List(1,2)
for (y <- lisl){
    println(y)
}
println("循环嵌套")
var a=0
var b=0
for (a <- 1 to 2){
    for (b <- 1 until 2){
        println("a:"+a)
        println("b:"+b)
    }
}

// Exiting paste mode, now interpreting.

循环数字
1
2
循环列表
1
2
循环嵌套
a:1
b:1
a:2
b:1
```

图 2-44　for 循环语句使用

```
root@master:~                                    _  □  ×

File  Edit  View  Search  Terminal  Help

scala> :paste
// Entering paste mode (ctrl-D to finish)

var a=0
val list:List[Int]=List(1,2,3,4,5,6,7,8,9)
var ret=for{a <- list
            if a%2==0
            }yield a
for(a <- ret){
    println(a)
}

// Exiting paste mode, now interpreting.

2
4
6
8
```

图 2-45　for 循环语句过滤内容并存储

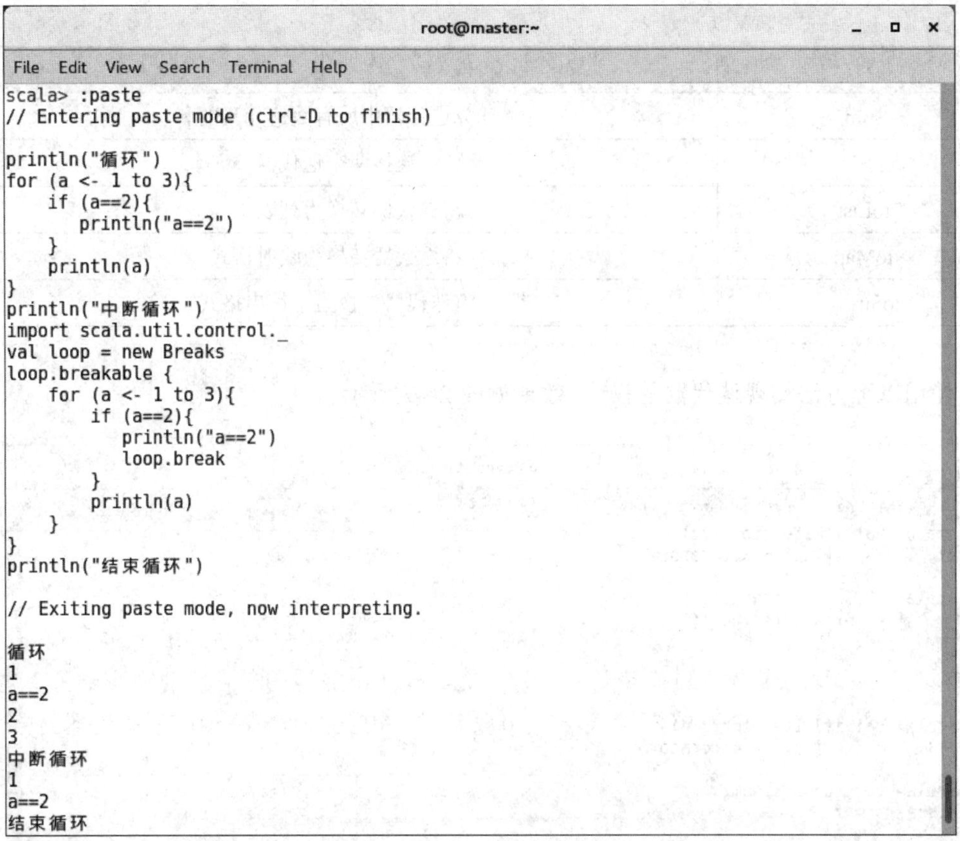

```
root@master:~                                          _  □  ×

File  Edit  View  Search  Terminal  Help
scala> :paste
// Entering paste mode (ctrl-D to finish)

println("循环")
for (a <- 1 to 3){
    if (a==2){
        println("a==2")
    }
    println(a)
}
println("中断循环")
import scala.util.control._
val loop = new Breaks
loop.breakable {
    for (a <- 1 to 3){
        if (a==2){
            println("a==2")
            loop.break
        }
        println(a)
    }
}
println("结束循环")

// Exiting paste mode, now interpreting.

循环
1
a==2
2
3
中断循环
1
a==2
结束循环
```

图 2-46　for 循环语句中断

3. 迭代器

迭代器是一种类似于列表、集、元组等的一种结构，不同之处在于，迭代器并不是用于数据的存储，而是用来访问列表、集、元组等内容的方法。迭代器的定义可以通过"Iterator"关键字进行，定义完成后即可通过迭代器中包含的方法进行相关操作。迭代器中有两个最基本的操作，next() 方法和 hasNext 属性，经常与 while 循环结合使用。其中，next() 方法可以访问迭代器的下一个元素；hasNext 属性则用于检测当前迭代器是否还存在元素。Scala 中，迭代器除了这两个基本操作外，还包含一些别的操作方法和属性，见表 2-14。

表 2-14　迭代器操作方法和属性

方法	描述
length	查询迭代器中元素的个数
size	查询迭代器中元素的个数
min	查找迭代器中的最小元素
max	查找迭代器中的最大元素
contains(x)	判断迭代器中是否包含元素 x
take(n)	获取迭代器前 n 个元素

方法	描述
sum	计算迭代器中所有数值元素的和
++	连接两个迭代器
toList	将迭代器转换为列表格式
toMap	将迭代器转换为映射格式
toString	将迭代器转换为字符串格式

使用以上方法实现迭代器的操作，效果如图 2-47 所示。

```
root@master:~                                         _  □  ×

File  Edit  View  Search  Terminal  Help

scala> val it=Iterator(1,2)
it: Iterator[Int] = <iterator>

scala> while(it.hasNext){
     |      println(it.next())
     | }
1
2

scala> val it1=Iterator(3,4)
it1: Iterator[Int] = <iterator>

scala> var sum=it1.sum
sum: Int = 7

scala> val it2=Iterator(5,6)
it2: Iterator[Int] = <iterator>

scala> it2(0)
<console>:13: error: Iterator[Int] does not take parameters
       it2(0)
          ^

scala> val it2List=it2.toList
it2List: List[Int] = List(5, 6)

scala> it2List(0)
res22: Int = 5
```

图 2-47　迭代器操作

已经开始学习 Spark 的知识了，是否感
到困难想放弃继续学习呢？扫描图中二维
码，你的想法是否会改变呢？

通过以上的学习，可以了解 Scala 的基础知识及使用方法，为了巩固所学知识，通过以下几个步骤，使用 Scala 相关知识实现手机号码归属地信息查询（注：在进行操作时会用到部分项目三中的知识）。

第一步：导入归属地信息。

通过 Scala 提供的文件 I/O 操作中的 fromFile() 方法，将保存在本地文件中的归属地信息导入到当前代码中，效果如图 2-48 所示。

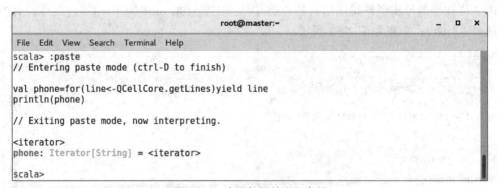

图 2-48　获取数据

第二步：遍历数据并进行存储。

使用 for 循环语句对获取到的内容进行遍历，并使用 yield 将遍历的内容进行存储，效果如图 2-49 所示。

图 2-49　遍历数据并进行存储

第三步：格式转换。

通过以上的操作已经实现了数据的获取，但格式还存在一些问题，之后通过迭代器的 toList 属性将当前数据转换为列表格式，效果如图 2-50 所示。

图 2-50　格式转换

第四步：编写输入代码。

在将获取内容处理完成后，为了方便电话号码的查询，使用 readLine() 方法实现电话号码的输入，可以方便地输入不同的手机号码，之后针对当前号码进行查询，效果如图 2-51 所示。

图 2-51　编写输入代码

第五步：手机号码处理。

在进行手机号码的输入时，一般输入的都是完整的 11 位号码，但在进行查询时，只需前面的 7 位数字即可实现归属地信息的查询，因此，需要使用 for 循环语句集合运算符对当前手机号进行处理，效果如图 2-52 所示。

图 2-52　手机号码处理

第六步：查询归属地信息。

手机号码处理完成后，即可使用 for 循环语句对获取的全部归属地信息进行遍历查找符合当前手机号码的归属地信息，当查询到数据时，输出结果跳出循环，当没有查询到时，则输出“手机号码输入错误或不属于国内号码”，效果如图 2-53 所示。

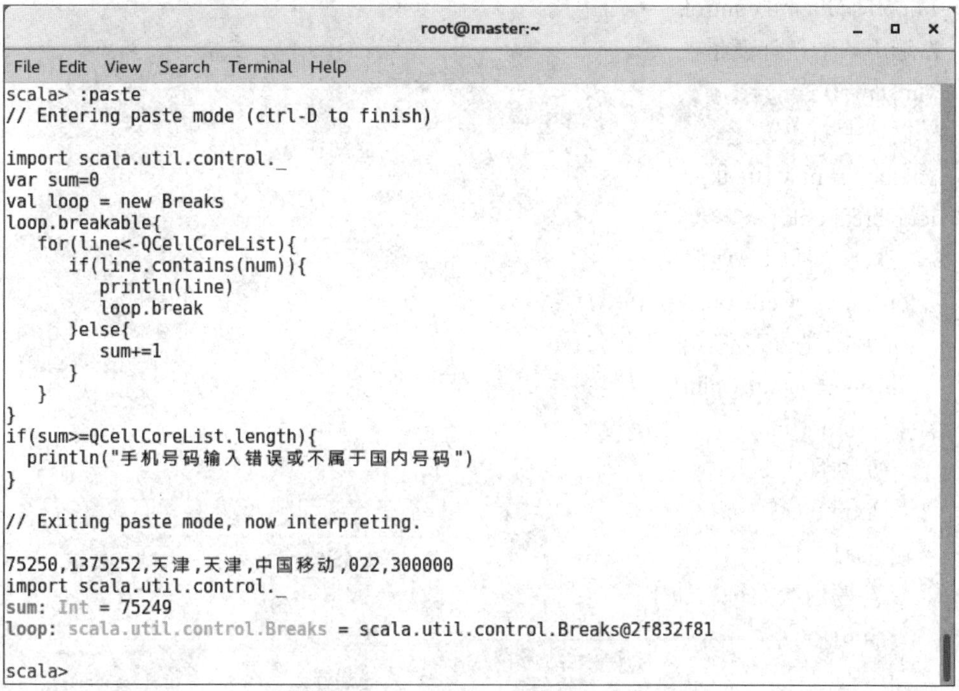
root@master:~
File Edit View Search Terminal Help
scala> :paste
// Entering paste mode (ctrl-D to finish)
import scala.util.control._
var sum=0
val loop = new Breaks
loop.breakable{
for(line<-QCellCoreList){
if(line.contains(num)){
println(line)
loop.break
}else{
sum+=1
}
}
}
if(sum>=QCellCoreList.length){
println("手机号码输入错误或不属于国内号码")
}
// Exiting paste mode, now interpreting.
75250,1375252,天津,天津,中国移动,022,300000
import scala.util.control._
sum: Int = 75249
loop: scala.util.control.Breaks = scala.util.control.Breaks@2f832f81
scala>

图 2-53　查询归属地信息

通过以上几个步骤已经实现了手机号码归属地信息的查询，代码比较零散，以下代码 CORE0201 为项目的整体代码。

代码 CORE0201

```
// 导入归属地信息
import scala.io.Source
val QCellCore=Source.fromFile("./Desktop/QCellCore.txt")
// 遍历归属地信息并保存
val phone=for(line<-QCellCore.getLines)yield line
// 转换数据格式
val QCellCoreList:List[String]=phone.toList
// 手机号码输入
import scala.io._
var number:String=StdIn.readLine()
// 获取手机号的前 7 位
var num=""
```

```
for(a<- 0 to 6){
num+=number(a)
}
// 查询归属地信息
import scala.util.control._
// 遍历条数统计变量
var sum=0
// 循环中断设置
val loop = new Breaks
loop.breakable{
  // 遍历全部归属地信息
  for(line<-QCellCoreList){
    // 判断是否存在当前手机号码
    if(line.contains(num)){
      println(line)
      // 循环中断
      loop.break
    }else{
      // 遍历次数每次加 1
      sum+=1
    }
  }
}
// 判断,当遍历次数大于或等于全部数据条数时说明没有符合当前号码的信息
if(sum>=QCellCoreList.length){
  println("手机号码输入错误或不属于国内号码")
}
```

    运行代码 CORE0201,输入手机号码,返回结果如图 2-1 所示,说明手机号码归属地信息查询成功。

    至此,Scala 手机号码归属地信息查询完成。

    本项目通过 Scala 手机号码归属地信息查询的实现,对 Scala 的相关知识有了初步了解,对 Scala 数据结构、条件语句及循环的基本使用有所了解并掌握,并能够通过所学的

Scala 基础知识实现手机号码归属地信息的查询。

scalable	延展	actor	演员
paste	糊	package	包
trim	修剪	range	范围

1. 选择题

（1）Scala 最早是基于 Funnel 由联邦理工学院洛桑的 Martin Odersky 在（　　）年开始设计的。

A.2001　　　　　　B.2002　　　　　　C.2003　　　　　　D.2004

（2）下列属于逻辑运算符的是（　　）。

A.%　　　　　　　B.!　　　　　　　C.&　　　　　　　D.^

（3）以下只能用于列表操作的是（　　）。

A.contains()　　　　B.concat()　　　　C. :::　　　　　　D.head

（4）条件语句的使用主要有（　　）种类型。

A. 一　　　　　　　B. 二　　　　　　　C. 三　　　　　　　D. 四

（5）应用最为广泛的循环语句是（　　）。

A.for 循环　　　　B.while 循环　　　C.do…while 循环　　D. 嵌套循环

2. 简答题

（1）简述 Scala 语言特性。

（2）简述 for 循环的语法格式（编写代码即可）。

项目三　简易计算器制作

通过对简易计算器制作的实现，了解 Scala 函数的相关概念，熟悉 Scala 类、对象的定义和使用，掌握 Scala 模式匹配、异常处理和文件 I/O 的相关应用，具有使用 Scala 函数、类和对象等知识实现简易计算器制作的能力，在任务实现过程中：

● 了解 Scala 函数的相关知识；
● 熟悉 Scala 类和对象的定义及基本使用；
● 掌握 Scala 模式匹配、异常处理和文件 I/O 的应用；
● 具有实现简易计算器制作的能力。

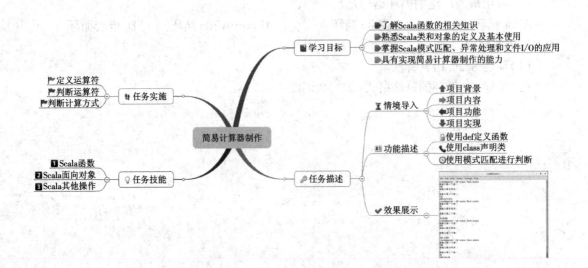

【情境导入】

现代的电子计算器是能进行数学运算的手持电子机器,拥有集成电路芯片,但结构比电脑简单得多,可以说是第一代的电子计算机(电脑),且功能也较弱,但较为方便与廉价,可广泛运用于商业交易,是必备的办公用品之一。本项目通过对 Scala 函数、类和对象等相关知识学习,最终实现简易计算器的制作。

【功能描述】

● 使用 def 定义函数。
● 使用 class 声明类。
● 使用模式匹配进行判断。

【效果展示】

通过对本项目的学习,能够通过 Scala 函数、类、对象及其他操作的使用,实现简易计算器的制作,效果如图 3-1 所示。

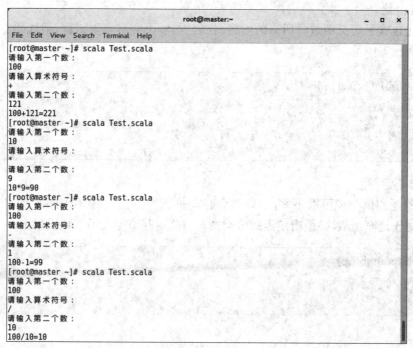

图 3-1 总数据

技能点一　Scala 函数

1. 函数定义

函数是 Scala 中一个重要的组成部分,是定义在类中的一段独立的代码块,能够实现某种特定功能,主要作用就是为了提高代码的复用性,减少代码编写量。Scala 是一个支持函数式编程的语言,可以在项目的任意一个地方使用"def"关键字进行相关函数的定义,语法格式如下。

```
def functionName ([ 参数列表 ]) : [return type]={}
```

Scala 函数由"def"开始,在后面是一个自定义的函数名称,随后是一个可选的参数列表,之后是冒号":"和函数返回类型,最后是等号"="和函数体。其中,参数列表中的每一项都包含参数名称和参数类型,并且每项之间使用逗号分隔。根据函数定义时组成部分的可选择性,可以有多种函数的定义方式,如下。

（1）规范化

规范化包含了定义函数时所有的内容,代码规范,不容易出现错误,但代码量大。规范化定义函数代码如下。

```
def add(a:Int,b:Int) : Int={
    var sum=a+b
    return sum
}
```

（2）省略返回值

方法的返回值类型可以不写,编译器会自动推断,最后一行代码的执行结果即为返回值。但是对于递归函数,必须指定返回值类型。省略返回值定义函数代码如下。

```
def add(a:Int,b:Int) ={
    a+b
}
```

（3）省略返回值和等号

在定义函数时，不仅可以省略返回值，返回值后面的等号"="同样可以被省略，省略返回值和等号定义函数代码如下。

```
def add(a:Int,b:Int){
    a+b
}
```

（4）压缩代码

压缩代码写法可以将当前定义的函数所有代码都写在一行，并且省略了返回值类型和函数体的"{}"，直接在后面进行参数的操作，代码量少。压缩代码定义函数代码如下。

```
def add(a:Int,b:Int)=a+b
```

2. 函数调用

在函数定义完成后，函数的使用方式叫作函数调用，Scala 中提供了多种函数调用方式，其中包含了一种标准格式，是最常见的一种函数调用方式，在相同等级下函数格式如下。

```
函数名 ([ 参数值列表 ])
```

在相同等级下实现函数的调用效果如图 3-2 所示。

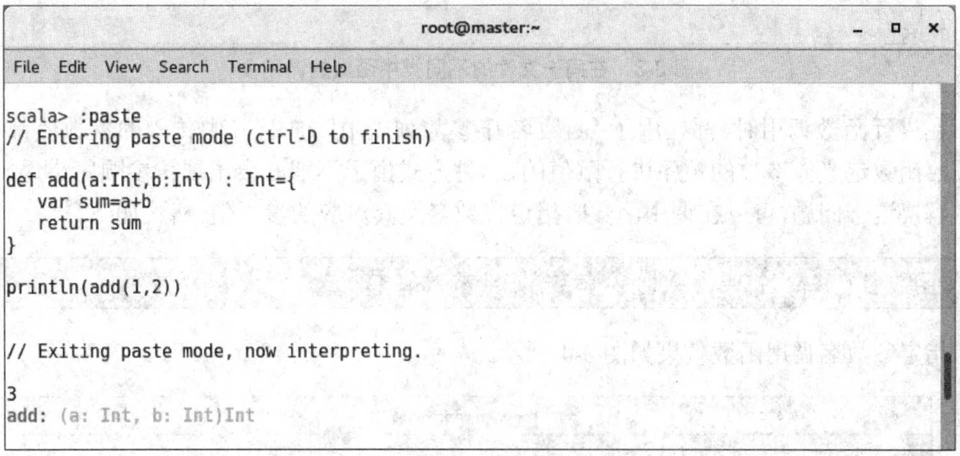

图 3-2　在相同等级下函数的调用

当函数不在一个类中，但在同一文件中，想要调用函数有两种方法，一种是使用"类名称 . + 调用方法"实现函数的调用；另一种是使用"import 类名 . 函数名"加载方法，之后使用同等级的方式调用函数。两种函数调用格式如下。

```
// 第一种
类名称 . 函数名 ([ 参数值列表 ])
// 第二种
import 类名 . 函数名
函数名 ([ 参数值列表 ])
```

在同一文件的不同类中实现函数的调用效果如图 3-3 所示。

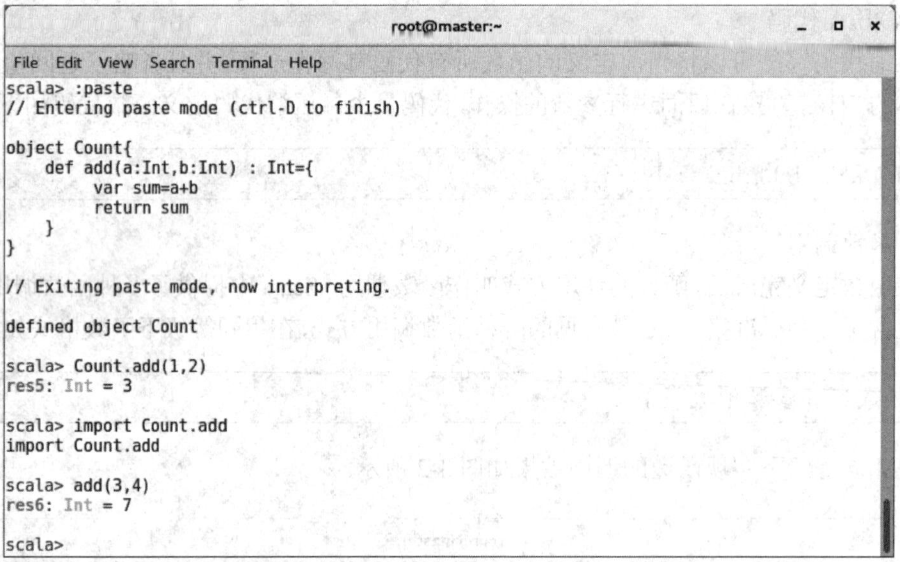

图 3-3　在同一文件的不同类中函数的调用

在进行函数调用时，都应用了"函数名 ([参数列表])"方式，其中传入的参数值都是默认按照函数定义时参数的顺序进行赋值的，这种方式由于不细心会出现传参顺序错误问题，为了解决这一问题，可以在调用函数时指定参数名及其对应的参数值，格式如下。

```
函数名 ( 参数名 2= 参数值 2，参数名 1= 参数值 1)
```

指定参数名调用函数效果如图 3-4 所示。

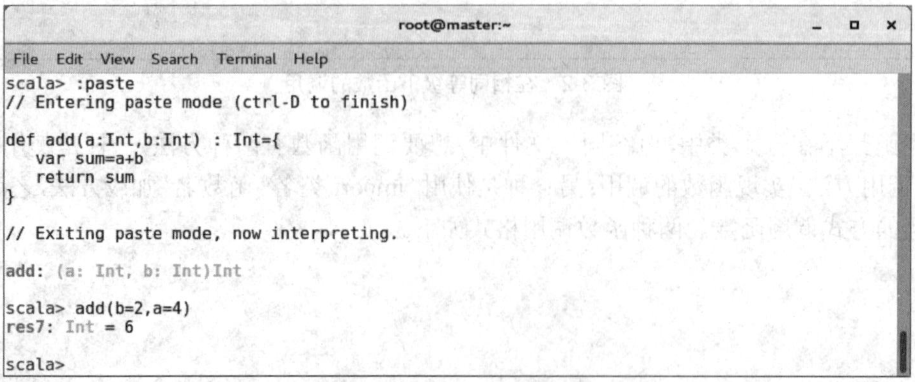

图 3-4　指定参数名调用函数

3. 函数的分类

使用以上方法定义的函数都可以称为基本函数,Scala 中,除了基本函数外,还包含了一些别的函数,如匿名函数、可变参数函数、递归函数、内嵌函数、高阶函数、偏应用函数、柯里化函数等。

（1）匿名函数

匿名函数是最简单的一种函数,在定义时将"def""{}"和返回值都进行省略,只保留左边的参数列表和右边的函数体,中间使用"=>"符号进行连接,代码简洁,是 Spark 中经常使用的方式。匿名函数定义格式如下。

> var 变量名称 =([参数列表])=> 函数体

定义完成后使用"变量名称 ([参数值列表])"即可实现匿名函数的调用,效果如图 3-5 所示。

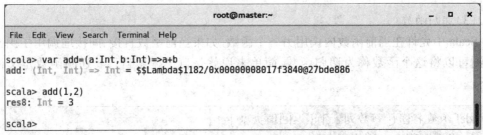

图 3-5　匿名函数

（2）可变参数函数

Scala 允许当前函数的参数是可变的,也就是说,在定义函数时不需要指定参数的个数,在调用时可以传入个数不等的参数列表,这样的函数叫作可变参数函数,在定义可变参数函数时,只需在参数列表的参数类型后面加入"*"符号即可,之后可使用列表的相关操作方法进行参数列表的操作。可变参数函数定义格式如下。

> def 函数名称 (参数名称 : 参数类型 *) ={ 函数体 }

函数定义完成后,传入相关的参数值列表即可实现可变参数函数的调用,效果如图 3-6 所示。

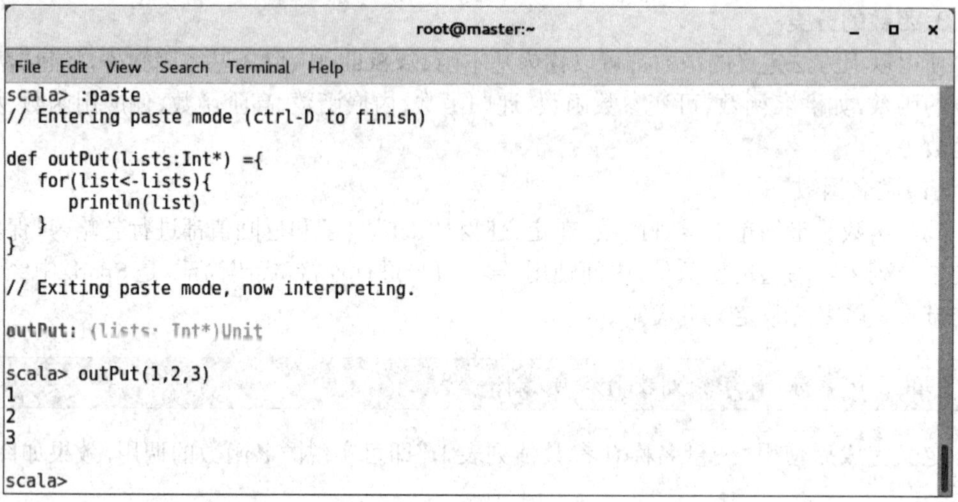

```
root@master:~                                    _  □  ×
File  Edit  View  Search  Terminal  Help
scala> :paste
// Entering paste mode (ctrl-D to finish)

def outPut(lists:Int*) ={
    for(list<-lists){
        println(list)
    }
}

// Exiting paste mode, now interpreting.

outPut: (lists: Int*)Unit

scala> outPut(1,2,3)
1
2
3

scala>
```

图 3-6　可变参数函数

（3）递归函数

Scala 中允许在当前函数内调用另一个函数，如果当前函数直接、间接地调用了函数本身，则可以将这个函数称为递归函数，简单来说就是自己调用自己。递归函数定义格式如下。

```
def 函数名称([ 参数列表 ]):[ 返回值类型 ]={
    函数名称([ 参数值列表 ])
}
```

使用递归函数，效果如图 3-7 所示。

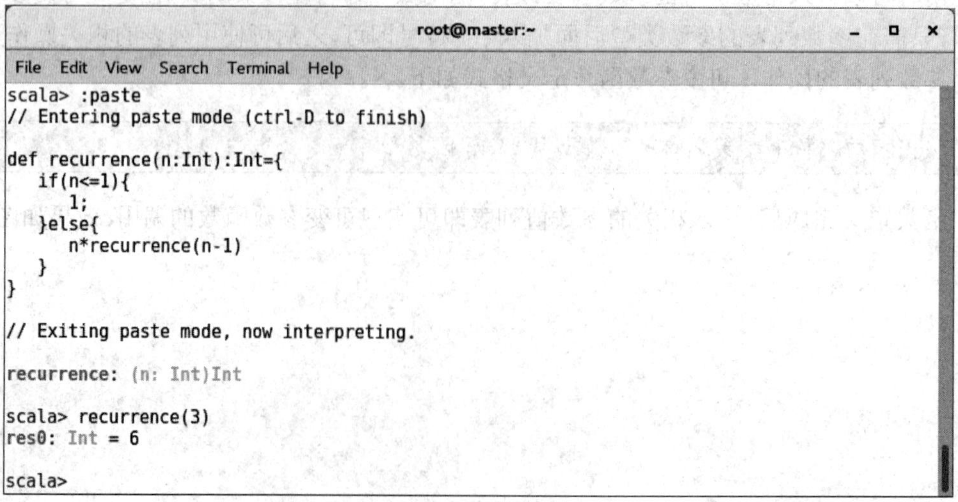

```
root@master:~                                    _  □  ×
File  Edit  View  Search  Terminal  Help
scala> :paste
// Entering paste mode (ctrl-D to finish)

def recurrence(n:Int):Int={
    if(n<=1){
        1;
    }else{
        n*recurrence(n-1)
    }
}

// Exiting paste mode, now interpreting.

recurrence: (n: Int)Int

scala> recurrence(3)
res0: Int = 6

scala>
```

图 3-7　递归函数

（4）内嵌函数

内嵌函数也叫嵌套函数，顾名思义，就是在一个函数里面，重新定义另一个函数，这个在函数内的函数称为局部函数。内嵌函数定义格式如下。

```
def 函数名称 ([ 参数列表 ]):[ 返回值类型 ]={
    def 函数名称 1([ 参数列表 ]):[ 返回值类型 ]={}
}
```

使用内嵌函数实现阶乘的运算，效果如图 3-8 所示。

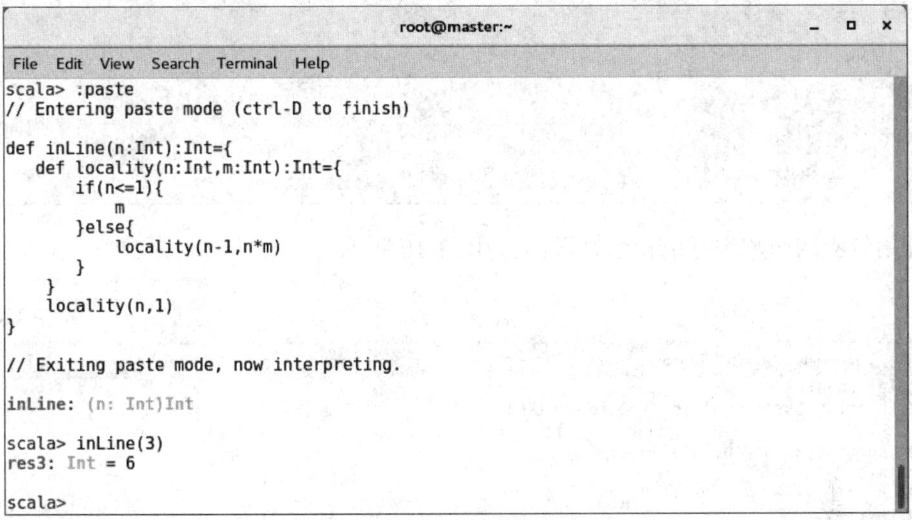

图 3-8　内嵌函数

（5）高阶函数

Scala 中高阶函数就是用来操作其他函数的函数，通过使用高阶函数可以将其他函数当作另一个函数的参数或返回值。以下实例中，定义了一个变量为 add，用于两个数相加的匿名函数，并在 add1 的函数体中调用 f 函数，参数为 a 和 b，最后在调用函数 add1 时，以 add 函数为参数进行计算，效果如图 3-9 所示。

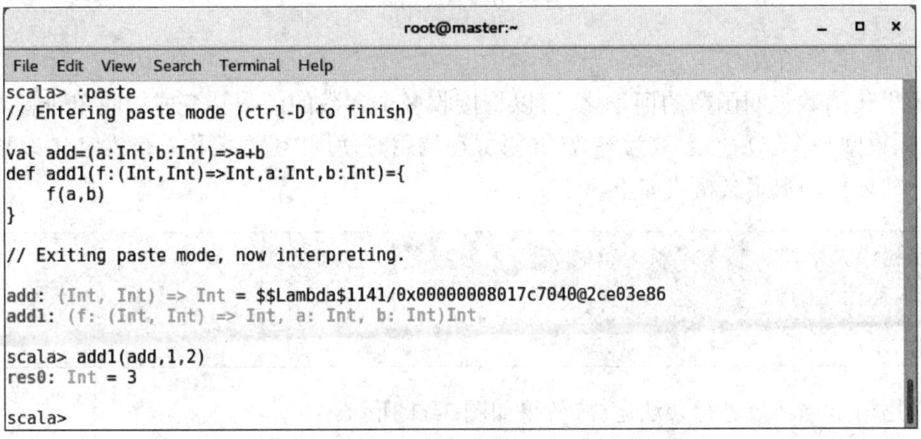

图 3-9　高阶函数

（6）偏应用函数

偏应用函数，也叫部分应用函数，在调用时不需要提供所有参数的参数值，只需传入部分参数的参数值，甚至不提供任何参数的参数值。另外，偏应用函数被调用时，需要固定第一个参数，并在之前对该参数进行赋值，第二个参数使用下划线"_"代替参数列表，之后将修改后的函数赋值给一个常量或变量，并通过"常量或变量名称 (参数值列表)"进行调用。偏应用函数定义格式如下。

```
def 函数名称 ([ 参数列表 ]) = {
    函数体
}
var 变量名称 = 值
var 变量名称 = 函数名称 ( 第一个参数名称 , _: 参数类型 )
```

使用偏应用函数进行求和运算，效果如图 3-10 所示。

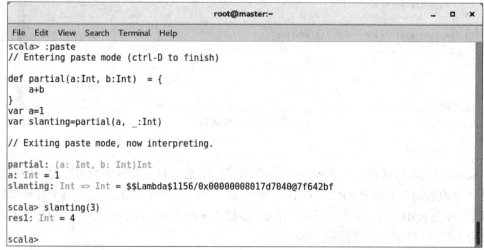

图 3-10　偏应用函数

（7）柯里化函数

柯里化函数也叫函数的柯里化，可以将接收多个参数的函数转变成接收单个参数的函数，之后返回一个以后面参数为参数的函数，在调用时使用"函数名称 (参数值)(参数值)"即可。柯里化函数定义格式如下。

```
def 函数名称 ( 参数名称 : 参数类型 )( 参数名称 1: 参数类型 ) = {
函数体
}
```

使用柯里化函数进行乘法运算，效果如图 3-11 所示。

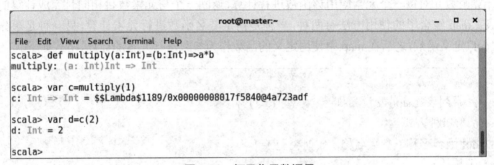

图 3-11 柯里化函数

柯里化函数的调用同样非常简单,但其原理与以上的调用方式有很大的不同,以图 3-11 中代码为例,首先将函数变为"def multiply(a:Int)=(b:Int)=>a*b"格式,之后调用 multiply(1) 并赋值给变量 c 后,其函数格式为"var c=(b:Int)=>1*b",最后调用函数 c(2) 时,会得到 "a*b"的结果,具体执行步骤如图 3-12 所示。

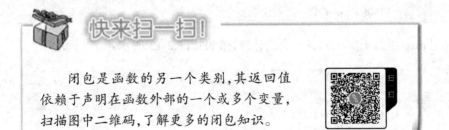

图 3-12 柯里化函数调用

快来扫一扫!

闭包是函数的另一个类别,其返回值依赖于声明在函数外部的一个或多个变量,扫描图中二维码,了解更多的闭包知识。

4. 函数组合子

组合子(combinator),是函数式编程里面的重要思想。组合子通过定义最基本的原子操作,定义基本的组合规则,然后把这些原则以各种方法组合起来。Scala 中为各种的数据结构提供了多个函数组合子,在使用函数组合子进行数组、列表、元组等操作时,会在每一个元素上分别应用定义好的函数,这个定义好的函数即为函数组合子的参数。Scala 中包含的部分函数组合子见表 3-1。

表 3-1　Scala 中包含的部分函数组合子

组合子	描述
map	元素计算,有返回值
foreach	元素计算,无返回值
filter	元素过滤
flatten	结构展开,无返回值
flatMap	结构展开,有返回值
groupBy	元素分组
zip	元素聚合
find	元素查找

关于表中组合子的具体使用如下。

（1）map

map 组合子主要用于实现对列表、集、数组等数据结构中元素的计算,在使用时会指定一个计算函数并对每一个元素应用该函数进行计算,返回一个与元素数目相同且完成计算的新列表。map 组合子的使用方法有两种,一种是指定匿名函数进行元素计算,另一种是事先使用"def"定义函数,之后在 map 中使用定义的函数作为参数进行元素的计算,格式如下。

```
// 第一种方式
元素列表 .map( 变量名称 => 计算方式 )
// 第二种方式
def 函数名称 ( 参数名称 : 数据类型 )={
函数体
}
元素列表 .map( 函数名称 )
```

使用 map 组合子实现列表元素的计算,效果如图 3-13 所示。

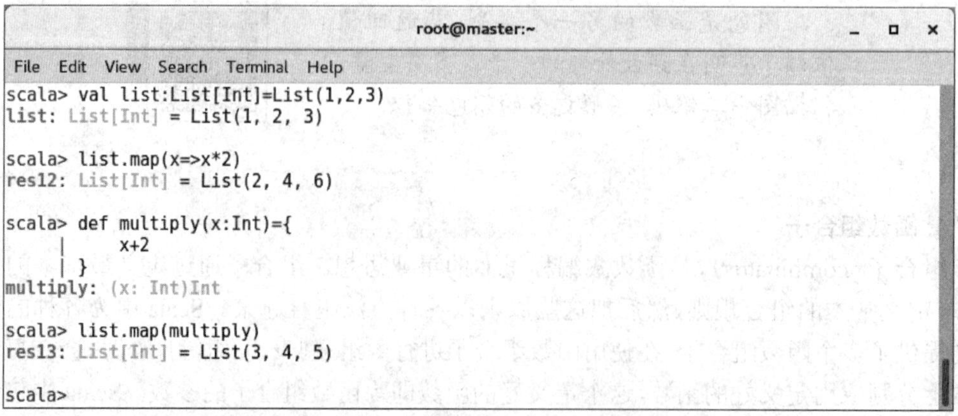

```
root@master:~                                    _ □ ×
File  Edit  View  Search  Terminal  Help
scala> val list:List[Int]=List(1,2,3)
list: List[Int] = List(1, 2, 3)

scala> list.map(x=>x*2)
res12: List[Int] = List(2, 4, 6)

scala> def multiply(x:Int)={
     |      x+2
     | }
multiply: (x: Int)Int

scala> list.map(multiply)
res13: List[Int] = List(3, 4, 5)

scala>
```

图 3-13　map 组合子实现列表元素的计算

（2）foreach

foreach 组合子功能与 map 组合子基本相同,同样可以用于实现对列表、集、数组等数据结构中元素的计算,不同之处在于，map 组合子在计算完成后会返回计算后的结果,而 foreach 组合子则只进行元素的计算,并不会返回任何的内容。foreach 组合子的使用方式与 map 组合子相同,使用 foreach 组合子实现列表元素的计算,效果如图 3-14 所示。

```
root@master:~                              _  □  ×

File  Edit  View  Search  Terminal  Help

scala> val list:List[Int]=List(1,2,3,4,5,6)
list: List[Int] = List(1, 2, 3, 4, 5, 6)

scala> list.foreach((x:Int)=>x*2)

scala> list.foreach((x:Int)=>println(x*2))
2
4
6
8
10
12

scala>
```

图 3-14　foreach 组合子实现列表元素的计算

（3）filter

filter 组合子的主要作用是过滤,在指定函数后,对列表、集、数组等数据结构中元素应用该函数,之后将函数返回值为 false 的元素过滤出去,返回一个值为 true 的元素列表,其使用方式同样与 map 组合子相同,使用 filter 组合子实现列表元素的过滤,效果如图 3-15 所示。

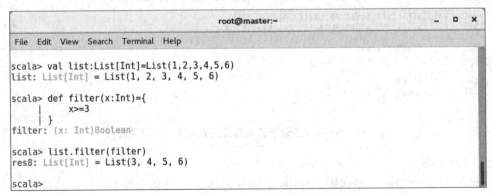

```
root@master:~                              _  □  ×

File  Edit  View  Search  Terminal  Help

scala> val list:List[Int]=List(1,2,3,4,5,6)
list: List[Int] = List(1, 2, 3, 4, 5, 6)

scala> def filter(x:Int)={
     |     x>=3
     | }
filter: (x: Int)Boolean

scala> list.filter(filter)
res8: List[Int] = List(3, 4, 5, 6)

scala>
```

图 3-15　filter 组合子实现列表元素的过滤

（4）flatten

flatten 组合子的功能是展开嵌套结构的数据,可以将列表、数组等数据结构的二维数据结构展开成一个一维的数据结构,其使用方式比 map 组合子简单,不需要定义任何的函数,只需在要展开的数据结构名称后面加上“.flatten”即可,使用 flatten 组合子实现二维列表的展开,效果如图 3-16 所示。

```
root@master:~                                    _  □  ×

File  Edit  View  Search  Terminal  Help

scala> val list=List(List(1,2),List(3,4))
list: List[List[Int]] = List(List(1, 2), List(3, 4))

scala> list.flatten
res3: List[Int] = List(1, 2, 3, 4)

scala>
```

图 3-16   flatten 组合子实现二维列表的展开

（5）flatMap

flatMap 组合子的功能是 flatten 和 map 组合子的结合，既可以实现嵌套结构展开功能，又可以使用 map 组合子指定一个元素计算函数，计算完成后将多维数据结构的元素连接起来成为一个一维的数据结构并返回。flatMap 使用方式与 map 的方式有很大的不同，格式如下。

```
// 第一种方式，展开嵌套结构
元素列表 .flatMap( 变量名称 => 变量名称 )
// 第二种方式，计算并展开嵌套结构
元素列表 .flatMap( 变量名称 => 变量名称 .map( 计算表达式 ))
```

使用 flatMap 组合子实现多维列表元素的计算并展开，效果如图 3-17 所示。

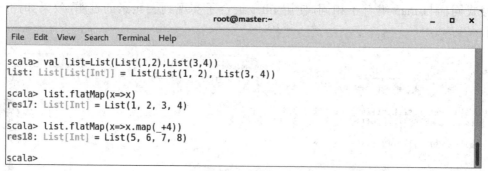

```
root@master:~                                    _  □  ×

File  Edit  View  Search  Terminal  Help

scala> val list=List(List(1,2),List(3,4))
list: List[List[Int]] = List(List(1, 2), List(3, 4))

scala> list.flatMap(x=>x)
res17: List[Int] = List(1, 2, 3, 4)

scala> list.flatMap(x=>x.map(_+4))
res18: List[Int] = List(5, 6, 7, 8)

scala>
```

图 3-17   flatMap 组合子实现多维列表元素的计算并展开

（6）groupBy

groupBy 组合子的主要作用是分组，使用方式与 map 组合子基本相同。当指定分组函数后，可以对列表、集、数组等数据结构中元素进行分组操作，之后返回一个 map 作为结果，这个分组函数可以是条件分组，如按照数字大小分组，效果如图 3-18 所示。

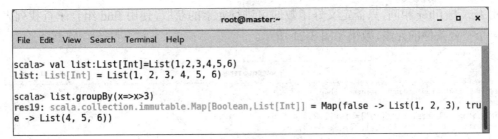

图 3-18　按照数字大小分组

除了条件分组外，groupBy 也可以根据指定的内容进行分组，如根据值进行分组，效果如图 3-19 所示。

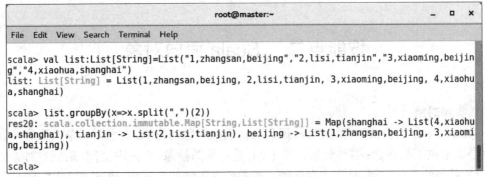

图 3-19　根据值进行分组

（7）zip

zip 的作用是压缩，而 zip 组合子的作用与 zip 的作用类似，其主要是可以将两个相同数据结构中包含的元素以元素的位置为标准聚合在一个由元素对组成的新结构中，但需要注意元素的数量，当数量不同时，以元素数量少的为准进行聚合。其使用方式非常简单，将定义好的两个包含元素的列表、数组等分别放在 zip 组合子的两边即可实现元素的聚合，使用 zip 组合子实现两个列表的聚合，效果如图 3-20 所示。

```
root@master:~
File  Edit  View  Search  Terminal  Help
scala> val list:List[Int]=List(1,2,3,4,5,6)
list: List[Int] = List(1, 2, 3, 4, 5, 6)

scala> val list1:List[Int]=List(7,8,9,10,11,12)
list1: List[Int] = List(7, 8, 9, 10, 11, 12)

scala> list.zip(list1)
res23: List[(Int, Int)] = List((1,7), (2,8), (3,9), (4,10), (5,11), (6,12))

scala>
```

图 3-20　zip 组合子实现两个列表的聚合

（8）find

find 组合子与 filter 组合子的功能类似，filter 组合子可以在条件后将不符合条件的元素过滤掉，从而获取全部需要的元素，而 find 则是从元素中获取第一个符合条件的元素。其使用方式与 filter 相同,只需定义好函数即可进行元素的获取,使用 find 组合子查找列表中第一个符合条件的元素,效果如图 3-21 所示。

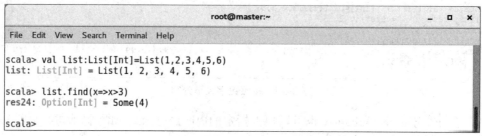

图 3-21　find 组合子查找列表中第一个符合条件的元素

技能点二　Scala 面向对象

1. 类和对象

Scala 除了是函数式编程语言外,还是一种面向对象的语言,在面向对象的语言中包含了两个非常重要的概念:类和对象。其中,类是对象的抽象,不占用空间,是创建对象的模板;对象是类的具体实例,是真实存在的。类的定义语法非常简单,通过关键字"class"能够实现类定义。当类定义完成后,通过使用关键字"new"即可创建一个类的对象。类中包含的变量和函数统称为成员,定义在类中的变量叫作成员变量,定义在类中的函数叫作成员函数。定义类的语法格式如下。

```
class 类名称 ( 参数列表 ){
    类成员
}
```

在定义类时,类的参数可以存在也可以不存在。下面定义一个名为"Add"的类,然后使用关键字"new"创建对象并进行类中成员的访问,效果如图 3-22 所示。

2. 单例对象和伴生对象

单例对象是一种只有一个实例的对象,可通过"object"关键字进行声明,定义方式及包含内容与"class"声明类的方式基本相同,不同之处在于单例对象声明时不能带有参数。其中,包含 main 方法的单例对象可以为程序的执行提供一个入口,当不存在这个单例对象时,程序能够运行成功,但并不会有任何的结果返回。单例对象声明语法格式如下。

```
object 单例名称 {
    包含成员
}
```

```
root@master:~
File  Edit  View  Search  Terminal  Help
scala> :paste
// Entering paste mode (ctrl-D to finish)

class Add(a:Int,b:Int){
    var x=a
    var y=b
    def add(xa:Int,yb:Int){
        x=x+xa
        y=y+yb
        println("前两个参数相加"+x)
        println("后两个参数相加"+y)
    }
}

// Exiting paste mode, now interpreting.

defined class Add

scala> var Add=new Add(1,2)
Add: Add = Add@1983a4e4

scala> Add.x
res5: Int = 1

scala> Add.y
res6: Int = 2

scala> Add.add(3,4)
前两个参数相加4
后两个参数相加6

scala>
```

图 3-22　定义类并实例化对象

当单例对象创建完成后，可以使用“单例名称 . 成员名称”进行成员的全局的访问，以下为单例对象实例，调用名为“Add”的单例对象进行对象中成员的访问，效果如图 3-23 所示。

```
root@master:~
File  Edit  View  Search  Terminal  Help
scala> :paste
// Entering paste mode (ctrl-D to finish)

object Add{
   var a:Int=1;
   var b:Int=2;
   def add(x:Int,y:Int)={
      var xa=x+a
      var yb=y+b
      println("x+a值 : "+xa)
      println("y+b值 : "+yb)
   }
}

// Exiting paste mode, now interpreting.

defined object Add
warning: previously defined class Add is not a companion to object Add.
Companions must be defined together; you may wish to use :paste mode for this.

scala> Add.a
res8: Int = 1

scala> Add.b
res9: Int = 2

scala> Add.add(1,2)
x+a值 : 2
y+b值 : 4

scala>
```

图 3-23　单例对象创建

在 REPL 模式下使用包含 main 方法单例对象并没有任何的结果,下面创建一个 Scala
文件,并编写代码,之后执行该文件,效果如图 3-24 所示。

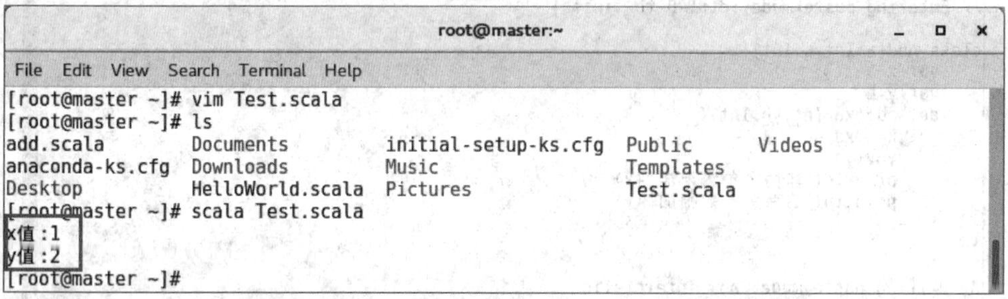

图 3-24　文件方式使用包含 main 方法单例对象

为实现图 3-24 效果,代码如下。

```scala
// 导入 io 中所有类
import java.io._
// 定义 Add 类
class Add(a: Int, b: Int) {
  var x: Int = a
  var y: Int = b
}
// 定义单例对象
object Test {
  // 定义 main 方法
  def main(args: Array[String]) {
    // 创建 Add 对象
    val add= new Add(1, 2)
    // 调用 Print 函数
    Print
    // 创建 Print 函数
    def Print{
      // 输出 Add 类中的 x 和 y 的值
      println ("x 值 :" + add.x);
      println ("y 值 :" + add.y);
    }
  }
}
```

当在同一源文件中,单例对象名称与类名称出现相同的情况时,单例对象被称为该类的
伴生对象,这个类被称为该单例对象的伴生类,伴生对象声明语法格式如下。

```
class 类名称 ( 参数列表 ){
成员
}
object 与类名称相同的单例名称 {
    成员
}
```

使用伴生对象效果如图 3-25 所示。

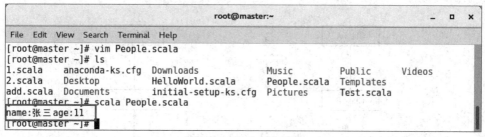

图 3-25　伴生对象使用

为实现图 3-25 效果,代码如下。

```
// 定义伴生类
class People(name:String){
  def getPeople(age:Int)= "name:"+name+"age:"+age
}
// 定义伴生对象
object People{
  def main(args: Array[String]){
    // 创建 People 对象
    var people=new People("张三")
    println(people.getPeople(11))
  }
}
```

3. 继承

继承是面向对象技术中的另一个重要概念,Scala 的继承与 Java 类似,都是通过将一个类的属性和方法扩展到其他类实现的,其中被扩展的类被称为父类或超类,扩展的类可以叫作子类或派生类。通过继承方式能够继承父类所有的属性和方法,提高了代码的可重用性,但继承只能继承一个父类。Scala 中继承的实现是通过"extend"关键字实现的,语法格式如下。

```
class 类名称 ( 参数列表 ){
    成员
}
class  类名称 1 extend 类名称 ( 参数列表 ){
成员

}
```

Scala 能够支持各种类型的继承，包括单一、多层次、多重、混合等，继承方式如图 3-26 所示。

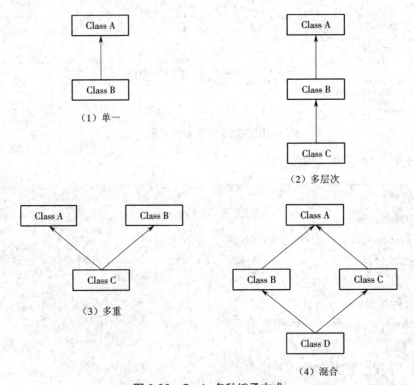

图 3-26　Scala 多种继承方式

使用 extend 实现类的继承，效果如图 3-27 所示。

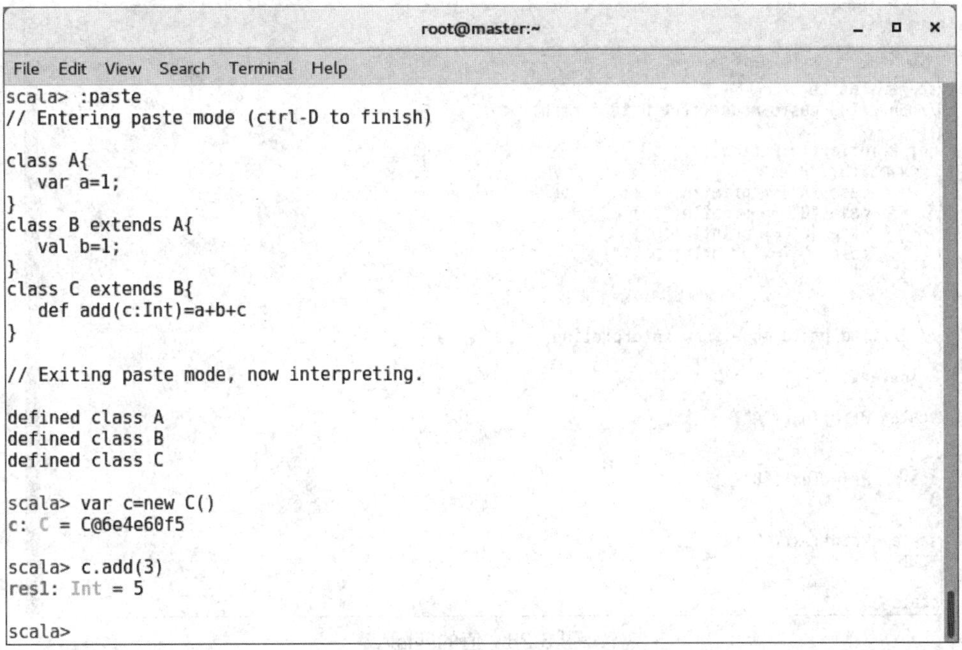

图 3-27　使用 extend 实现类的继承

技能点三　Scala 其他操作

1. 模式匹配

　　模式匹配是 Scala 中一种强大、有特色的功能,主要使用"match case"语法实现,类似于 Java 中的"swich case"语法,即对一个值进行条件判断,然后针对不同的条件,进行不同的处理。但 Scala 的"match case"语法功能比 Java 的"swich case"语法功强大得多,"swich case"语法只能对值进行匹配,而"match case"语法除了可以对值进行匹配之外,还包含多条件、变量赋值、类型、元素、样例类(case class)等匹配。"swich case"语法非常简单,使用"match"关键字定义匹配,之后在匹配中,使用"case"关键字进行匹配内容的定义,之后加入"=>"和代码块即可实现内容的匹配,当内容为下划线"_"时,表示不满足所有内容的匹配,"swich case"语法格式如下。

　　变量 match { case 值 => 代码块 }

　　实现"swich case"实现值的匹配,效果如图 3-28 所示。

```
root@master:~
File Edit View Search Terminal Help
scala> :paste
// Entering paste mode (ctrl-D to finish)

def PrintText(x:String){
   x match{
       case "A" => println("A")
       case "B" => println("B")
       case "C" => println("C")
       case  _  => println("未知")
   }
}

// Exiting paste mode, now interpreting.

PrintText: (x: String)Unit

scala> PrintText("A")
A

scala> PrintText("B")
B

scala> PrintText("D")
未知

scala>
```

图 3-28 值的匹配

（1）多条件匹配

在 Scala 中，普通的模式匹配，只需提供一个值即可，但如果出现多个参数，只匹配单个参数会出现匹配不准确的情况，这时可以使用多条件匹配，在值的后面加入 if 条件语句即可解决，多条件匹配语法格式如下。

```
变量 match { case 值 if 条件语句 => 代码块 }
```

实现多条件匹配效果如图 3-29 所示。

```
root@master:~
File Edit View Search Terminal Help
scala> :paste
// Entering paste mode (ctrl-D to finish)

def PrintText(a:Any,b:Any){
   a match{
       case  "A" if b==1 => println("a等于A,b等于1")
       case  "A" if b==2 => println("a等于A,b等于2")
       case  "B" if b==1 => println("a等于B,b等于1")
       case  "B" if b==2 => println("a等于B,b等于2")
       case  "C" if b==3 => println("a等于C,b等于3")
       case   _  if b==1 => println("a未知,b等于1")
       case   _  if b==2 => println("a未知,b等于2")
   }
}

// Exiting paste mode, now interpreting.

PrintText: (a: Any, b: Any)Unit

scala> PrintText("A",2)
a等于A,b等于2

scala> PrintText("D",1)
a未知,b等于1
```

图 3-29 多条件匹配

（2）变量赋值匹配

变量赋值匹配可以实现对变量值的获取，通过"_变量"方式定义匹配值后，模式匹配会将要匹配的值赋值给变量，之后在后面的代码块中可以使用这个值，变量赋值匹配语法格式如下。

> 变量 match { case _ 变量 => 代码块 }

实现变量赋值匹配效果如图 3-30 所示。

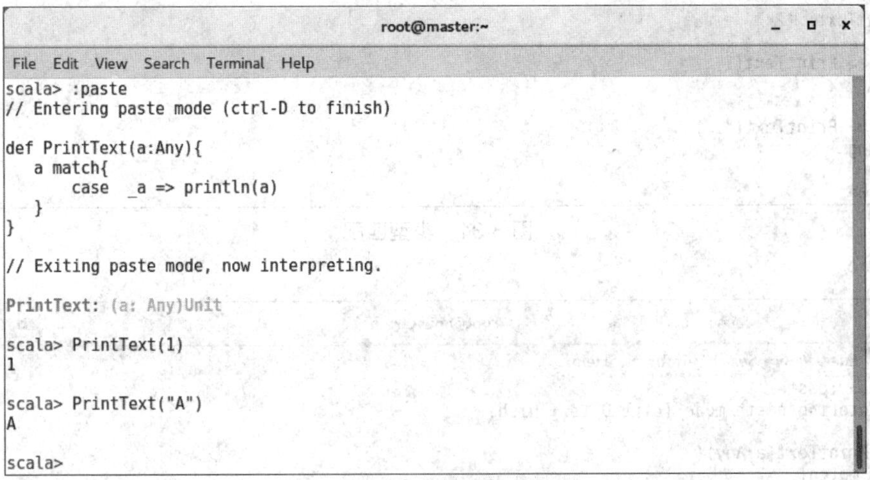

图 3-30　变量赋值匹配

（3）类型匹配

Scala 除了可以多条件匹配和变量赋值匹配外，还可以针对参数类型进行匹配。参数的类型的匹配非常简单，只需通过"变量：数据类型"方式定义匹配值即可实现，类型匹配语法格式如下。

> 变量 match { case 变量 : 参数类型 => 代码块 }

实现类型匹配效果如图 3-31 所示。

（4）元素匹配

元素匹配可以分成多种情况，最常见的是数组和列表元素的匹配，其中，数组元素匹配通过"Array(数组元素)"方式定义匹配值，可以进行指定元素数组、带有指定个数元素数组、以某元素打头数组的匹配；列表元素匹配与数组元素匹配基本相同，但列表元素匹配通过"列表元素 ::Nil"定义匹配值实现，元素匹配语法格式如下。

> // 数组元素匹配
> 变量 match { case Array(数组元素) => 代码块 }
> // 列表元素匹配
> 变量 match { case 列表元素 ::Nil => 代码块 }

实现元素匹配效果如图 3-32 所示。

```
                                    root@master:~                    _  □  ✕

 File  Edit  View  Search  Terminal  Help
scala> :paste
// Entering paste mode (ctrl-D to finish)

def PrintText(a:Any){
    a match{
        case  x:Int => println("Int")
        case  x:String => println("String")
    }
}

// Exiting paste mode, now interpreting.

PrintText: (a: Any)Unit

scala> PrintText(1)
Int

scala> PrintText("1")
String

scala>
```

图 3-31　类型匹配

```
                                    root@master:~                    _  □  ✕

 File  Edit  View  Search  Terminal  Help
scala> :paste
// Entering paste mode (ctrl-D to finish)

def PrintText(a:Any){
    a match{
        case  Array("a") => println("匹配指定元素数组")
        case  Array(a1,a2) => println("匹配指定个数元素数组")
        case  Array("a",_*) => println("匹配a开头的数组")
        case  "a"::Nil => println("匹配指定元素列表")
        case  a1::a2::Nil => println("匹配指定个数元素列表")
        case  "a"::tail => println("匹配a开头的列表")
    }
}

// Exiting paste mode, now interpreting.

PrintText: (a: Any)Unit

scala> PrintText(Array("a"))
匹配指定元素数组

scala> PrintText(Array("a","b"))
匹配指定个数元素数组

scala> PrintText(Array("a","b","c"))
匹配a开头的数组

scala> PrintText(List("a"))
匹配指定元素列表

scala> PrintText(List("a","b"))
匹配指定个数元素列表

scala> PrintText(List("a","b","c"))
匹配a开头的列表

scala>
```

图 3-32　元素匹配

（5）样例类匹配

在 Scala 中还存在一种用于匹配的特殊类——样例类，在使用“class”定义类之前加入“case”即可定义样例类。在进行样例类匹配时，可通过“类名称 (参数列表)”实现样例类的匹配，样例类匹配语法格式如下。

```
// 定义样例类
case class 类名称 ( 参数列表 ){
    类成员
}
// 定义匹配
变量 match { case 类名称 ( 参数列表 ) => 代码块 }
```

实现样例类匹配效果如图 3-33 所示。

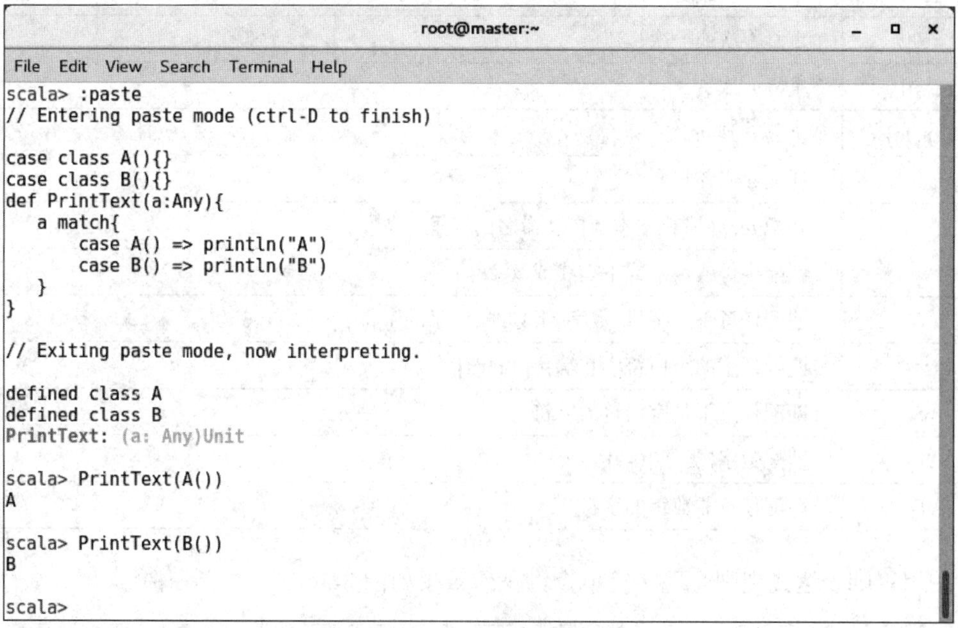
root@master:~
File Edit View Search Terminal Help
scala> :paste
// Entering paste mode (ctrl-D to finish)
case class A(){}
case class B(){}
def PrintText(a:Any){
a match{
case A() => println("A")
case B() => println("B")
}
}
// Exiting paste mode, now interpreting.
defined class A
defined class B
PrintText: (a: Any)Unit
scala> PrintText(A())
A
scala> PrintText(B())
B
scala>

图 3-33　样例类匹配

2. 正则表达式

正则表达式，又称规则表达式，是软件编程中的一个重要概念，通常被用来实现字符串内容的匹配，可以进行某个字符串的查询、替换等。在 Scala 中，正则表达式的实现需要先引入“scala.util.matching”包中提供的 Regex 类，之后定义规则，最后通过操作方法进行字符串的相关操作。目前，正则表达式规则的定义有两种方式，一种方式是通过“" 规则 ".r”方式构造 Regex 对象实现；另一种是通过“new Regex(规则)”方式实现。常用的正则表达式规则见表 3-2。

表 3-2　常用的正则表达式规则

表达式	匹配规则
^	匹配输入字符串开始的位置
$	匹配输入字符串结尾的位置
.	匹配除"\r\n"之外的任何单个字符
[...]	字符集。匹配包含的任一字符。例如，"[abc]"匹配"plain"中的"a"
[^...]	反向字符集。匹配未包含的任何字符。例如，"[^abc]"匹配"plain"中"p""l""i""n"
\\A	匹配输入字符串开始的位置（无多行支持）
\\z	字符串结尾（类似 $，但不受处理多行选项的影响）
\\Z	字符串结尾或行尾（不受处理多行选项的影响）
re*	重复零次或更多次
re+	重复一次或更多次
re?	重复零次或一次
re{ n}	重复 n 次
re{ n, m}	重复 n 到 m 次
a|b	匹配 a 或者 b
(re)	匹配 re，并捕获文本到自动命名的组里
\\w	匹配字母或数字或下划线或汉字
\\W	匹配任意不是字母、数字、下划线、汉字的字符
\\s	匹配任意的空白符，相等于 [\t\n\r\f]
\\S	匹配任意不是空白符的字符
\\d	匹配数字，类似 [0-9]
\\D	匹配任意非数字的字符

使用正则表达式规则实现字符串查询操作效果如图 3-34 所示。

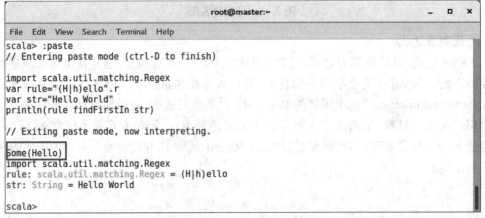

图 3-34　正则表达式字符串查询操作

　　字符串的操作方法是正则表达式中非常重要的一步,只有通过操作方法才能让定义好的正则表达式规则生效,并根据使用的操作方法对字符串执行操作。以上使用 findFirstIn 方法查找第一个匹配项,Scala 中除了 findFirstIn 方法外,还包含了多个方法,字符串的常用方法见表 3-3。

表 3-3　字符串的常用方法

方法	描述
findFirstIn	找到首个匹配项
findAllIn	查找所有匹配项
replaceFirstIn()	替换第一个匹配项
replaceAllIn()	替换所有匹配项
mkString()	连接正则表达式匹配结果的字符串

　　(1)findFirstIn 和 findAllIn

　　findFirstIn 和 findAllIn 方法是一对方法,使用方式基本相同,不同之处在于 findFirstIn 方法只能查询并返回一个结果,而 findAllIn 方法可以查询符合当前正则规则的所有项,并以迭代器类型返回所有项,findAllIn 方法查询所有匹配项效果如图 3-35 所示。

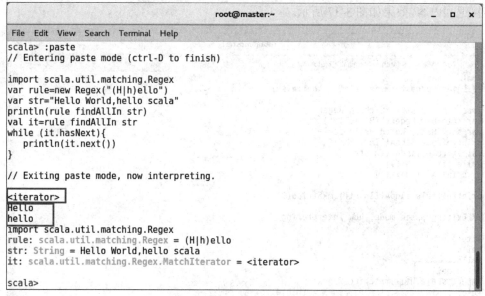

图 3-35　findAllIn 方法查询所有匹配项

　　(2)replaceFirstIn() 和 replaceAllIn()

　　replaceFirstIn() 和 replaceAllIn() 方法同样是一对方法,主要功能是替换,replaceFirstIn() 方法可以替换符合正则规则的第一项的内容,而 replaceAllIn() 方法则是替换所有匹配项的内容。replaceFirstIn() 和 replaceAllIn() 方法使用方式相同,接收两个参数,第一个参数是需要操作的字符串,第二个参数是替换的值。replaceFirstIn() 和 replaceAllIn() 方法操作字符串效果如图 3-36 所示。

图 3-36　replaceFirstIn() 和 replaceAllIn() 方法操作字符串效果

（3）mkString()

在使用 findAllIn 方法查询所有匹配项时，会以迭代器类型返回所有项，如果需要查看具体内容还需进行迭代器的遍历，操作较为烦琐，为了将多个结果一次返回，可以使用 mkString() 方法将所有结果以指定符号连接后返回，mkString() 方法接收一个字符作为参数用于连接返回内容，效果如图 3-37 所示。

```
scala> :paste
// Entering paste mode (ctrl-D to finish)

import scala.util.matching.Regex
var rule=new Regex("(H|h)ello")
var str="Hello World,hello scala"
println(rule findAllIn str)
val it=rule findAllIn str
while (it.hasNext){
    println(it.next())
}
println((rule findAllIn str).mkString(","))

// Exiting paste mode, now interpreting.

<iterator>
Hello
hello
Hello,hello
import scala.util.matching.Regex
rule: scala.util.matching.Regex = (H|h)ello
str: String = Hello World,hello scala
it: scala.util.matching.Regex.MatchIterator = <iterator>

scala>
```

图 3-37　mkString() 方法指定连接字符

3. 异常处理

异常（exception）指程序运行时出现的导致程序运行终止的错误，这种错误是不能通过编译系统检查出来的，Scala 中常见的异常见表 3-4。

表 3-4　Scala 中常见的异常

名称	描述
ClassCastException	类型强制转换异常
ArithmeticException	算术运算异常
IndexOutOfBoundsException	下标越界异常
NegativeArraySizeException	创建一个大小为负数的数组错误异常
NumberFormatException	数字格式异常
SecurityException	安全异常
UnsupportedOperationException	不支持的操作异常

　　异常处理是编程语言中的一种机制，可以处理软件或信息系统运行时出现的异常情况。Scala 同样存在针对异常的处理，其作用与其他语言的异常处理也基本相同，Scala 语言关于异常处理的相关操作方法，见表 3-5。

表 3-5　异常处理的相关操作方法

方法	描述
try-catch	捕获异常
finally	释放资源
throw	抛出异常
throws	声明异常

（1）try-catch

　　异常捕获是异常处理中非常重要的内容，Scala 中使用 try-catch 语句捕获异常。当发生异常后，catch 子句使用 case 定义类型匹配，越具体的异常越要靠前，越普遍的异常越靠后；如果当前异常不在 catch 中，则无法进行异常的相关处理。try-catch 语句捕获异常效果如图 3-38 所示。

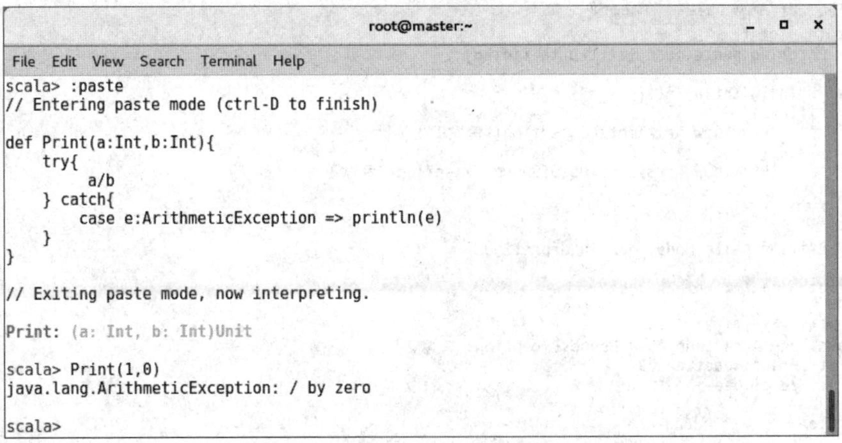

图 3-38　try-catch 语句捕获异常

（2）finally

finally 语句能够执行不管是正常处理还是有异常发生时需要执行的代码，主要用于在出现异常时释放资源，包括文件、网络连接、数据库连接等。finally 语句需要与 try-catch 语句连用，在 catch 子句后面加入 finally 语句即可。finally 语句释放资源效果如图 3-39 所示。

```
root@master:~
File  Edit  View  Search  Terminal  Help
def Print(a:Int,b:Int){
    try{
        a/b
        var arr=Array(a,h)
        arr(10)
    }catch{
        case e: ArithmeticException => println(e)
        case ex: Exception =>println(ex)
        case exs: ArrayIndexOutOfBoundsException =>println(exs)
    }finally{
        println(a+","+b)
    }
}

// Exiting paste mode, now interpreting.

Print: (a: Int, b: Int)Unit

scala> Print(1,0)
java.lang.ArithmeticException: / by zero
1,0

scala> Print(1,2)
java.lang.ArrayIndexOutOfBoundsException: Index 10 out of bounds for length 2
1,2

scala>
```

图 3-39　finally 语句释放资源

（3）throw

在上面使用 try-catch 语句捕获异常后，通过打印异常信息可以看到相应的异常类型及解释，这个异常类型和解释是默认的，如果想要更改这个异常的相关内容，Scala 中可以通过使用"throw new 异常类型（解释）"自定义异常并抛出。使用 throw 关键字抛出自定义异常效果如图 3-40 所示。

```
root@master:~
File  Edit  View  Search  Terminal  Help
scala> :paste
// Entering paste mode (ctrl-D to finish)

def Print(a:Int,b:Int){
    if(a>b){
        throw new ArithmeticException("异常1")
    }else{
        throw new ArrayIndexOutOfBoundsException("异常2")
    }
}

// Exiting paste mode, now interpreting.

Print: (a: Int, b: Int)Unit

scala> Print(1,2)
java.lang.ArrayIndexOutOfBoundsException: 异常2
  at .Print(<pastie>:23)
  ... 28 elided

scala>
```

图 3-40　使用 throw 关键字抛出自定义异常

（4）throws

throws 主要用来声明以下内容可能会出现的异常，可以是单个异常的声明，也可以声明多个异常，类似于注释，在代码中只起到提醒作用，但并不会对代码的运行有任何影响，通过"@throws (classOf[异常名称])"方式即可实现异常的声明，throws 声明异常效果如图 3-41 所示。

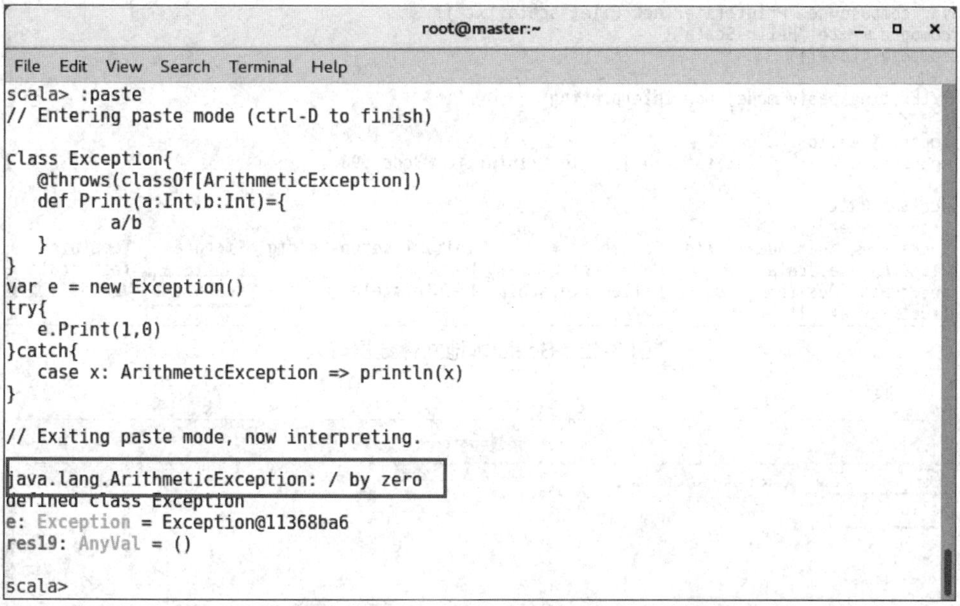

图 3-41　throws 声明异常

4. 文件 I/O

文件 I/O 是各种编程语言都存在的知识，在 Scala 中也不例外，但不同语言所包含的文件 I/O 内容各不相同，Scala 关于文件 I/O 的相关内容只有三种，分别为写操作、屏幕输入操作、读操作。

（1）写操作

写操作是文件操作中最基本的一种操作，通过写操作的使用，可以将指定的内容保存到指定的文件中。Scala 中，写操作的实现需要通过 Java 中的 I/O 类，写操作的基本语法格式如下。

```
// 导入 I/O 类
import java.io._
// 创建文件并打开
var 变量名称 =new PrintWriter(new File("文件名称 . 文件格式" ))
// 写入数据
变量名称 .write( 数据 )
// 关闭文件，保存数据
变量名称 .close()
```

Scala 本地文件数据写入效果如图 3-42 和图 3-43 所示。

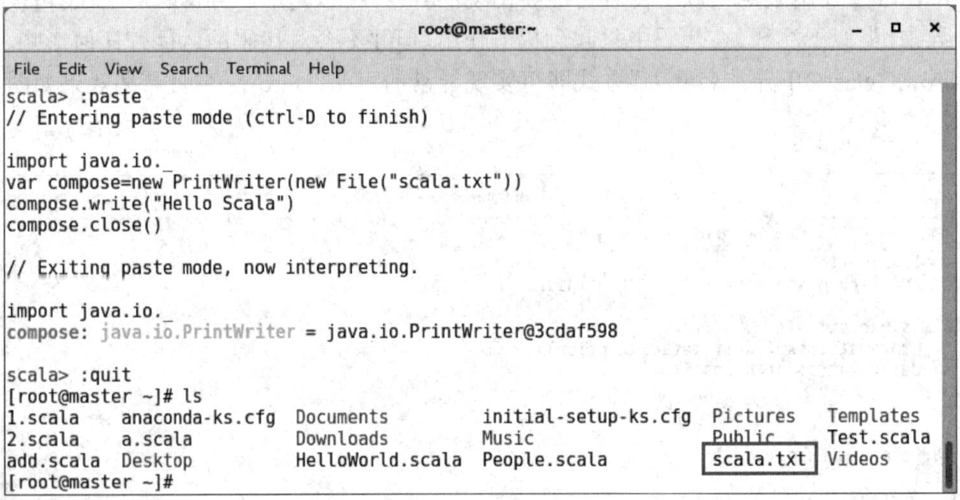

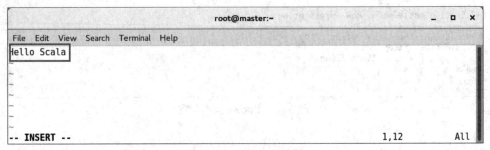

图 3-42　Scala 本地文件数据写入

图 3-43　文件内容查看

（2）屏幕输入操作

屏幕输入操作简单来说就是在命令窗口可以输入一些信息或指令给正在运行的 Scala 代码，之后 Scala 代码会对这个输入的内容进行相应的操作。屏幕写操作常用于身份验证功能的实现。屏幕输入操作与写操作的实现不同，屏幕输入操作通过引入 Scala 的 I/O 类，之后调用 readLine() 方法实现，屏幕输入操作的基本语法格式如下。

```
// 导入 Scala 的 I/O 类
import scala.io._
// 定义输入并将内容赋值给变量
var 变量名称 =StdIn.readLine()
```

Scala 屏幕输入操作验证用户名称效果如图 3-44 所示。

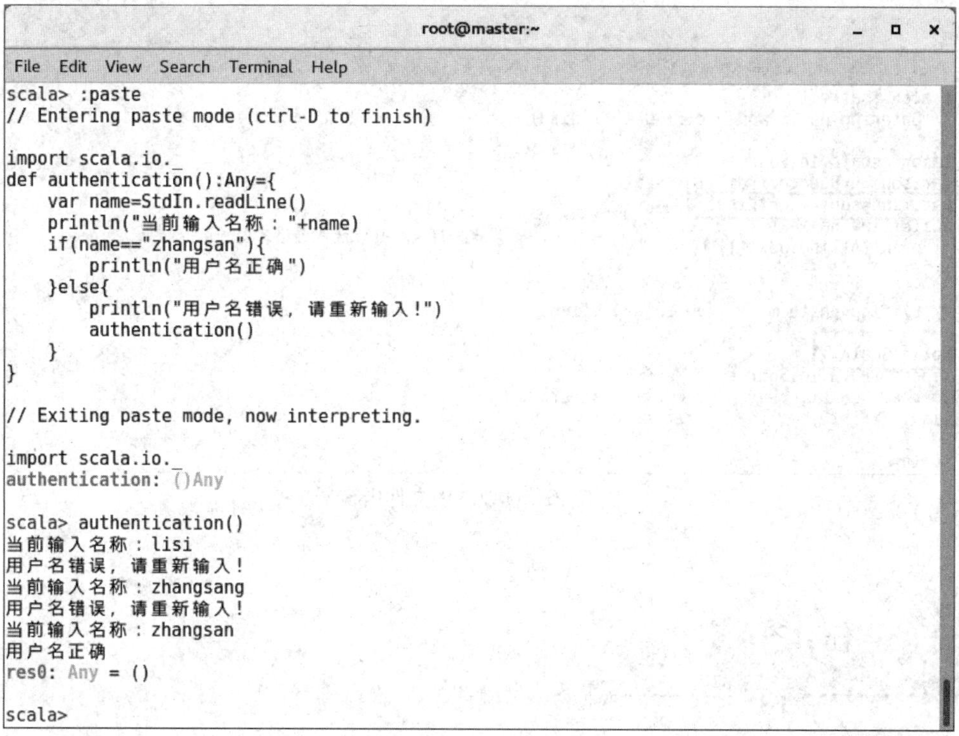

```
                           root@master:~                    _  □  ×
File  Edit  View  Search  Terminal  Help
scala> :paste
// Entering paste mode (ctrl-D to finish)

import scala.io._
def authentication():Any={
    var name=StdIn.readLine()
    println("当前输入名称 : "+name)
    if(name=="zhangsan"){
        println("用户名正确")
    }else{
        println("用户名错误，请重新输入!")
        authentication()
    }
}

// Exiting paste mode, now interpreting.

import scala.io._
authentication: ()Any

scala> authentication()
当前输入名称 : lisi
用户名错误，请重新输入!
当前输入名称 : zhangsang
用户名错误，请重新输入!
当前输入名称 : zhangsan
用户名正确
res0: Any = ()

scala>
```

图 3-44　Scala 屏幕输入操作验证用户名称

（3）读操作

读操作与写操作是一个成对的操作，读操作可以读取本地文件中的内容并以迭代器格式返回，与写操作使用 Java 的 I/O 类不同，写操作是通过 Scala 的 Source 类及伴生对象实现的，写操作的基本语法格式如下。

```
// 导入 Source 类
import scala.io.Source
// 读取文件内容并将赋值给变量
var 变量名称 =Source.fromFile("test.txt" )
```

在进行文件内容的读取后，Scala 还提供了多个用于定义读取方式的属性，常用属性见表 3-6。

表 3-6　定义读取方式的常用属性

属性	描述
getLines	按行读取文件内容
buffered	按字符读取文件内容

Scala 读操作可以读取本地文件内容，效果如图 3-45 所示。

```
root@master:~                                    _  □  ×

File  Edit  View  Search  Terminal  Help

scala> :paste
// Entering paste mode (ctrl-D to finish)

import scala.io.Source
var source=Source.fromFile("scala.txt")
var line=source.getLines
while(line.hasNext){                    ──────▶  设置按行读取并以迭代器格式返回读取结果
    println(line.next())
}

// Exiting paste mode, now interpreting.

Hello Scala
import scala.io.Source
source: scala.io.BufferedSource = <iterator>
line: Iterator[String] = <iterator>

scala>
```

图 3-45 读取本地文件内容

通过以上的学习，可以了解 Scala 进阶知识及使用方法，为了巩固所学知识，通过以下几个步骤，使用 Scala 相关知识制作简易计算器。

第一步：新建 Scala 文件并定义主函数。

通过"vim 文件名称 .scala"创建一个 Scala 文件并进入，之后定义名为"Count"的伴生对象和项目的主函数，代码如下。

```
//定义伴生对象
object Count {
    //定义主函数
    def main(args: Array[String]) {

    }
}
```

第二步：定义运算类。

在伴生对象外面，定义一个与伴生对象名称相同的伴生类，并在该类中定义运算函数，之后在主函数中创建"Count"类的对象并调用类中的函数，验证代码的正确性，代码如下。

```
//定义伴生类，参数为 a 和 b
class Count(a: Int, b: Int) {
 //定义加法函数
 def add() = {
```

```scala
    println(a + "+" + b + "=" + (a + b))
    }
// 定义减法函数
  def subtract() = {
    println(a + "-" + b + "=" + (a - b))
    }
  // 定义乘法函数
  def multiply() = {
    println(a + "*" + b + "=" + (a * b))
    }
  // 定义除法函数
  // 声明除法函数可能出现的异常
  @throws(classOf[ArithmeticException])
  def divide() = {
    println(a + "/" + b + "=" + (a / b))
    }
  }
// 定义伴生对象
object Count {
  // 定义主函数
  def main(args: Array[String]) {
  var count=new Count(1,2)
  count.add()
  count.subtract()
  count.multiply()
  count.divide()
    }
}
```

效果如图 3-46 所示。

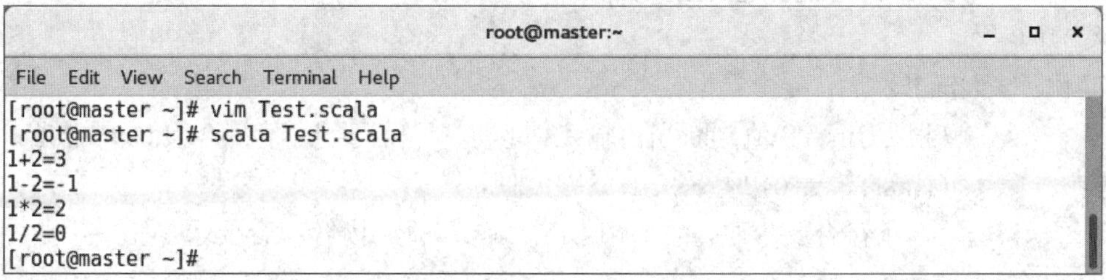

图 3-46 定义运算类

第三步：输入第一个数字。

在使用计算器计算时，需要手动输入数字，这里通过屏幕操作输入第一个内容，并判断该内容是否为数字，当不是数字时则提示"前输入内容不是数字，请重新输入！"，之后返回输入代码重新输入信息，直到输入正确，进行下一项输入为止，代码如下。

```scala
// 导入 Scala 的 I/O 类
import scala.io._
// 定义伴生对象
object Count {
  // 定义主函数
  def main(args: Array[String]) {
    println("请输入第一个数:")
    // 声明变量,作为 Count 类的第一个参数
    var firstNum: Int = 0
    // 声明变量,作为判断是否为数字的依据
    var firstTF = 0
    // 定义输入函数
    def first(): Any = {
      // 屏幕输入操作
      var A = StdIn.readLine()
      // 异常处理
      try {
        // 强制转换为数字类型
        A.toInt
        // 当输入内容可以转换为数字类型时,将 firstTF 值变为 1,
        // 并将转换后的数值赋值给 firstNum
        firstTF = 1
        firstNum = A.toInt
      } catch {
        // 当输入内容不可以转换为数字类型时,输出提示信息
        case x: NumberFormatException => println("当前输入内容不是数字,请重新
输入！")
      } finally {
        // 根据 firstTF 值判断当前输入内容是否符合要求,不符合为 0,符合为 1
        if (firstTF == 0) {
          // 不符合要求时,重新调用 first 函数,直到内容符合要求
          first()
        } else {
```

```
            // 符合要求,继续进行后续输入
            println("请输入算术符号:")
        }
      }
    }
    // 调用 first 函数
    first()
  }
}
```

效果如图 3-47 所示。

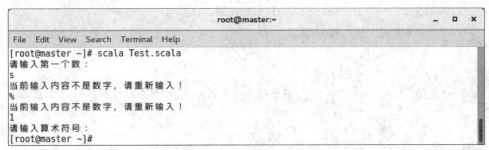

图 3-47　输入第一个数字

第四步:输入运算符号。

当第一个数字输入完成后,接下需要输入运算符号,运算符号包括"+""-""*""/",重新定义一个名为"arithmetic"的函数,之后通过屏幕输入操作输入运算符号,并使用模式匹配知识判断该符号是不是属于以上四种运算符,当不属于时则提示"运算符号错误,请重新输入!",并返回输入代码重新输入信息,直到运算符号输入正确,进入下一项输入为止,代码如下。

```
// 导入 Scala 的 I/O 类
import scala.io._
// 定义伴生对象
object Count {
// 定义主函数
def main(args: Array[String]) {
    println("请输入算术符号:")
    // 声明变量,作为判断是否属于 "+" "-" "*" "/" 的依据
    var arithmeticTF = 0
    // 声明变量,作为运算符号的全局变量
    var arithmeticSign: Any = ""
```

```
    // 定义输入函数
    def arithmetic(): Any = {
      // 屏幕输入操作
      var B = StdIn.readLine()
      // 模式匹配
      B match {
        // 当输入符合属于 "+" "-" "*" "/" 时, 将 arithmeticTF
        // 值变为 1, 并将当前输入符合作为值赋值给 arithmeticSign
        case "+" => arithmeticTF = 1; arithmeticSign = B
        case "-" => arithmeticTF = 1; arithmeticSign = B
        case "*" => arithmeticTF = 1; arithmeticSign = B
        case "/" => arithmeticTF = 1; arithmeticSign = B
        // 当不符合时, 提示信息
        case _ => println("运算符号错误, 请重新输入！")
      }
      // 根据 arithmeticTF 值判断当前输入内容是否符合要求, 不符合为 0, 符合为 1
      if (arithmeticTF == 0) {
        arithmetic()
      } else {
        println("请输入第二个数:")
      }
    }
    // 调用 arithmetic 函数
    arithmetic()
  }
}
```

效果如图 3-48 所示。

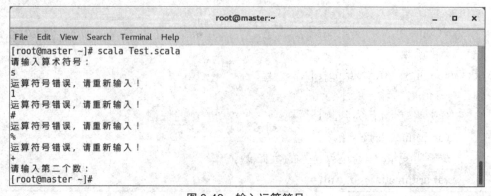

图 3-48　输入运算符号

第五步：输入第二个数。

　　输入完运算符号后，还需要输入第二个数字才可以进行运算，第二个数的输入及验证与输入第一个数基本相同，不同之处在于，当进行除法运算时，第二个数不能为 0，部分代码如下。

```scala
// 导入 Scala 的 I/O 类
import scala.io._
// 定义伴生对象
object Count {
// 定义主函数
def main(args: Array[String]) {
    println("请输入第二个数：")
    // 声明变量，作为 Count 类的第二个参数
    var secondNum: Int = 0
    // 声明变量，作为判断是否为数字的依据
    var secondTF = 0
    // 定义输入函数
    def second(): Any = {
      // 屏幕输入操作
      var C = StdIn.readLine()
      // 异常处理
      try {
        // 强制转换为数字类型
        C.toInt
        // 当输入内容可以转换为数字类型时，将 firstTF 值变为 1
        // 并将转换后的数值赋值给 firstNum
        secondTF = 1
        secondNum = C.toInt
      } catch {
        // 当输入内容不可以转换为数字类型时，输出提示信息
        case x: NumberFormatException => println("当前输入内容不是数字，请重新
输入！")
      } finally {
        // 根据 secondTF 值判断当前输入内容是否符合要求，不符合为 0，符合为 1
        if (secondTF == 0) {
          second()
        } else if(arithmeticSign=="/" && secondNum==0){
```

```
                // 判断除法时,数值不能为 0
                println("当进行除法计算时,第二个数不能为 0,请重新输入！")
                second()
            } else {
                println("创建对象,调用方法进行计算")
            }
        }
    }
    // 调用 second 函数
    second()
    }
}
```

效果如图 3-49 所示。

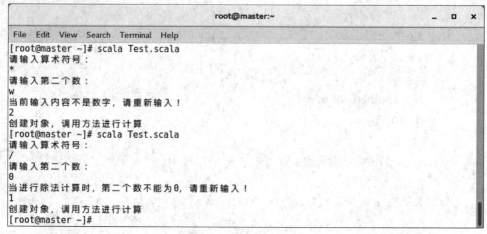

图 3-49　输入第二个数

第六步:根据数值和运算符号计算。

数值和运算符号都输入完成后,通过模式匹配根据输入的运算符号进行"Count"类中相关方法的调用,部分代码如下。

```
// 导入 Scala 的 I/O 类
import scala.io._
// 定义伴生类,参数为 a 和 b
class Count(a: Int, b: Int) {
    // 定义加法函数
    def add() = {
        println(a + "+" + b + "=" + (a + b))
    }
```

```
    // 定义减法函数
    def subtract() = {
        println(a + "-" + b + "=" + (a - b))
    }
    // 定义乘法函数
    def multiply() = {
        println(a + "*" + b + "=" + (a * b))
    }
    // 定义除法函数
    // 声明除法函数可能出现的异常
    @throws(classOf[ArithmeticException])
    def divide() = {
        println(a + "/" + b + "=" + (a / b))
    }
}
// 定义伴生对象
object Count {
    // 定义主函数
    def main(args: Array[String]) {
        println("请输入算术符号:")
        // 创建对象
        var count = new Count(1, 2)
        // 屏幕输入操作
        var arithmeticSign = StdIn.readLine()
        // 模式匹配
        arithmeticSign match {
            // 当符号为 "+" 时,调用 add 函数
            case "+" => count.add()
            // 当符号为 "-" 时,调用 subtract 函数
            case "-" => count.subtract()
            // 当符号为 "*" 时,调用 multiply 函数
            case "*" => count.multiply()
            // 当符号为 "/" 时,调用 divide 函数
            case "/" => count.divide()
        }
    }
}
```

效果如图 3-50 所示。

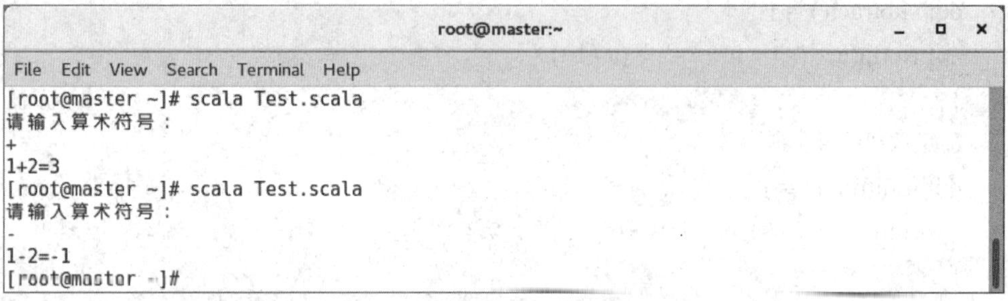

图 3-50 根据数值和运算符号计算

通过以上几个步骤分块实现了计算器的相关功能,但代码有些零散,下面代码进行整理,将代码整合到一起,整体代码如下。

```scala
// 导入 Scala 的 I/O 类
import scala.io._
// 定义伴生类,参数为 a 和 b
class Count(a: Int, b: Int) {
  // 定义加法函数
  def add() = {
    println(a + "+" + b + "=" + (a + b))
  }
  // 定义减法函数
  def subtract() = {
    println(a + "-" + b + "=" + (a - b))
  }
  // 定义乘法函数
  def multiply() = {
    println(a + "*" + b + "=" + (a * b))
  }
  // 定义除法函数
  // 声明除法函数可能出现的异常
  @throws(classOf[ArithmeticException])
  def divide() = {
    println(a + "/" + b + "=" + (a / b))
  }
}
// 定义伴生对象
object Count {
  // 定义主函数
```

```
def main(args: Array[String]) {
  println("请输入第一个数:")
  // 声明变量,作为 Count 类的第一个参数
  var firstNum: Int = 0
  // 声明变量,作为判断是否为数字的依据
  var firstTF = 0
  // 声明变量,作为判断是否属于 "+" "-" "*" "/" 的依据
  var arithmeticTF = 0
  // 声明变量,作为运算符号的全局变量
  var arithmeticSign: Any = " "
  // 声明变量,作为 Count 类的第二个参数
  var secondNum: Int = 0
  // 声明变量,作为判断是否为数字的依据
  var secondTF = 0
  // 定义输入函数
  def first(): Any = {
    // 屏幕输入操作
    var A = StdIn.readLine()
    // 异常处理
    try {
      // 强制转换为数字类型
      A.toInt
      // 当输入内容可以转换为数字类型时,将 firstTF 值变为 1,并将转换后的数值赋
      // 值给 firstNum
      firstTF = 1
      firstNum = A.toInt
    } catch {
      // 当输入内容不可以转换为数字类型时,输出提示信息
      case x: NumberFormatException => println("当前输入内容不是数字,请重新输入!")
    } finally {
      // 根据 firstTF 值判断当前输入内容是否符合要求,不符合为 0,符合为 1
      if (firstTF == 0) {
        // 不符合要求时,重新调用 first 函数,直到内容符合要求
        first()
      } else {
        // 符合要求,继续进行后续输入
        println("请输入算术符号:")
        // 调用 arithmetic 函数
```

```
      arithmetic()
    }
  }
}
// 定义输入函数
def arithmetic(): Any = {
  // 屏幕输入操作
  var B = StdIn.readLine()
  // 模式匹配
  B match {
    // 当输入符合属于 "+" "-" "*" "/" 时,将 arithmeticTF 值变为 1,并将当前输入
    // 符合作为值赋值给 arithmeticSign
    case "+" => arithmeticTF = 1; arithmeticSign = B
    case "-" => arithmeticTF = 1; arithmeticSign = B
    case "*" => arithmeticTF = 1; arithmeticSign = B
    case "/" => arithmeticTF = 1; arithmeticSign = B
    // 当不符合时,提示信息
    case _ => println("运算符号错误,请重新输入! ")

  }
  // 根据 arithmeticTF 值判断当前输入内容是否符合要求,不符合为 0,符合为 1
  if (arithmeticTF == 0) {
    arithmetic()
  } else {
    println("请输入第二个数:")
    // 调用 second 函数
    second()
  }
}
// 定义输入函数
def second(): Any = {
  // 屏幕输入操作
  var C = StdIn.readLine()
  // 异常处理
  try {
    // 强制转换为数字类型
    C.toInt
    // 当输入内容可以转换为数字类型时,将 firstTF 值变为 1,
```

```
    // 并将转换后的数值赋值给 firstNum
    secondTF = 1
    secondNum = C.toInt
  } catch {
  // 当输入内容不可以转换为数字类型时,输出提示信息
  case x: NumberFormatException => println("当前输入内容不是数字,请重新输入!")
  } finally {
  // 根据 secondTF 值判断当前输入内容是否符合要求,不符合为 0,符合为 1
  if (secondTF == 0) {
    second()
  } else if(arithmeticSign=="/" && secondNum==0){
  // 判断除法时,数值不能为 0
    println("当进行除法计算时,第二个数不能为 0,请重新输入!")
    second()
  } else {
  // 创建对象
    var count = new Count(firstNum, secondNum)
  // 模式匹配
    arithmeticSign match {
    // 当符号为 "+" 时,调用 add 函数
    case "+" => count.add()
    // 当符号为 "-" 时,调用 subtract 函数
    case "-" => count.subtract()
    // 当符号为 "*" 时,调用 multiply 函数
    case "*" => count.multiply()
    // 当符号为 "/" 时,调用 divide 函数
    case "/" => count.divide()
    }
    }
   }
  }

 // 调用 first 函数
 first()
 }
}
```

运行以上代码,可以得到如图 3-1 所示结果,说明计算器制作成功。

至此,Scala 简易计算器开发完成。

　　本项目通过 Scala 简易计算器制作的实现，对 Scala 的函数相关知识有了初步了解，对 Scala 类和对象及其他操作的基本使用有所了解并掌握，并能够通过所学的 Scala 相关知识实现简易计算器的制作。

multiply	乘	combinator	组合子
filter	过滤	flatten	弄平
object	目的	extend	延伸
match	比赛	case	案件
switch	开关	exception	例外
catch	抓住	finally	最后

1. 选择题

（1）Scala 中，函数的定义使用的是（　　　）关键字。

A.class　　　　　B.function　　　　　C.def　　　　　D.object

（2）关于函数的分类，不包括以下（　　　）。

A. 低阶函数　　　　B. 可变参数函数　　　　C. 匿名函数　　　　D. 偏应用函数

（3）单例对象通过（　　　）关键字声明。

A.new　　　　　B.def　　　　　C.class　　　　　D.object

（4）正则表达式中，表示匹配数字的是（　　　）。

A.\\d　　　　　B.\\z　　　　　C.\\s　　　　　D.\\w

（5）以下表示算术异常的是（　　　）。

A. NegativeArraySizeException　　　　　B.ClassCastException

C.IndexOutOfBoundsException　　　　　D.ArithmeticException

2. 简答题

（1）简述函数的分类名称及示例。

（2）简述类和对象的关系。

项目四　学生信息统计

通过学生信息统计的实现，了解 RDD 弹性分布式数据集属性，熟悉 Spark 核心概念与 RDD 缓存机制，掌握 RDD 创建方法与 Transformation 算子使用方法，具有使用 Transformation 算子完成数据转换的能力，在任务实现过程中：

- 了解 RDD 弹性分布式数据集属性；
- 熟悉 Spark 核心概念与 RDD 缓存机制；
- 掌握 RDD 创建方法与 Transformation 算子使用方法；
- 具有使用 Transformation 算子完成数据转换的能力。

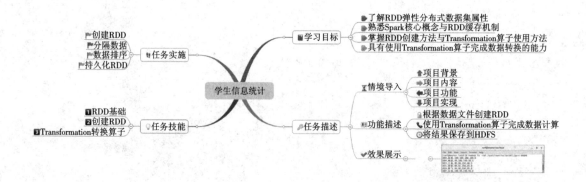

【情境导入】

大数据技术主要是在杂乱无章的数据中提取有价值的信息,通过爬虫或服务器获取的数据大多是没有经过有效整理的,这些数据就像一堆杂草,需要先对其进行整理、排序或分类后才能够进行分析,通过传统方式编程实现整理操作需要逐条读取逐条判断,对资源消耗较大并且耗时较长。本项目通过对 Spark Transformation 算子相关知识的学习,最终实现学生信息的统计。

【功能描述】

● 根据数据文件创建 RDD。
● 使用 Transformation 算子完成数据计算。
● 将结果保存到 HDFS。

【效果展示】

通过对本项目的学习,能够使用 Transformation 算子完成学生考试成绩的排名并将结果保存到 HDFS。效果如图 4-1 所示。

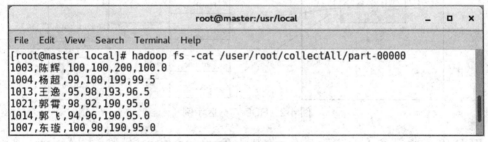

图 4-1　效果图

技能点一　RDD 基础

1.RDD 弹性分布式数据集简介

RDD 是 Spark 中最为核心的概念，也是 Spark 中最基本的数据抽象。与一般数据集的区别在于 RDD 被划分为一个或多个分区，所有的分区都被分布存储在集群当中（每个节点的磁盘或内存中）。如图 4-2 所示定义了一个名为"FirstRDD"的 RDD 数据集，该数据集被分成了四个分区（Partition 类似于 HDFS 文件系统中的 Block），每个分区都有可能存储在不同节点或集群的内存或磁盘当中。

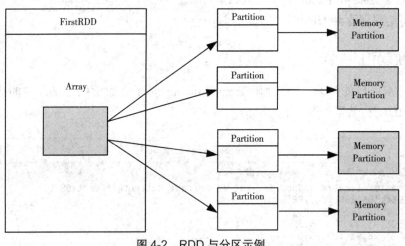

图 4-2　RDD 与分区示例

RDD 中主要包含了两大类操作，分别为 Transformations（转换）和 Actions（操作），Transformations 主要负责将原始数据集加载到 RDD，并将一个 RDD 转换成另一个新 RDD，Actions 主要负责将 RDD 保存到磁盘或触发转换执行。

2.RDD 内部属性

RDD 的内部属性有五个，通过这些属性用户可以获取对象的元数据信息，并可通过这些信息进行更复杂的算法或优化，RDD 内部属性说明如下。

（1）一组分片（Partition）

组成数据集的基本单位，每个分片都会由一个计算任务进行处理和决定进行计算时的粒度，RDD 在创建时用户可指定 RDD 的分片个数，分片个数默认为 CPU Core 的个数。

（2）每个分区的计算函数

在 Spark 中，RDD 是以分片为单位进行存储的，通过函数可以对每个分片进行 RDD 需要的用户自定义运算。

（3）RDD 之间的依赖关系

RDD 每次转换都会产生一个新的 RDD，所以 RDD 之间就会产生依赖关系，当部分数据丢失时，可根据这些依赖关系重新计算丢失的分区数据，为容错提供支持。

（4）Partitioner

RDD 分片函数，目前有两种类型的分片函数，分别为基于哈希的 HashPartitioner 和基于范围的 RangePartitioner。Partitioner 函数决定 RDD 本身的分片数量和 parent RDD Shuffle 输出时的分片数量。只有 Key-Value 类型的 RDD 才有 Partitioner 而非 Key-Value 类型 RDD 的 Partitioner 值为 None。

（5）列表

负责存取每个 Partition 的优先级位置，相对 HDFS 文件系统来说，该列表中存储的就是每个数据块的所在位置，根据移动计算的原则，Spark 会将计算任务分配到所要处理的数据块的存储位置。

3.Spark 核心概念

在 Spark 中，包含多个核心内容，如宽依赖与窄依赖、Stage、调度运行流程、执行逻辑等。

（1）RDD 宽依赖与窄依赖

Spark RDD 中的依赖关系是 Spark 的核心原理。Spark RDD 的依赖关系主要分为两种，宽依赖（Wide Dependencies）和窄依赖（Narrow Dependencies），如图 4-3 所示为宽依赖和窄依赖的关系。

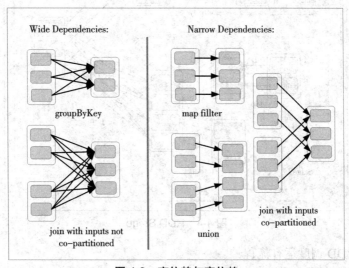

图 4-3　宽依赖与窄依赖

图 4-3 中每个灰色圆角矩形代表一个分区，透明的大圆角矩形代表一个 RDD，灰色竖线左边为宽依赖，右边为窄依赖。想要深入了解宽依赖和窄依赖必须先对父 RDD 和子 RDD 有所了解，"map fillter"区域左侧为父 RDD（Parent RDD），右侧为子 RDD（Child

RDD),"union"区域左侧两个 RDD 均为父 RDD 所以右侧的子 RDD 有两个父 RDD。通过父 RDD 与子 RDD 的概念可知宽依赖和窄依赖的区别如下。

● 宽依赖:指子 RDD 中的每个分区都依赖于父 RDD 的一个以上分区。

● 窄依赖:指子 RDD 中的一个分区只依赖于父 RDD 的一个分区。

（2）Stage 详解

Stage 是 Spark 中另一较为核心的重要概念。在 Spark 中,一个 Job 会被拆分成多组 Task,每组 Task 就是一个 Stage,每个 Stage 之间能够按照顺序执行。Spark 中的 Task 分为两类,分别为 ShuffleMapTask（输出结果为 Shuffle 所需要的数据）和 ResultTask（输出最终结果）,Stage 就是以 Shuffle 和 Result 划分的,Shuffle 之前的操作是一个 Stage,Shuffle 之后的操作是另一个 Stage。

图 4-4 所示为 Job 的划分过程。Spark 会将每个 Job 划分成多个不同的 Stage，Stage 之间的依赖关系会形成一个有向无环图（DAG）。在窄依赖中 Spark 会将大部分 RDD 转换存放在同一阶段的（Stage）中。由于宽依赖一般情况下代表 Shuffle 操作,所以 Spark 会将 Shuffle 操作定义为阶段（Stage）的边界。从后向前看,遇到宽依赖则切割 Stage, RDDC、RDDD、RDDE、RDDF 被构建到同一个 Stage 中, RDDA 被单独构建在一个 Stage 中,而 RDDB 和 RDDG 被构建在同一个 Stage 中。

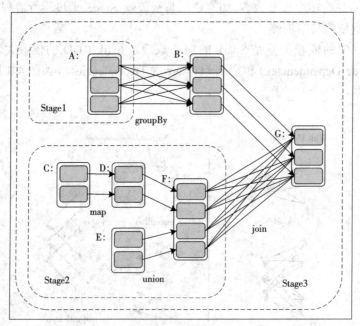

图 4-4   RDD Stage

（3）Spark RDD 调度运行流程

在 Spark 中,首先用户代码被转换为有向无环图（DAG）后,交由 DAGScheduler 将 RDD 的有向无环图分割成各个阶段（Stage）的有向无环图,形成 TaskSet 后再交由 TaskScheduler 将任务（Task）提交给每个 Worker 上的 Execute 执行具体的任务（Task）, RDD 的调度运行流程如图 4-5 所示。

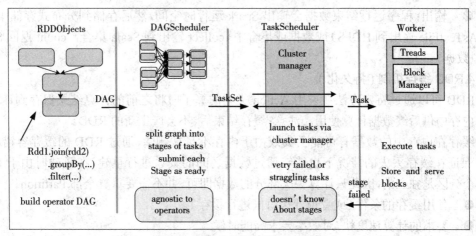

图 4-5　Spark RDD 调度运行流程

（4）RDD 执行逻辑

Spark RDD 运行逻辑主要分为了三个阶段,分别为"输入"→"运行"→"输出",如图 4-6 所示。

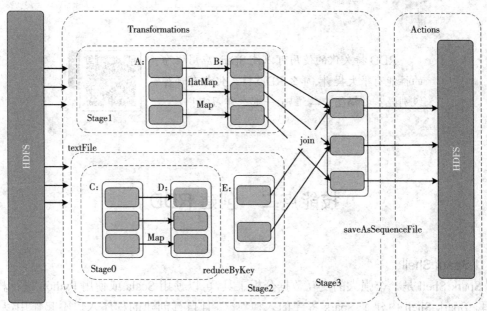

图 4-6　RDD 三个阶段

三个阶段详细说明如下。

● 输入:在 Spark 程序运行时,数据会从外部数据空间(最左边的 HDFS 框)如 HDFS 或数据集合等输入到 Spark。数据进入 Spark 后会通过算子操作转换为 Spark 需要的数据块及 RDD。

● 运行:在 Spark 数据输入形成 RDD 后,便可以通过变换算子对数据进行操作并将 RDD 转化为新的 RDD,通过行动(Action)算子,触发 Spark 提交作业。如果数据需要复用,可以通过 Cache 算子,将数据缓存到内存。

● 输出：程序运行结束数据会输出 Spark 运行时空间，然后存储到分布式存储中（如 saveAsTextFile 输出到 HDFS）或数据或集合中（collect 输出到 Scala 集合，count 返回 Scala Int 型数据）。

4.RDD 缓存机制（持久化）

RDD 可以通过特定方法在调用 Action 类型的算子时将之前的计算结果保存到计算节点的内存中供后续数据计算使用。注意：缓存结束后，不会产生新的 RDD。

缓存在内存中的数据有可能丢失或由于内存不足被删除，通过 RDD 的缓存容错机制可以保证在缓存丢失的情况下也能够通过数据之间的关系进行重建，在重建时由于 RDD 的各个分区是独立的，因此只计算丢失部分的数据即可，并不需要重算全部 Partition。

● 使用缓存的条件（或者说什么时候进行缓存）。
● 要求的计算速度快，对效率要求高的时候。
● 集群的资源要足够大，能容得下要被缓存的数据。
● 被缓存的数据会多次触发 Action（多次调用 Action 类的算子）。
● 先进行过滤，然后将缩小范围后的数据缓存到内存中。

快来扫一扫！

　　RDD 持久化的使用可以使 Spark 应用程序的性能有很大提升，那么 RDD 持久化都有哪些级别呢？扫描图中二维码，一起来学习吧！

技能点二　创建 RDD

1.Spark Shell

Spark Shell 是一个强大的交互数据分析工具，可以使用 Scala 或使用 Python 进行程序编写。Spark Shell 内建了 Spark 程序的入口"sc"，且自行创建的程序入口不起作用，启动 Spark Shell 需要进入 Spark 安装目录的"bin"目录，启动方法如下。

```
./spark-shell --master local[2]
```

结果如图 4-7 所示。

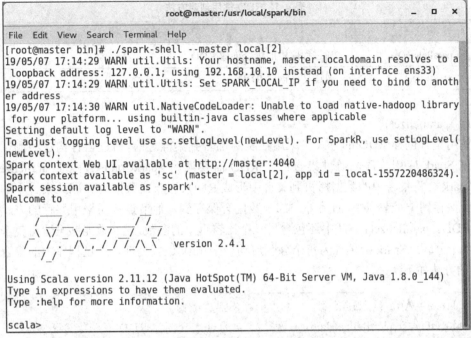

图 4-7 启动 Spark Shell

命令参数说明如下。

● --master：指定程序的运行位置。

● --local[]：指定运行程序是所使用的 CPU 核心数。

当要编写的程序需要用到第三方依赖文件时可使用 --jars 参数和 --packages 参数指定，使用方法如下。

（1）--jars 参数使用方法

--jars 参数使用时需要将依赖的 JAR 文件下载到本地，参数后输入 JAR 文件的保存路径即可引用，命令如下。

./spark-shell --master local[2] --jars /usr/local/hive/lib/mysql-connector-java-5.1.39.jar

（2）--packages 参数使用方法

--packages 参数与 --jars 参数功能一致，区别在于 --packages 参数是添加 maven 依赖无需将依赖包下载到本地，命令如下。

./spark-shell --packages mysql:mysql-connector-java:5.1.27

2.RDD 创建方式

一般情况下 RDD 就代表并包含了 Spark 应用程序的输入原数据。只有在创建初始 RDD 之后才能够通过 Spark Core 提供的 transformation 算子对 RDD 进行转换操作来获取其他 RDD。RDD 常用创建方法见表 4-1。

表 4-1　RDD 常用创建方法

方法	描述
parallelize()	通过程序中的集合创建 RDD
textFile()	通过文件创建 RDD

（1）parallelize()

使用集合创建 RDD 的方式多应用在实际部署到集群之前,通过自行构建的测试数据来测试 Spark 应用程序。通过集合创建 RDD 需要调用 SparkContext 中的 parallelize() 方法, Spark 会将集合中的数据拷贝到集群中形成 RDD(分布式数据集),因此集合中的部分数据会保存到一个节点中,而另外一部分数据会保存到其他节点从而采用并行的方式操作这个 RDD。parallelize() 方法中还包含另一个比较重要的参数,该参数能够设置将集合切分为多少个分区, Spark 会单独为每个分区启动一个 Task 进行处理。通过程序中的集合创建 RDD 的方法如下。

```
val data = Array(1,2,3,4,5)              # 创建集合
val RDD = sc.parallelize(data)           # 通过集合创建 RDD
```

结果如图 4-8 所示。

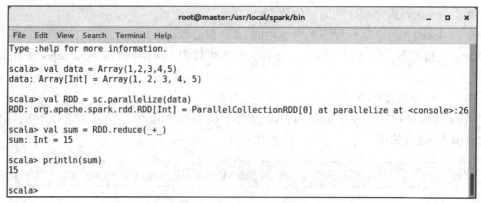

图 4-8　通过集合创建 RDD

（2）textFile()

textFile() 方法可以通过本地文件创建 RDD,该方式主要应用于本地临时处理缓存的大量数据文件和在本地测试 Spark 应用程序流程中,创建方法如下。

```
val rdd = sc.textFile("file:/usr/local/data.txt")
```

结果如图 4-9 所示。

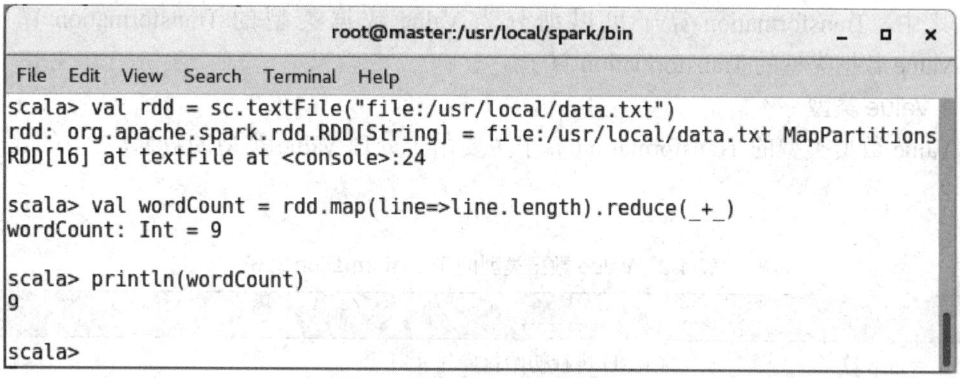

图 4-9　通过本地文件创建 RDD

除了本地文件创建 RDD 外，Spark 还支持使用任何 Hadoop 支持的文件系统上的文件创建 RDD，如 HDFS 和 HBase 等，通过 HDFS 中的文件创建 RDD 与使用本地文件创建类似，只是在路径书写上有细微差别，在输入路径时不使用"file"关键字或使用"hdfs"关键字，Spark 都会去 HDFS 中查找文件，使用 HDFS 中的文件创建 RDD 命令如下。

```
val rdd = sc.textFile("/rddfile/data.txt")
```

结果如图 4-10 所示。

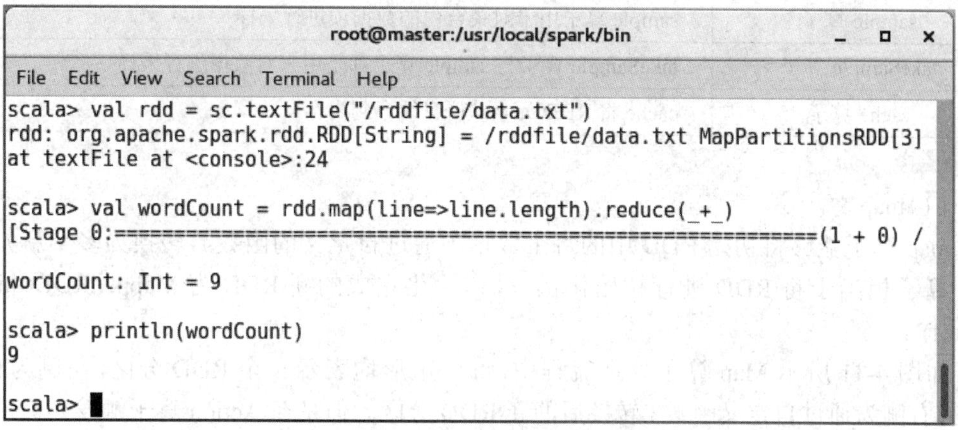

图 4-10　从 HDFS 文件创建 RDD

技能点三　Transformation 转换算子

算子是 Spark 内置的用来完成计算任务的方法，这些算子能够通过组合完成业务需要的功能，Spark 编程就是对 Spark 算子的使用，Spark 算子主要分为如下两大类。

● Transformation：变换、转换算子，用于数据的处理、分析操作。

● Action：操作算子，触发 SparkContext 提交 Job 作业。

其中，Transformation 算子可以细分为 Value 数据类型的 Transformation 算子和 Key-Value 数据类型的 Transformation 算子。

1.Value 类型

Value 数据类型的 Transformation 算子主要用于处理 Value 类型的数据，常用的算子见表 4-2。

表 4-2　Value 数据类型的 Transformation 算子

算子	描述
map 算子	将 RDD 进行初始化操作
flatMap 算子	将 RDD 中的每个元素通过 f 函数转换为新元素
glom 算子	将每个分区都转换为一个数组
union 算子	将两个元素数据相同的 RDD 合并为同一个 RDD
cartesian 算子	对两个 RDD 内的所有元素进行笛卡儿积操作
grouBy 算子	对 RDD 进行分组
filter 算子	filter 算子主要用于对元素进行过滤
distinct 算子	distinct 算子多用于对 RDD 中元素中进行去重操作
subtract 算子	subtract 算子用于去掉 RDD 中的重复值
sample 算子	sample 算子用于对集合内的数据项进行采样
takeSample 算子	takeSample 算子与 sample 算子都是用来对数据进行采样
cache 算子	cache 将 RDD 元素从磁盘缓存到内存

（1）map 算子

map 算子能够将初始 RDD 中的每个数据项通过自定义的函数 f，转换为多个新元素，map 算子相当于将 RDD 进行初始化操作，初始化完成的新 RDD 为 MappedRDD(this,sc.clean(f))。

如图 4-11 所示 Map 算子处理流程中，每个矩形均表示一个 RDD 分区，左侧为初始 RDD，右侧为通过自定义函数 f 转换后的新 RDD 分区。但是在 Action 算子触发之前，用户自定义函数 f 不会和其他函数放在一个 Stage 中进行运算，只有在 Action 算子触发后才能够和其他函数放在一个 Stage 中进行运算。

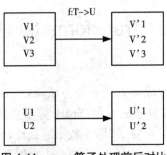

图 4-11　map 算子处理前后对比

　　如图 4-11 中的数据记录 V1 输入到用户自定义函数 f,通过函数 f 转换输出为转换后的分区中的数据记录 V' 1。

　　图 4-11 中所示效果可以在 spark-shell 命令行中实现。使用数组的方式创建 RDD,并使用 map 算子对其进行运算,在每个数据项中间加入 "'" 符号,命令如下。

```
val a = Array("V1","V2","V3")
val rdd = sc.parallelize(a)
val newrdd = rdd.map(x => x(0)+" ' "+x(1))
newrdd.collect
```

结果如图 4-12 所示。

```
File  Edit  View  Search  Terminal  Help
scala> val a = Array("V1","V2","V3")
a: Array[String] = Array(V1, V2, V3)

scala> val rdd = sc.parallelize(a)
rdd: org.apache.spark.rdd.RDD[String] = ParallelCollectionRDD[0] at parallelize at <console>:26

scala> val newrdd = rdd.map(x => x(0)+"'"+x(1))
newrdd: org.apache.spark.rdd.RDD[String] = MapPartitionsRDD[1] at map at <console>:25

scala> newrdd.collect
res0: Array[String] = Array(V'1, V'2, V'3)

[root@master bin]#
```

图 4-12　map 算子使用方法

（2）flatMap

　　flatMap 算子能够将 RDD 中的每个元素通过 f 函数转换为新元素,并构成行的新 RDD。flatMap 先进行与 map 操作一样的功能为每一条输入返回一个迭代器(数组、列表等),最后将所有不同级别迭代器中的元素返回到同一个 RDD 中。

　　如图 4-13 所示,左侧大矩形为一个 RDD 分区,其中每个小矩形表示为一个集合,A1,A2 等表示一个数据项,通过 flatMap 操作首先将其转换为 Array(A1,A2,A3), Array(B1,B2), Array(C1,C2),然后再结合拆散,将数据项全部保存到同一个 RDD 中。

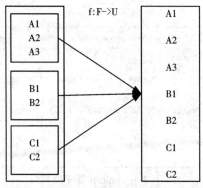

图 4-13　flatMap 算子处理前后对比

　　为了实现图 4-13 中所示的 flatMap 算子。通过列表创建一个 RDD,并使用 flatMap 算子对其进行运算，通过 x=>x.split(" ") 条件将三个集合中的数据项转换到同一个 RDD 中生成新 RDD，命令如下。

```
val rdd = sc.parallelize(List("A1 A2 A3","B1 B2","C1 C2"))
val newrdd = rdd.flatMap(x =>x.split(" ")).collect
```

结果如图 4-14 所示。

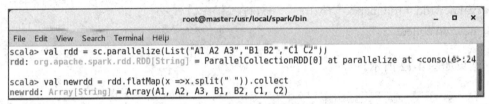

图 4-14　flatMap 算子使用

（3）glom

glom 算子能够将每个分区都转换为一个数组，如图 4-15 所示每个矩形均为一个分区，通过使用 glom 算子将左侧 1~10 的数字组成的 RDD 转换为右侧的数组形式。

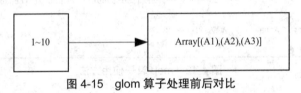

图 4-15　glom 算子处理前后对比

想要实现图 4-15 所示的效果，需要创建一个包含 1~10 的 RDD，并将该 RDD 通过 glom 将其转换为数组形式，代码如下。

```
val rdd = sc.parallelize(1 to 10,4)
rdd.glom.collect
rdd.partitions.size              # 查看分区数
```

结果如图 4-16 所示。

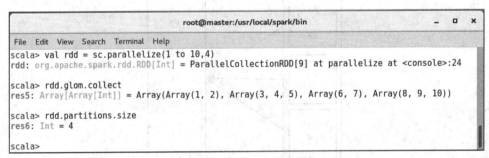

图 4-16　glom 算子使用

（4）union

union 算子能够将两个元素数据相同的 RDD 合并为同一个 RDD，且合并后的 RDD 与合并之前的元素类型相同。使用 union 合并 RDD 是不会进行去重操作的。union 算子能够通过"++"代理。

如图 4-17 所示左侧有两个矩形其中每个里边均包含了两个分区。右侧矩形框代表合并后的 RDD。含有 V1、V2、U1、U2、U3、U4 的 RDD 和含有 V1、V8、U5、U6、U7、U8 的 RDD 合并所有元素形成一个 RDD。

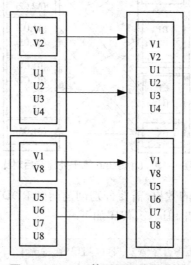

图 4-17　union 算子处理前后对比

想要实现图 4-17 所示的效果，需要创建两个 RDD 分别为 RDDA 和 RDDB，并将两个 RDD 通过 union 算子将其合并到同一个 RDD 中，代码如下。

```
val RDDA = sc.parallelize(Array("V1","V2","U1","U2","U3","U4"))
val RDDB = sc.parallelize(Array("V1","V8","U5","U6","U7","U8"))
(RDDA++RDDB).collect
```

结果如图 4-18 所示。

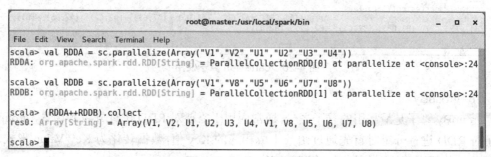

图 4-18　union 算子使用

（5）cartesian

对两个 RDD 内的所有元素进行笛卡儿积操作（假设集合 A={a,b}，集合 B={0,1,2}，则两个集合的笛卡儿积为 {(a,0),(a,1),(a,2),(b,0),(b,1),(b,2)} 操作后,内部实现返回一个做笛卡儿积操作后的新数组。

如图 4-19 所示左侧矩形中有两个 RDD,其中每个 RDD 中分别有两个分区。右侧矩形框中为进行笛卡儿积操作后的 RDD。

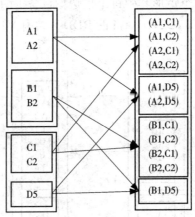

图 4-19　cartesian 算子处理前后对比

想要实现图 4-19 中所示的效果,需要分别创建两个 RDD 分别为 X 和 Y,并使用 cartesian 算子对 X 和 Y 进行笛卡儿积运算,代码如下。

```
val X = sc.parallelize(List("A1","A2","B1","B2"))
val Y = sc.parallelize(List("C1","C2","D5"))
X.cartesian(Y).collect
```

结果如图 4-20 所示。

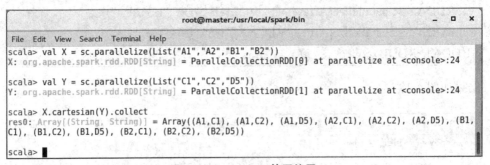

图 4-20　cartesian 算子使用

（6）groupBy

groupBy 算子是最常用的算子之一,通常应用于需要对 RDD 进行分组的场景,groupBy 算子对 RDD 进行分组时首先通过函数生成相应的 Key 值,数据转化为 Key-Value 形式后,在将 Key 值相同的元素分到同一组中。

图 4-21 中方框代表一个 RDD 分区,相同 Key 的元素合并到一个组。例如 V1 和 V2 合并为 V, Value 为 V1,V2,形成 V,(V1,V2)。

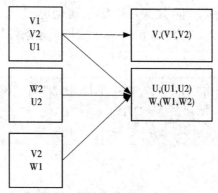

图 4-21　groupBy 算子处理前后对比

　　想要实现图 4-21 中所示的效果,需要分别创建一个 RDD 内容为 ""V1","V2", "U1","W2","U2","V2","W1"",并使用 groupBy 算子根据每个数据项的首字母作为分组条件进行分组,代码如下。

```
val a = sc.parallelize(List("V1","V2","U1","W2","U2","V2","W1"))
a.groupBy(x => x(0)).collect
```

结果如图 4-22 所示。

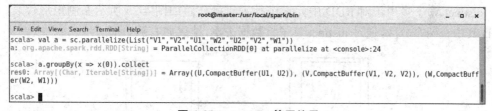

图 4-22　groupBy 算子使用

（7）filter

　　filter 算子主要用于对元素进行过滤,能够将每个元素带入用户自定义函数中将返回值为 true 的元素放入 RDD 进行保留。

　　如图 4-23 所示左边矩形为一个 RDD,分为两个分区。通过用户自定义的过滤函数 f 将不满足条件的数据项过滤掉,最终保留 A1、B1 和 B2。

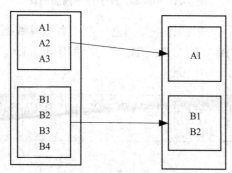

图 4-23　filter 算子处理前后对比

　　想要实现图 4-23 中所示的效果，需要分别创建一个 RDD 内容为 ""A1","A2",
"A3","B1""，""B2","B3","B4""，并使用 filter 算子根据自定条件只保留 A1、B1 和 B2，代码
如下。

```
val a = sc.parallelize(List("A1","A2","A3","B1","B2","B3","B4"))
val b = a.filter(x=>x == "A1" || x == "B1" || x == "B2")
b.collect
```

结果如图 4-24 所示。

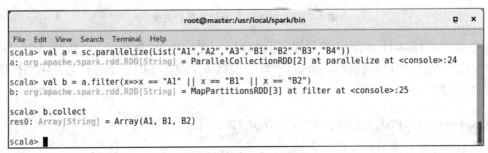

图 4-24　filter 算子使用

（8）distinct

　　distinct 算子多用于对 RDD 中元素进行去重操作。如图 4-25 所示左侧矩形代表一个
RDD 其中有两个分区，通过 distinct 算子将数据去重，结果如右侧矩形所示。

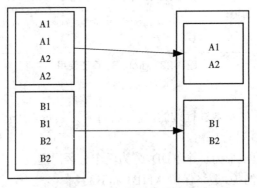

图 4-25　distinct 算子处理前后对比

　　想要实现图 4-25 中所示的效果，需要创建一个带有重复数据项的 RDD 名为"v"，内容
为 ""A1","A1","A2","A2","B1","B1","B2","B2""，并使用 distinct 算子将重复值去掉，代码
如下。

```
val v = sc.parallelize(List("A1","A1","A2","A2","B1","B1","B2","B2"))
v.distinct.collect
```

结果如图 4-26 所示。

```
                          root@master:/usr/local/spark/bin              _  □  ×
File  Edit  View  Search  Terminal  Help
scala> val v = sc.parallelize(List("A1","A1","A2","A2","B1","B1","B2","B2"))
v: org.apache.spark.rdd.RDD[String] = ParallelCollectionRDD[0] at parallelize at <console>:24

scala> v.distinct.collect
res0: Array[String] = Array(A1, B2, A2, B1)

scala>
```

图 4-26   distinct 算子使用

（9）subtract

subtract 算子用于去掉 RDD 中的重复值，与 distinct 算子的区别是，distinct 对重复的数据项只保留一个，而 subtract 算子则将重复的全部过滤掉。

如图 4-27 所示，通过 subtract 算子去除 RDD1 中 RDD1 与 RDD2 中有交集的所有数据项，例如 RDD1 和 RDD2 中均包含 A1 则右侧新 RDD 中去除 A1。

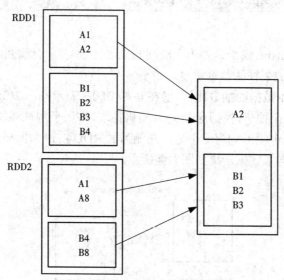

图 4-27   subtract 算子处理前后对比

想要实现图 4-27 中所示的效果，需要创建两个 RDD 分别命名为 a 和 b，并通过 subtract 算子在 a 中去掉 a 与 b 重复的数据项，代码如下。

```
val a = sc.parallelize(List("A1","A2","B1","B2","B3","B4"))
val b = sc.parallelize(List("A1","A8","B4","B8"))
a.subtract(b).collect
```

结果如图 4-28 所示。

```
root@master:/usr/local/spark/bin                        _  □  ×

File  Edit  View  Search  Terminal  Help
scala> val a = sc.parallelize(List("A1","A2","B1","B2","B3","B4"))
a: org.apache.spark.rdd.RDD[String] = ParallelCollectionRDD[13] at parallelize at <console>:24

scala> val b = sc.parallelize(List("A1","A8","B4","B8"))
b: org.apache.spark.rdd.RDD[String] = ParallelCollectionRDD[14] at parallelize at <console>:24

scala> a.subtract(b).collect
res2: Array[String] = Array(B2, A2, B3, B1)
```

图 4-28   subtract 算子使用

（10）sample

sample 算子用于对集合内的数据项进行采样，使用 sample 算子进行数据采样时可以设置三个参数，算子使用格式如下。

> sampled(withReplacement, fraction, seed)

参数说明如下。

● withReplacement：表示是否为有放回的抽取，true 表示有放回，false 表示无放回，有放回的形式可能会造成采样的数据重复。

● fraction：样本数据的抽取比例，值在 0~1，如 0.3 表示抽出 30% 的数据。

● seed：表示一个种子，根据这个 seed 随机抽取，常用于测试环境。

如图 4-29 所示每个矩形均为一个分区左侧为源 RDD 右侧为抽样后的 RDD，通过 sample 算子抽取 50% 的样本数据结果如图右侧所示。

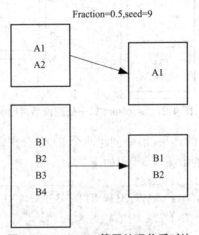

图 4-29   sample 算子处理前后对比

想要实现图 4-29 中所示的效果，需要创建一个源 RDD 命名为 a，并通过 sample 算子按 50% 的比例对其进行抽样，代码如下。

> val a = sc.parallelize(List("A1","A2","B1","B2","B3","B4"))
> a.sample(false,0.5).collect

结果如图 4-30 所示。

```
root@master:/usr/local/spark/bin                              _  □  ×
File  Edit  View  Search  Terminal  Help
scala> val a = sc.parallelize(List("A1","A2","B1","B2","B3","B4"))
a: org.apache.spark.rdd.RDD[String] = ParallelCollectionRDD[22] at parallelize at <console>:24

scala> a.sample(false,0.5).collect
res19: Array[String] = Array(A1, B2, B4)

scala>
```

图 4-30　sample 算子使用

（11）takeSample

takeSample 算子与 sample 算子都是用来对数据进行采样，区别在于 takeSample 是根据设置的数量进行采样而 sample 是根据百分比进行数据采样且 takeSample 返回的结果不是 RDD。

如图 4-31 所示左侧矩形代表 RDD 中的分区，右侧代表抽取一份数据做样本数据的结果。

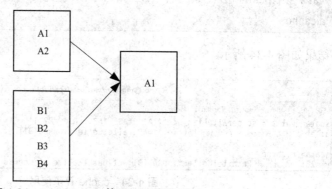

图 4-31　takeSample 算子处理前后对比

想要实现图 4-31 中所示的效果，需要创建一个源 RDD 命名为 a，并通过 takeSample 算子抽取一份数据，代码如下。

```
val a = sc.parallelize(List("A1","A2","B1","B2","B3","B4"))
a.takeSample(true,1)
```

结果如图 4-32 所示。

```
root@master:/usr/local/spark/bin                              _  □  ×
File  Edit  View  Search  Terminal  Help
scala> val a = sc.parallelize(List("A1","A2","B1","B2","B3","B4"))
a: org.apache.spark.rdd.RDD[String] = ParallelCollectionRDD[28] at parallelize at <console>:24

scala> a.takeSample(true,1)
res24: Array[String] = Array(B4)

scala>
```

图 4-32　takeSample 算子使用

（12）cache

cache 将 RDD 元素从磁盘缓存到内存。如图 4-33 所示每个方框代表一个 RDD 分区，左侧相当于数据分区都存储在磁盘，通过 cache 算子将数据缓存在内存。

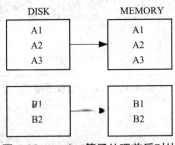

图 4-33 cache 算子处理前后对比

想要实现图 4-33 中所示的效果，需要创建一个源 RDD 命名为 a，并通过 cache 算子将 RDD 缓存到内存当中，代码如下。

```
val a = sc.parallelize(List("A1","A2","A3","B1","B2"))
a.cache
```

结果如图 4-34 所示。

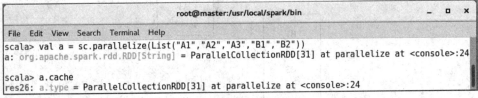

图 4-34 cache 算子使用

2.Key-Value 类型

Key-Value 数据类型的 Transformation 算子主要用于处理 Key-Value 类型的数据。常用的算子见表 4-3。

表 4-3 Key-Value 数据类型的 Transformation 算子

算子	描述
mapValues 算子	能够对 (Key，Value) 类型的 RDD 中的 Value 值进行 Map 操作
reduceByKey 算子	用于处理 (Key，Value) 类型的 RDD
groupByKey 算法	常用于对 (Key，Value) 类型的 RDD 进行分组
cogroup 算子	将两个 RDD 进行协同划分
join 算子	Join 算子实现了 cogroup 算子和 cartesian 算子的功能
sortByKey 算子	用于对（Key，Value）类型的算子进行排序
sortBy 算子	用于对 RDD 中的数据项进行排序

（1）mapValues

mapValues 算子能够对 (Key，Value) 类型的 RDD 中的 Value 值进行 Map 操作，而对 Key 不进行任何处理。

如图 4-35 所示每个矩形都代表一个 RDD 分区。使用 mapValues 算子对 RDD 中的 Value 值进行操作，将每个 Value 的值加 2，得到右侧 RDD 结果。

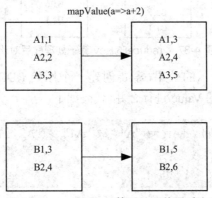

图 4-35　mapValues 算子处理前后对比

想要实现图 4-35 中所示的效果，需要创建一个原始 RDD 命名为 V，并通过 mapValues 算子将中 Value 值加 2，代码如下。

```
scala> val V = sc.parallelize(Array(("A1",1),("A2",2),("A3",3),("B1",3),("B2",4)))
scala> V.mapValues(a=>a+2).collect
```

结果如图 4-36 所示。

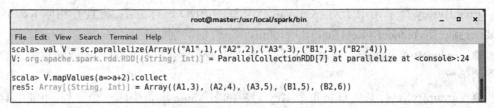

图 4-36　mapValues 算子使用

（2）reduceByKey

reduceByKey 用于处理 (Key,Value) 类型的 RDD，reduceByKey 能够将相同的 Key 进行聚合，并将相同 Key 值的 Value 进行加操作。

如图 4-37 所示每个矩形框都代表一个 RDD 分区，左边两个矩形框为原始 RDD 存在 Key 值重复的数据项，通过 reduceByKey 将重复的 Key 的 Value 相加并保留一个 Key 值，常与 map 算子结合进行单词计数。

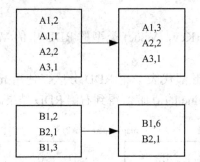

图 4-37 reduceByKey 算子处理前后对比

想要实现图 4-37 中所示的效果，需要创建一个原始 RDD 命名为 V，并通过 reduce-ByKey 算子将对应 Key 值的 Value 进行合并，代码如下。

```
scala> val V = sc.parallelize(Array(("A1",2),("A1",2),("A2",2),("A3",1),("B1",2),("B2",1),
("B1",3)))
scala> V.reduceByKey(_+_).collect
```

结果如图 4-38 所示。

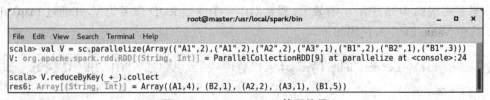

图 4-38 reduceByKey 算子使用

（3）groupByKey

groupByKey 算子常用于对 (Key,Value) 类型的 RDD 进行分组，将具有相同 Key 值的 Value 分到一组，reduceByKey(func) 和 groupByKey() 的区别如下。

● reduceByKey() 能够对每个 Key 对应 Value 进行合并操作同时还能够自定义合并操作的函数。

● groupByKey() 只能够将每个 Key 对应的多 Value 汇总生成一个序列，不能够自定义函数，只能通过 map() 算子实现其他操作。

如图 4-39 所示每个矩形框均为一个 RDD 分区，使用 groupByKey 算子将对应 Key 值的 Value 汇总到一个序列中。

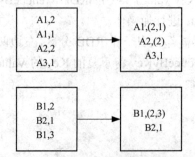

图 4-39 groupByKey 算子处理前后对比

想要实现图 4-39 中所示的效果,需要创建一个原始 RDD 命名为 V,并通过 group-ByKey 算子将相同 Key 值的 Value 添加到一个序列中,代码如下。

```
val V = sc.parallelize(Array(("A1",2),("A1",2),("A2",2),("A3",1),("B1",2),("B2",1),
("B1",3)))
V.groupByKey().collect
```

结果如图 4-40 所示。

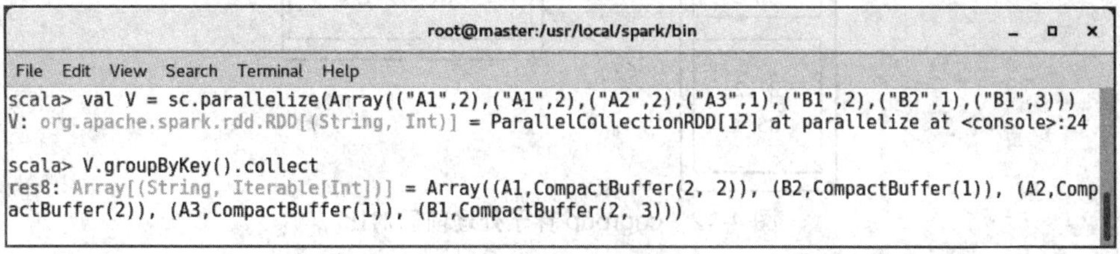

图 4-40　groupByKey 算子使用

由以上操作可知 groupByKey 算子只是将对应 Key 的 Value 聚合到一起并没有进行合并操作,需要借助 map 算子对分组后的 Value 进行合并操作,代码如下。

```
V.groupByKey().map(t => (t._1,t._2.sum)).collect.foreach(println)
```

结果如图 4-41 所示。

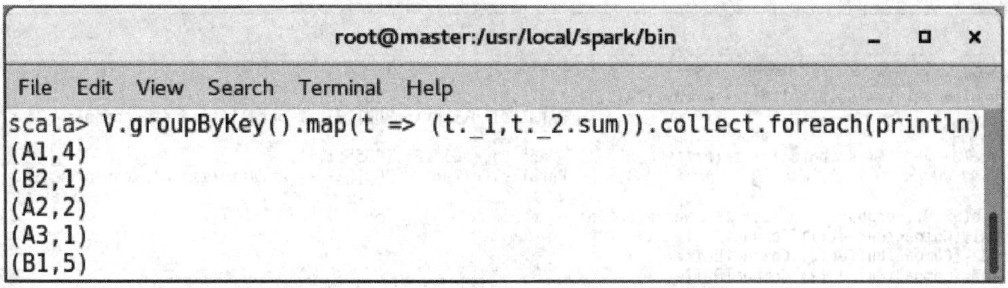

图 4-41　groupByKey 算子与 map 算子

这里通过 groupByKey() 后调用 map 遍历每个分组,然后通过 t => (t._1,t._2.sum) 对每个分组的值进行累加。

注意,(k,v)形式的数据,我们可以通过 ._1,._2 来访问键和值,

(4)cogroup

cogroup 算子将两个 RDD 进行协同划分,cogroup 算子能够对两个 Key-Value 类型的 RDD 中的每个相同 Key 的元素分别聚合为一个集合。

如图 4-42 所示左侧有两个 RDD 分别有两个分区,例如通过 cogroup 将 RDD1 中的数据(B1,1)(B1,2)和 RDD2 中的数据(B1,2)合并为 (B1,((1),(2)))。

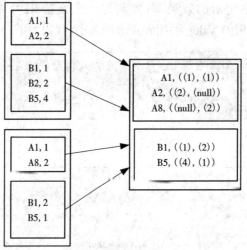

图 4-42   cogroup 算子处理前后对比

想要实现图 4-42 中所示的效果,需要创建一个原始 RDD 命名为 V,并通过 group-ByKey 算子将中相同 Key 值的 Value 添加到一个序列中,代码如下。

```
val V = sc.parallelize(Array(("A1",1),("A2",2),("B1",1),("B2",2),("B5",4)))
val C = sc.parallelize(Array(("A1",1),("A8",2),("B1",2),("B5",1)))
V.cogroup(C).collect.foreach(println)
```

结果如图 4-43 所示。

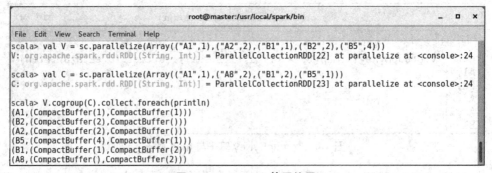

图 4-43   cogroup 算子使用

(5)join

join 算子实现了 cogroup 算子和 cartesian 算子的功能,join 算子首先将两个需要进行连接操作的 RDD 进行 cogroup 操作,将具有相同 Key 的数据形成新 RDD,然后使用 cartesian 操作进行笛卡儿积操作最后将返回的结果展平。

如图 4-44 所示首先将两个 RDD 进行协同划分得到一个新 RDD,在使用笛卡儿积对新 RDD 进行操作得到最后结果并展开。

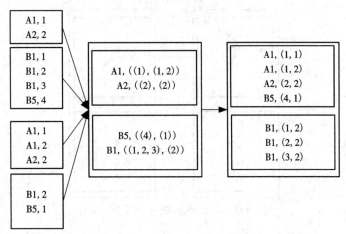

图 4-44 join 算子处理前后对比

想要实现图 4-44 中所示的效果,需要创建两个 RDD 命名为 V 和 C,并通过 join 算子对两个 RDD 进行连接,代码如下。

```
val V = sc.parallelize(Array(("A1",1),("A2",2),("B1",1),("B1",2),("B1",3),("B5",4)))
val C = sc.parallelize(Array(("A1",1),("A1",2),("A2",2),("B1",2),("B5",1)))
V.join(C).collect.foreach(println)
```

结果如图 4-45 所示。

```
root@master:/usr/local/spark/bin                                    _  □  ×

File  Edit  View  Search  Terminal  Help
scala> val V = sc.parallelize(Array(("A1",1),("A2",2),("B1",1),("B1",2),("B1",3),("B5",4)))
V: org.apache.spark.rdd.RDD[(String, Int)] = ParallelCollectionRDD[63] at parallelize at <console>:24

scala> val C = sc.parallelize(Array(("A1",1),("A1",2),("A2",2),("B1",2),("B5",1)))
C: org.apache.spark.rdd.RDD[(String, Int)] = ParallelCollectionRDD[64] at parallelize at <console>:24

scala> V.join(C).collect.foreach(println)
(A1,(1,1))
(A1,(1,2))
(A2,(2,2))
(B5,(4,1))
(B1,(1,2))
(B1,(2,2))
(B1,(3,2))

scala>
```

图 4-45 join 算子使用

（6）sortByKey

sortByKey 主要用于对（Key，Value）类型的算子进行排序,常用参数有两个分别为,True 和 False,默认为 True 根据 Key 值升序排序,False 根据 Key 值降序排序。

如图 4-46 所示左侧矩形框表示一个 RDD 其中包含两个分区,可以看出 Key 值的排列顺序并不规律,经过 sortByKey 算子处理根据 Key 值将数据项进行升序排序后如图右侧矩形框所示。

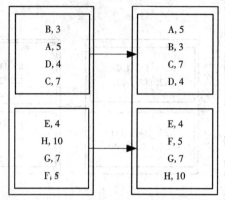

图 4-46　sortByKey 算子处理前后对比

　　想要实现图 4-46 中所示的效果,需要创建一个 RDD 命名为 a 其中输入打乱顺序的数据项,并通过 sortByKey 算子将 RDD 进行排序,代码如下。

```
val a = sc.parallelize(Array(("B", 3), ("A", 5), ("D", 4), ("C", 7),("E",4),("H",10),("G",7),
("F",5)))
a.sortByKey().collect.foreach(println)
```

　　结果如图 4-47 所示。

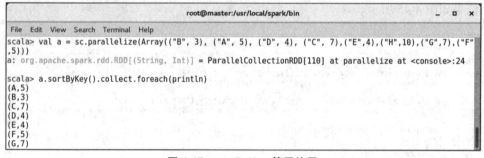

图 4-47　sortByKey 算子使用

　　（7）sortBy

　　sortBy 算子与 sortByKey 算子都是用于对 RDD 中的数据项进行排序,sortBy 可以指定根据元素中的那个值进行排序。sortBy 算子有三个参数,如下所示。

　　● f:(T)=>K：左边为被排序对象中的每个元素,右边的返回值为要进行排序的值。

　　● ascending：改参数决定采用升序排序还是降序排序,默认为 true 升序,false 为降序。

　　● numPartitions：该参数决定排序后的 RDD 分区数量。默认使用与排序之前相同的分区数。

　　sortBy 算子使用过程中第一个参数为必要参数,后边两个参数无特殊需求可以不指定,不进行特别设置则使用默认值。

　　如图 4-48 所示同样使用 sortBy 中使用的 RDD。使用 sortBy 算子根据数字元素进行排序,结果如右侧所示。

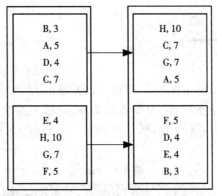

图 4-48　sortBy 算子处理前后对比

想要实现图 4-48 中所示的效果,使用上一步骤中的 RDD 即可,通过 sortBy 指定根据数字元素进行排序,设置为降序排序分区设置为两个,代码如下。

```
a.sortBy(x=>x._2,false,2).collect.foreach(println)
```

结果如图 4-49 所示。

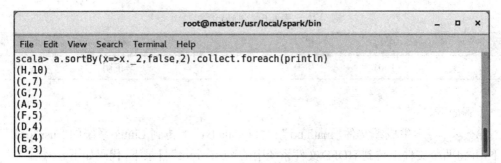

图 4-49　sortBy 算子使用

在 Spark 中,除了以上几种常用 Key,Value 数据类型的 Transformation 算子,还有一些其他算子,扫描图中二维码,一起来学习吧!

通过对以上 Transformation 算子和基础 RDD 知识的学习，完成基于学生成绩创建 RDD 并统计出成绩为前五名的学生、单科成绩为 90 分以上的学生、每位学生的总成绩和平均成绩并将汇总结果保存到文本文件，数据格式见表 4-4、表 4-5 和表 4-6。

表 4-4   math

学号	科目	成绩
1001	计算机数学	96

表 4-5   bigdata

学号	科目	成绩
1001	Hadoop 生态体系	90

表 4-6   student

学号	姓名
1001	李正明

步骤如下。

第一步：将学生成绩文件"math.txt"和"bigdata.txt"上传到 Linux 系统的"/usr/local"目录下，并将两个文件上传到 HDFS 文件系统中的"/user/root"目录下，代码如下。

```
[root@master ~]# hadoop fs -mkdir -p /user/root
[root@master ~]# hadoop fs -put /usr/local/bigdata.txt /user/root
[root@master ~]# hadoop fs -put /usr/local/math.txt /user/root
```

结果如图 4-50 所示。

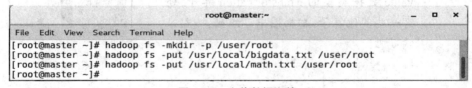

图 4-50   上传数据文件

第二步：使用 HDFS 文件系统中的 math.txt 和 bigdata.txt 文件创建 RDD。文件中主要分为三列数据每列以"\t"分隔，成绩列为了方便计算需要转换为 Int 类型，代码如下。

```
[root@master bin]# ./spark-shell
scala> val bigdata = sc.textFile("/user/root/bigdata.txt").map{x=>val line=x.split("\t");(line(0),line(1),line(2).toInt)}
scala> val math= sc.textFile("/user/root/math.txt").map{x=>val line=x.split("\t");(line(0),line(1),line(2).toInt)}
```

结果如图 4-51 所示。

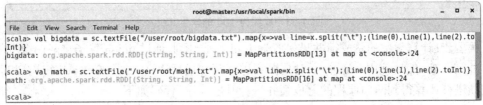

图 4-51 创建 RDD

第三步：通过 sortBy 算子将 RDD 中的数据项根据成绩进行降序排序，排序完成后通过 take() 操作打印出每门课排名前五的学生，代码如下。

```
scala> val sort_bigdata = bigdata.sortBy(x=>x._3,false).take(5)
scala> val sort_math = math.sortBy(x=>x._3,false).take(5)
```

结果如图 4-52 所示。

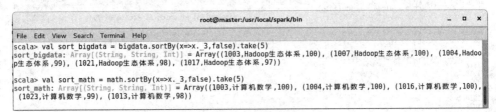

图 4-52 成绩前五名学生

第四步：分别计算出 Hadoop 生态系和计算机数学考试成绩为 100 分的学生 ID，首先通过 filter 算子过滤成绩为 100 分的记录，最后通过 map 算子将其他列过滤只保留学生 ID 列并将这些学生 ID 保存到单独的 RDD 中，代码如下。

```
scala> val bigdata_id = bigdata.filter(x=>x._3==100).map(x=>x._1)
scala> val math_id = math.filter(x=>x._3==100).map(x=>x._1)
scala> val id = bigdata_id.union(math_id).distinct()
scala> id.collect.foreach(println)
```

结果如图 4-53 所示。

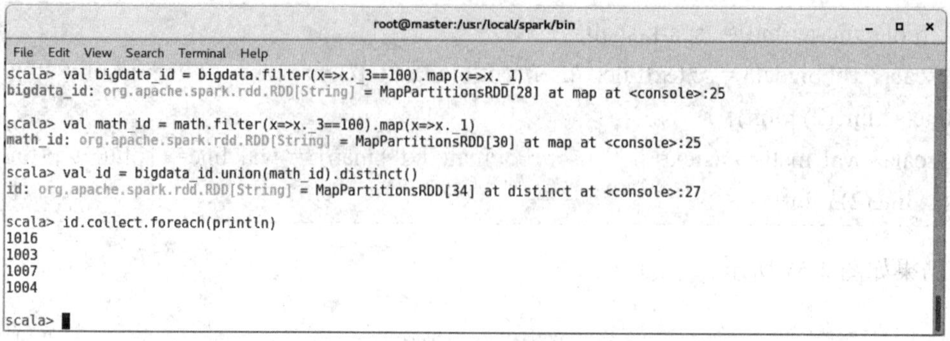

```
root@master:/usr/local/spark/bin
File Edit View Search Terminal Help
scala> val bigdata_id = bigdata.filter(x=>x._3==100).map(x=>x._1)
bigdata_id: org.apache.spark.rdd.RDD[String] = MapPartitionsRDD[28] at map at <console>:25

scala> val math_id = math.filter(x=>x._3==100).map(x=>x._1)
math_id: org.apache.spark.rdd.RDD[String] = MapPartitionsRDD[30] at map at <console>:25

scala> val id = bigdata_id.union(math_id).distinct()
id: org.apache.spark.rdd.RDD[String] = MapPartitionsRDD[34] at distinct at <console>:27

scala> id.collect.foreach(println)
1016
1003
1007
1004

scala>
```

图 4-53 成绩为 100 的学生 ID

第五步：计算学生的总成绩并只保留学生 id 和成绩列，通过 union 算子将两门课程的成绩合并到一起，然后使用 map 算子对数据列进行筛选最后通过 reduceByKey 对具有相同 id 的成绩进行计算得到两门课程的总成绩并进行升序排序，代码如下。

```
scala> val all_score = bigdata.union(math)
scala> val sum_score = all_score.map(x=>(x._1,x._3)).reduceByKey((a,b)=>a+b
).sortBy(x=>x._2)
scala> sum_score.collect.foreach(println)
```

结果如图 4-54 所示。

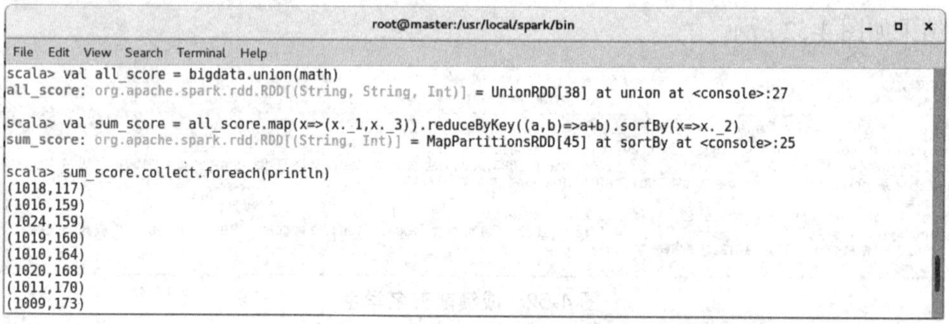

```
root@master:/usr/local/spark/bin
File Edit View Search Terminal Help
scala> val all_score = bigdata.union(math)
all_score: org.apache.spark.rdd.RDD[(String, String, Int)] = UnionRDD[38] at union at <console>:27

scala> val sum_score = all_score.map(x=>(x._1,x._3)).reduceByKey((a,b)=>a+b).sortBy(x=>x._2)
sum_score: org.apache.spark.rdd.RDD[(String, Int)] = MapPartitionsRDD[45] at sortBy at <console>:25

scala> sum_score.collect.foreach(println)
(1018,117)
(1016,159)
(1024,159)
(1019,160)
(1010,164)
(1020,168)
(1011,170)
(1009,173)
```

图 4-54 计算两门课程总成绩

第六步：计算每位学生的平均成绩，首先将两门课程成绩聚合到一起并使用 map 算子过滤掉课程名称列，使用 mapValues 算子将 RDD 转换为 (V,(V1,V2)) 的形式，V 代表学生 ID，V1 代表学生成绩，V2 代表学生 ID 在 RDD 中出现的次数，最后通过 map 算子计算出每个学生平均成绩，代码如下。

```
scala> val scores = all_score.map(x=>(x._1,x._3))
scala> val Mv_score = scores.mapValues(x=>(x,1))
scala> Mv_score.collect
scala> val sum_score = Mv_score.reduceByKey((x,y)=>(x._1+y._1,x._2+y._2))
scala> val avg_score = sum_score.mapValues(x=>x._1.toDouble/x._2)
scala> avg_score.sortBy(x=>x._1).collect.foreach(println)
```

结果如图 4-55 所示。

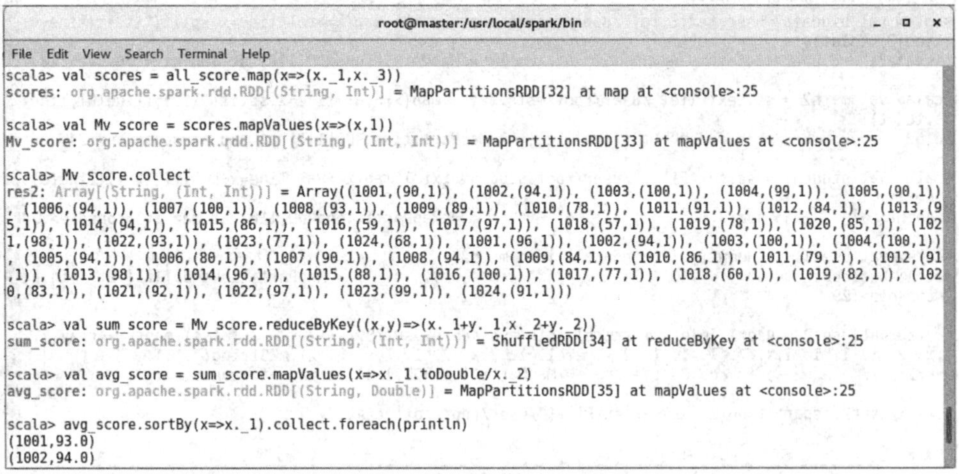

图 4-55　计算学生平均成绩

第七步：将平均成绩和总成绩汇总并与学生数据进行关联保存到 HDFS 文件系统中，代码如下。

```
[root@master local]# hadoop fs -put student.txt /user/root

scala> val bigdata2 = sc.textFile("/user/root/bigdata.txt").map{x=>val line=x.split("\t"); (line(0),line(2).toInt)}

scala> val math2 = sc.textFile("/user/root/math.txt").map{x=>val line=x.split("\t");(line(0), line(2).toInt)}

scala> val student = sc.textFile("/user/root/student.txt").map{x=>val line=x.split("\t"); (line(0),line(1))}

scala> val user1 = student.join(bigdata2).join(math2)

scala> val user2 = user1.join(sum_score).join(avg_score).sortBy(x=>x._2._2,false).map(x=>
    Array(x._1,x._2._1._1._1._1,x._2._1._1._1._2,x._2._1._1._2,x._2._1._2,x._2._2).mkString(","))

scala> user2.repartition(1).saveAsTextFile("/user/root/collectAll")

[root@master local]# hadoop fs -cat /user/root/collectAll/part-00000
```

结果如图 4-56 所示。

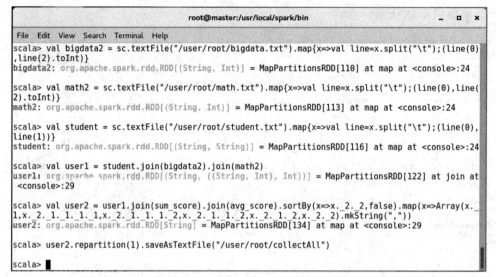

图 4-56 汇总成绩信息保存到 HDFS

最后，查看 HDFS 文件包含信息，出现如图 4-1 所示结果说明数据保存成功。

至此，学生信息统计完成。

本项目通过学生信息统计的实现，对 RDD 弹性分布式数据集属性、Spark 核心概念与 RDD 缓存机制有了初步了解，对 SRDD 创建方法与 Transformation 算子使用方法有所了解并掌握，并能够通过所学的 Transformation 算子知识实现学生信息的统计。

partition	划分	fillter	过滤
stage	阶段	dependencies	依赖性
worker	工作线程	packages	程序包
sort	排序	range	范围

1. 选择题

（1）下列算子中属于 Value 类型算子的是（　　　）。

A.map　　　　　　　B.mapValues　　　　　C.reduceByKey　　　D.groupByKey

（2）（　　　）算子能够将两个元素数据相同的 RDD 合并为同一个 RDD，且合并后的 RDD 与合并之前的元素类型相同。。

A.union　　　　　　B.cartesian　　　　　C.groupBy　　　　　D.filter

（3）下列选项中用于去重操作的是（　　　）。

A.sample　　　　　B.subtract　　　　　C.distinct　　　　D.takeSample

（4）（　　　）能够将相同的 Key 进行聚合，并将相同 Key 值的 Value 进行加操作。

A.groupByKey　　　B.cogroup　　　　　C.join　　　　　　D.reduceByKey

（5）（　　　）算子能够对两个 RDD 内的所有元素进行笛卡尔积操作。

A.groupBy　　　　　B.cartesian　　　　C.filter　　　　　D.subtract

2. 简答题

（1）简述什么是 RDD。

（2）简述 Spark 有哪些核心概念。

项目五 网站浏览量分析

通过对网站流量分析的实现,了解 Action 算子的基本概念,熟悉分区器的使用方法,掌握算子中每个方法的应用以及功能,具有使用 IDEA 工具编写 Spark 程序和编译提交执行任务的能力,在任务实施过程中:

● 了解 Action 算子的基本概念;
● 熟悉分区器的使用方法;
● 掌握算子中每个方法的应用以及功能;
● 有使用 IDEA 工具编写 Spark 程序和编译提交执行任务的能力。

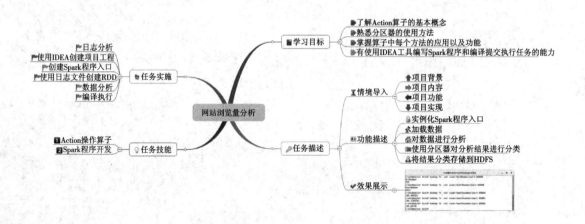

【情境导入】

目前,全球互联网用户数量超过 40 亿,人们正在以前所未有的速度转向互联网,在互联网上进行频繁的操作,如页面的浏览、评论添加等,用户的操作行为产生了大量的"用户数据",如何从这 40 亿网民生产的数据中快速地获取具有一定价值的信息成为最困难的问题。本项目通过使用 Spark 中的算子操作实现对网站浏览记录的快速分析,并最终完成了数据的持久化。

【功能描述】

- 实例化 Spark 程序入口。
- 加载数据。
- 对数据进行分析。
- 使用分区器对分析结果进行分类。
- 将结果分类存储到 HDFS。

【效果展示】

通过对本项目的学习,能够通过 IDEA 工具创建 Scala 工程,使用 Spark 提供的算子完成数据统计并进行分类存储,效果如图 5-1 所示。

```
root@master:/usr/local/spark/bin                        _  □  ✕

[root@master bin]# hadoop fs -cat /user/UrlNumber/part-00000
UrlNumber
723
[root@master bin]# hadoop fs -cat /user/UserNumber/part-00000
UserNumber
8422
[root@master bin]# hadoop fs -cat /user/monthnumber/part-00000
(03,46915)
[root@master bin]# hadoop fs -cat /user/monthnumber/part-00001
(04,118470)
[root@master bin]# hadoop fs -cat /user/monthnumber/part-00002
(05,6474)
[root@master bin]#
```

图 5-1　效果图

技能点一　Action 操作算子

Transformation 算子只会完成作业的中间处理过程不触发作业提交事件,而 Action 算子会触发 Spark 提交作业,能够将处理后的数据输出到 Spark 系统。Action 算子根据使用情况可以分为无输出类型、HDFS 类型及 Scala 集合和数据类型。

1. 无输出类型

Action 中,无输出类型算子只有一个,即 foreach 算子, foreach 算子能够对 RDD 中的每个数据项进行用户自定义的操作,返回结果为 Uint 类型,如图 5-2 所示,左侧的每个矩形框都代表一个 RDD 中的分区通过 foreach 算子在输出时将每个数据项的末尾拼接一个"happy"单词。

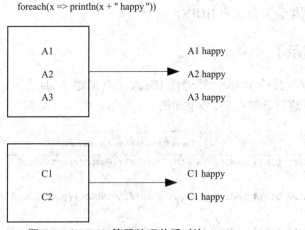

图 5-2　foreach 算子处理前后对比

为了实现图 5-2 中所示效果。通过列表创建一个 RDD 名为 C 内容为 "'A1',"A2", "A3","C1","C2'" 并设置为两个分区。使用 foreach 算子对其进行运算,通过 x=>println(x + "happy") 函数在输出时每个元素后拼接一个"happy"单词,命令如下。

```
val C = sc.parallelize(List("A1","A2","A3","C1","C2"),2)
C.foreach(x => println(x + "happy"))
```

结果如图 5-3 所示。

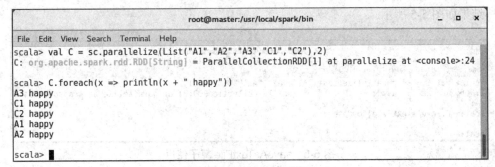

图 5-3 foreach 算子使用

2.HDFS 类型

HDFS 类型算子，主要用于实现数据的存储，可以将 RDD 中的数据保存到 HDFS 文件系统中，Action 中常用的 HDFS 类型算子见表 5-1。

表 5-1 常用的 HDFS 类型算子

算子	描述
saveAsTextFile	将 RDD 中的所有元素都映射为 (null，x.toString)
saveAsObjectFile	能够将 RDD 分区中的每 10 个元素组成一个数组

（1）saveAsTextFile

saveAsTextFile 算子能够将 RDD 中的所有元素都映射为 (null，x.toString) 然后保存到 HDFS 文件系统。

如图 5-4 左侧每个矩形代表一个 RDD 分区，右侧矩形框代表 HDFS 文件系统中的数据块。通过 saveAsTextFile 算子将 RDD 的每个分区存储为 HDFS 中的一个 Block。

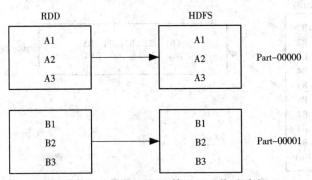

图 5-4 saveAsTextFile 算子处理前后对比

想要实现图 5-4 中所示的效果，需要创建一个 RDD 内容为 ""A1","A2", "A3","B1", "B2""，并使用 saveAsTextFile 将 RDD 保存到 HDFS 文件系统，代码如下。

```
val C = sc.parallelize(List("A1","A2","A3","B1","B2"),2)
C.saveAsTextFile("mydata")
```

结果如图 5-5 所示。

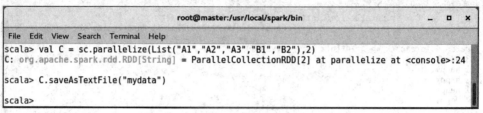

图 5-5　saveAsTextFile 算子使用

（2）saveAsObjectFile

saveAsObjectFile 算子能够将 RDD 分区中的每 10 个元素组成一个数组，并将这个数据序列化后写入 HDFS 文件系统。

如图 5-6 所示左侧每个矩形框代表一个 RDD 分区，右侧每个矩形框都代表一个 HDFS 的数据块。通过 saveAsObjectFile 算子将 RDD 的所有分区分别保存到单独的数据块中。

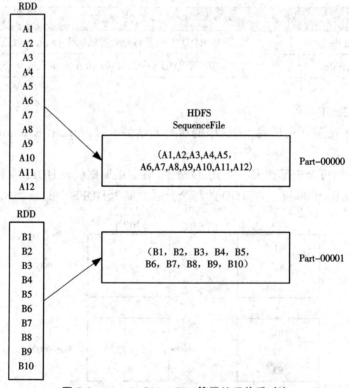

图 5-6　saveAsObjectFile 算子处理前后对比

想要实现图 5-6 中所示的效果，需要创建一个 RDD 内容为“"A1","A2","A3", "A4", "A5", "A6","A7","A8","A9","A10","A11","A12","B1","B2","B3","B4","B5","B6","B7","B8","B9", "B10"”，并使用 saveAsObjectFile 将 RDD 保存到 HDFS 文件系统，代码如下。

```
    val  X  =  sc.parallelize(List("A1","A2","A3","A4","A5","A6","A7","A8","A9","A10","A11",
"A12","B1","B2","B3","B4","B5","B6","B7","B8","B9","B10"),2)
    X.saveAsObjectFile("objectfile")
```

结果如图 5-7 所示。

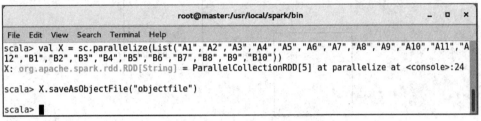

图 5-7　saveAsObjectFile 算子使用

3.Scala 集合和数据类型

Scala 集合和数据类型算子,可以将 RDD 中的数据以 Scala 的列表、数组、集合等形式展示,还可以输出数据的数据类型。Action 中常用的 Scala 集合和数据类型算子见表 5-1。

表 5-2　常用的 Scala 集合和数据类型算子

算子	描述
collect	将 RDD 转换为一个数组,类似于 toArray 函数
collectAsMap	能够返回一个键值对类型的 RDD 数据的单机 HashMap
lookup	能够对键值对类型的 RDD 进行操作
count	能够统计整个 RDD 中的所有元素的个数
top	能够返回 RDD 中指定个数的最大的元素
reduce	相当于 Scala 中的 reduceLeft 函数操作
fold	与 reduce 算子原理相同

（1）collect

collect 算子能够将 RDD 转换为一个数组,类似于 toArray() 函数,但 toArray 已经过时不推荐使用, collect 算子能够将分布式的 RDD 返回为一个单机 Scala 数组,并在该数组上进行 Scala 函数操作。

如图 5-8 所示左侧每个矩形框都代表一个 RDD 分区,右侧矩形框代表单机内存中的数组。通过函数操作,将结果返回到 Driver 程序所在的节点,以数组形式存储。

Collect()

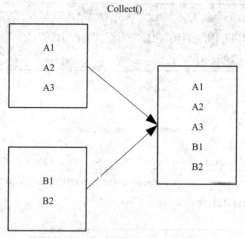

图 5-8　collect 算子处理前后对比

想要实现图 5-8 中所示的效果，需要创建一个 RDD 内容为""A1","2A","A3", "B1","B2""，并使用 collect 算子将 RDD 以 Scala 数组形式打印的命令行，代码如下。

```
val a = sc.parallelize(List("A1","A2","A3","B1","B2"))
a.collect
```

结果如图 5-9 所示。

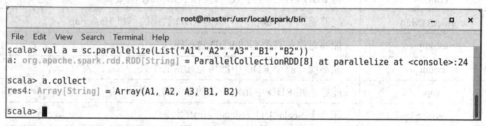

图 5-9　collect 算子使用

（2）collectAsMap

collectAsMap 算子能够对键值对类型的 RDD 数据返回一个单机 HashMap（是一个用于存储 Key-Value 键值对的集合）。对于有重复键值的 RDD 元素，后面的元素会覆盖前面的元素。

如图 5-10 所示左侧每个矩形框都代表一个 RDD 分区，右侧方框代表单机数组。 数据通过 collectAsMap 算子返回给 Driver 程序进行计算，结果以 HashMap 形式进行存储。

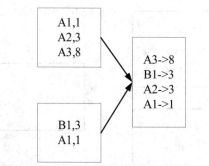

图 5-10　collectAsMap 算子处理前后对比

想要实现图 5-10 中所示的效果，需要创建一个 RDD 内容为"("A1",1),("A2",3),("A3",8),("B1",3),("A1",1)"，并使用 collectAsMap 算子将 RDD 以 HashMap 形式打印的命令行，代码如下。

```
val a = sc.parallelize(Array(("A1",1),("A2",3),("A3",8),("B1",3),("A1",1)))
a.collectAsMap
```

结果如图 5-11 所示。

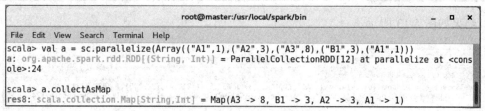

图 5-11　collectAsMap 算子使用

（3）lookup

lookup 算子主要能够对键值对类型的 RDD 进行操作，能够返回指定键值所对应的元素并形成 Seq。这个函数处理优化的部分在于，如果处理的 RDD 中包含分区器，则 Lookup 算子只会处理对应键值所在的分区，若处理的 RDD 中不包含分区器则会对整个 RDD 进行扫描搜索指定 Key 对应元素。

如图 5-12 所示左侧每个矩形框代表一个 RDD 分区，右侧矩形框为返回的搜索结果，最后结果返回到 Driver 所在节点的应用中。

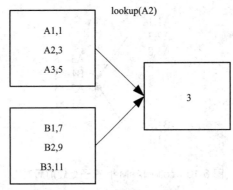

图 5-12　lookup 算子处理前后对比

　　想要实现图 5-12 中所示的效果，需要创建一个 RDD 内容为"("A1",1),("A2",3), ("A3",5), ("B1",7),("B2",9),("B3",11)"，并使用 lookup 算子将 RDD 中键值为 A1 的数据搜索出来，代码如下。

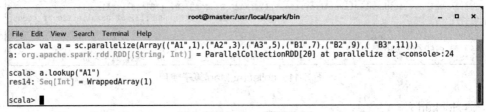

```
val a = sc.parallelize(Array(("A1",1),("A2",3),("A3",5),("B1",7),("B2",9),("B3",11
)))
a.lookup("A1")
```

结果如图 5-13 所示。

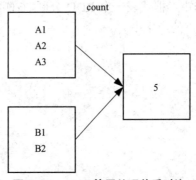

图 5-13　lookup 算子使用

　　（4）count

　　count 算子能够统计整个 RDD 中的所有元素的个数，如图 5-14 所示，左侧每个矩形框都代表一个 RDD 分区，通过 count 算子能够统计出该 RDD 中的所有元素的数量。

图 5-14　count 算子处理前后对比

想要实现图 5-13 中所示的效果，需要创建一个 RDD 内容为 "“"A1","A2","A3", "B1","B2"”"，并使用 lookup 算子将 RDD 中键值为 A2 的数据搜索出来，代码如下。

```
val a = sc.parallelize(List("A1","A2","A3","B1","B2"))
a.count
```

结果如图 5-15 所示。

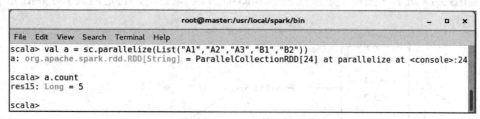

图 5-15　count 算子使用

（5）top

top 算子能够返回 RDD 中指定个数的最大的元素。 与 top 算子功能相近的算子如下。

● top(k)：返回最大的 *k* 个元素。

● take(k)：返回最小的 *k* 个元素。

● takeOrdered(k)：返回最小的 *k* 个元素，并且保持原 RDD 中的顺序。

● first(k)：相当于 top（1）返回整个 RDD 中的前 *k* 个元素。

使用方法如下。

```
val a = sc.parallelize(List(1,2,3,4,5,6,7,8,9,10))
a.top(3)
a.take(3)
a.takeOrdered(3)
a.first()
```

结果如图 5-16 所示。

```
root@master:/usr/local/spark/bin                    _  □  ×
File  Edit  View  Search  Terminal  Help
scala> val a = sc.parallelize(List(1,2,3,4,5,6,7,8,9,10))
a: org.apache.spark.rdd.RDD[Int] = ParallelCollectionRDD[30] at parallelize at <console>:24

scala> a.top(3)
res27: Array[Int] = Array(10, 9, 8)

scala> a.take(3)
res28: Array[Int] = Array(1, 2, 3)

scala> a.takeOrdered(3)
res29: Array[Int] = Array(1, 2, 3)

scala> a.first()
res30: Int = 1

scala>
```

图 5-16　按条件取值

（6）reduce

reduce 算子相当于 Scala 中的 reduceLeft 函数操作，reduceLeft 函数能够对两个元素 Key-Value 进行 reduce 函数操作，然后将结果和下一个元素 Key-Value 进行 reduce 函数操作，直到将所有的元素遍历完成得到最后结果。在 RDD 中，reduce 算子会先对每个分区中的所有元素键值对集合分别进行 reduceLeft 函数操作。每个分区都会形成一个 Key-Value 类型的结果，再对这个元素进行 reduceLeft 操作。

如图 5-17 所示左侧每个矩形代表一个 RDD 分区，通过用户自定函数 f 对数据进行 re-duce 运算。

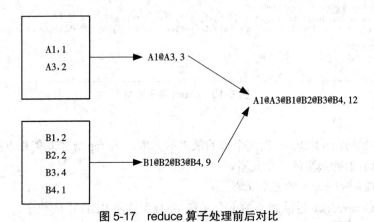

图 5-17 reduce 算子处理前后对比

想要实现图 5-17 中所示的效果，需要创建一个 RDD 内容为 1 到 100 的整形数据，并将 RDD 设置为三个分区，然后使用 reduce 算子计算 RDD 中所有 Value 值的总和，代码如下。

```
val a = sc.parallelize(1 to 100, 3)
a.reduce(_ + _)
```

结果如图 5-18 所示。

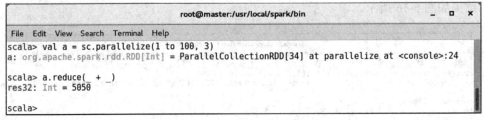

图 5-18 reduce 算子使用

（7）fold

fold 算子与 reduce 算子原理相同，唯一不用点是 fold 算子的第一个元素是从 0 的位置开始，如图 5-19 所示左侧每个矩形框均代表一个 RDD 中的分区，通过用户自定义函数进行 fold 运算，下图中将 0 的位置设置为了 2，在两个分区中分别参与运算后，将两个分区运算结果进行合并时再进行一次运算。

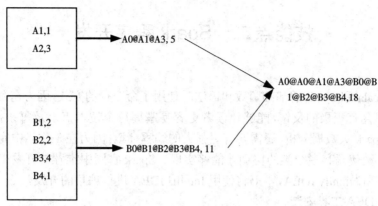

图 5-19 fold 算子处理前后对比

想要实现图 5-19 中所示的效果，需创建一个 RDD 内容为"(1,2,3,4,5,6,7,8,9,10)"，并使用 fold 算子计算 RDD 中所有 Value 值的总和，代码如下。

```
val a = sc.parallelize(List(1,2,3,4,5,6,7,8,9,10), 2)
a.fold(2)((x,y)=>x+y)
```

结果如图 5-20 所示。

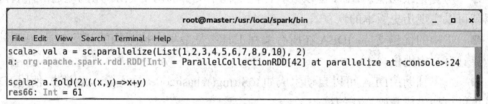

图 5-20 fold 算子使用

快来扫一扫！

　　在 Spark 中，Action 算子除了以上提供的几种，还有一些其他算子，扫描图中二维码，一起来学习吧！

技能点二　Spark 程序开发

在讲解 Scala 和 Spark 的基础函数和语法时使用了命令行的方式,因为在命令行中每个指令的执行都会有积极的反馈,能够让读者更容易掌握每个技术点以及每条指令的作用。但要想做好 Spark 大数据分析,还需要有更强大的编程环境,因为在工作当中完成某个任务时需要编写大量代码和多个类的协调才能够实现。Spark 官网中推荐的开发工具有 IntelliJ IDEA、Eclipse 和 Nightly IDEA,本书将使用 IntelliJ IDEA 进行项目的开发。

1.IntelliJ IDEA 工具安装

IntelliJ IDEA 开发工具主要应用于 Java 程序的开发,但本书中采用的 Scala 语言,而 Scala 语言底层是 Java,所以 IntelliJ IDEA 对 Scala 的支持也是相当不错的。IntelliJ IDEA 在智能代码助手和代码自动提示等方面也被业界所公认。

（1）IDEA 优点

● 智能选取：IDEA 提供了基于语法选择的功能,使用"Ctrl+W"快捷键可以实现选取范围不断扩充,这种方式在重构的时候尤其显得方便。

● 丰富的导航模式：IDEA 提供了丰富的导航查看模式,还可以选择多种视图方式。

● 历史记录功能：IDEA 可以查看任何工程中文件的历史记录,不用通过版本管理服务器就可以实现历史版本的恢复。

● 重构的优越支持：IDEA 在所有编程工具中是最早支持重构的开发工具,其重构能力业界具有一定地位。

● 编码辅助：IDEA 可以自动生成如 toString(),hashcode 以及 get/set 方法,使用 IDEA 工具可以自动生成基础方法的编码。

● 排版功能：IDEA 支持排版模式的定制,开发人员可以根据不同项目的需求采用不同的排版方式。

● 自定义的快捷键：强大的快捷键操作能够有效提高程序员的开发效率。

● 动态语法检测：可以将任何不符合规范的代码进行高亮显示。

● 智能编辑：代码输入过程中自动提示将方法补全。

● 列编辑模式：减少重复性工作提高编码效率。

● 智能模板：开发人员可以将常用的方法编辑到预设模板,使用时只需输入前几个字母即可完成全部代码编写。

● 完美的自动代码完成：自动检查类中的方法并进行提示,当方法名只有一个时自动完成输入。

● 正则表达的查找和替换功能：查找替代支持正则表达,从而提高效率。

（2）IntelliJ IDEA 快捷键

IntelliJ IDEA 开发工具中还提供了丰富的快捷指令帮助开发人员快速完成代码的编写和代码管理等操作,IntelliJ IDEA 快捷指令见表 5-3。

表 5-3 IntelliJ IDEA 快捷指令

快捷指令	说明
Ctrl + E	显示最近编辑的文件列表
Shift + 单击鼠标左键	关闭文件
Ctrl + [或]	跳到大括号的开头结尾
Ctrl + Shift + Backspace	跳转到上次编辑的地方
Ctrl + F12	显示当前文件的结构
Ctrl + F7	查询当前元素在当前文件中的引用,然后按 F3 可以选择
Ctrl + N	快速打开类
Ctrl + Shift + N	快速打开文件
Alt + Q	看到当前方法的声明
Ctrl + W	选择单词继而语句继而行继而函数
Alt + F1	将正在编辑的元素在各个面板中定位
Ctrl + P	显示参数信息
Ctrl + Shift + Insert	选择剪贴板内容并插入
Alt + Insert	生成构造器 /Getter/Setter 等
Ctrl + Alt + V	引入变量。例如把括号内的 SQL 赋成一个变量
Ctrl + Alt + T	把代码包在一块内,例如 try/catch
Ctrl+Alt+B	找所有的子类
Ctrl+Shift+B	找变量的类
Ctrl+G	定位行
Ctrl+Shift+R	在指定窗口替换文本
Ctrl+E	最近打开的文件
F4	查找变量来源
Ctrl+Alt+F7	选中的字符查找工程出现的地方

（3）IntelliJ IDEA 安装

本书中使用的 IDEA 版本为免费开源的社区版,无须付费即可免费使用,可在官网 "https://www.jetbrains.com"下载（社区版 Community）,安装步骤如下。

第一步:双击打开下载的 IDEA 安装包,弹出选择安装路径时可自行选择安装路径或选用默认安装路径,安装路径配置完成后点击"Next"按钮进行下一步操作,如图 5-21 所示。

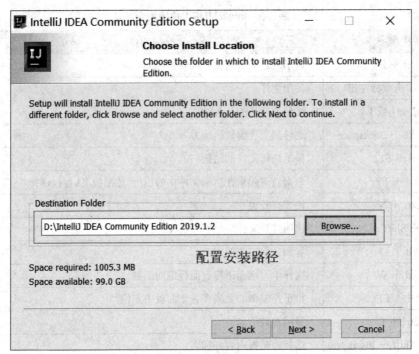

图 5-21　配置安装路径

第二步：在弹出的安装选项窗口中，选择安装 64 位快捷启动方式、添加环境变量、将 IDEA 添加到开始菜单并与 Java 建立关联点击"Next"按钮，之后弹出的配置项默认即可，如图 5-22 所示。

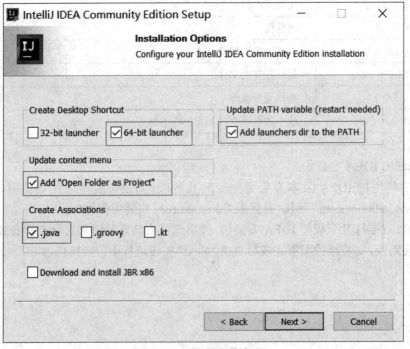

图 5-22　配置安装选项

第三步：安装完成后双击桌面快捷方式打开 IDEA，首次启动会提示是否导入之前的配置，选择"Do not import settings"不导入，如图 5-23 所示。

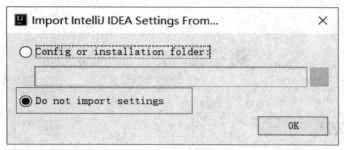

图 5-23　是否导入配置

第四步：配置完成之后窗口会提示相关协议以及选择 UI 主体类型等操作可根据个人习惯进行设置。配置完成后选择窗口右下角的"Configure"→" Plugins"按钮配置 Scala 开发环境，如图 5-24 所示。

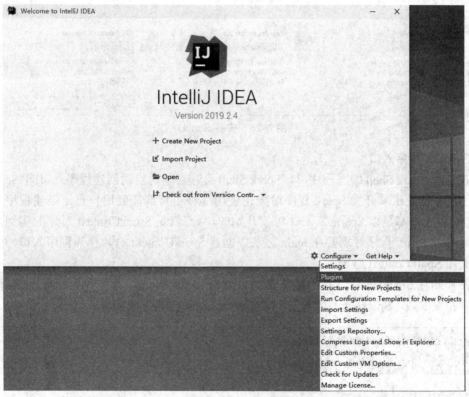

图 5-24　IDEA 配置

第五步：在弹出的"Plugins"对话框的搜索栏中，输入"scala"，找到 Scala 插件点击对应的插件下的"install"按钮即可安装，安装完成后点击"Restart IDE"重启 IDEA 工具使插件生效，如图 5-25 所示。

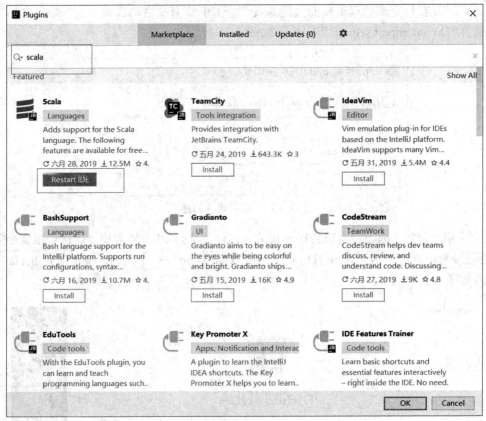

图 5-25　安装 Scala

2.Spark 程序入口

在使用 Spark Shell 编写程序时，Spark Shell 会在启动时自动创建程序入口即"sc"。在使用 IDEA 开发工具开发 Spark 程序时无论使用哪种语言都需要用户自定创建程序入口。Spark 程序入口都是以 SparkContext 对象开始的，"sc"就是 SparkContext 对象的实例，因此在实际开发 Spark 程序时需要在 main 方法中创建 SparkContext 对象作为程序入口，并在结束时关闭 SparkContext 对象。

在初始化 SparkContext 前还需要创建一个 SparkConf 对象，其中包含了许多集群配置的各种相关参数。SparkConf 对象与 SparkContext 对象创建方法如下。

```
val conf = new SparkConf().setAppName("wordcount").setMaster("local[2]")
val sc = SparkContext(conf)
```

方法说明如下。
- setAppName：设置程序名称，由用户自行设置。
- setMaster：设置运行模式，其中运行模式见表 5-4。

表 5-4　运行模式

运行模式	说明
local	使用一个线程本地运行 Spark 程序
local[k]	使用 k 个线程本地运行 Spark 程序（将其设置为核心数较为理想）
local[*]	使用与本地逻辑内核一样多的线程本地运行 Spark 程序
spark://HOST:PORT	连接到指定的 Spark 集群
mesos://HOST:PORT	连接到指定端口的 Mesos 集群
yarn	根据配置连接到 YARN 集群
yarn-client	相当于 YARN 用 deploy-mode client
Yarn-cluster	相当于 YARN 用 deploy-mode cluster，只能在集群中运行时使用

3. 本地运行 Spark 程序

使用开发工具编写 Spark 程序与使用 Spark Shell 的区别在于，使用开发工具可以有效管理代码提高工作效率，但编写的程序不能直接在集群中运行，需要进行相关配置并将其编译打包才能够在 Spark 集群中运行。

当前有一个名为 word.txt 的文件，需要使用 Spark 统计其中每个单词出现的次数。使用 Spark 算子实现该功能，并分别使用本地运行和集群运行两种方式执行程序，word.txt 文件内容如下。

```
Hello Spark
Create New Project
Hadoop Spark Hive HBase
What are you doing
Hello Bigdata
```

本地运行 Spark 程序步骤如下所示。

第一步：在"IntelliJ IDEA"开发工具重启完成后，点击"Create New Project"，选择 Scala 下的 IDEA 选项创建一个 Scala 工程，如图 5-26 所示。

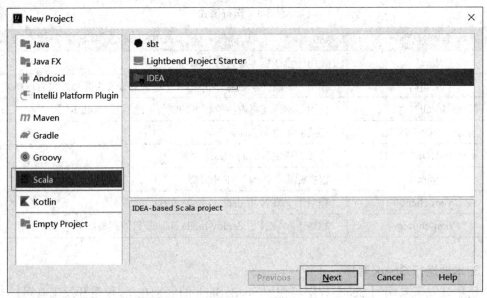

图 5-26　创建 Scala 工程

第二步：点击"Next"按钮后设置工程名为"firstSpark"，并选择工程的存放目录和配置工程所使用的 JDK 和 Scala SDK 版本，选择 Scala SDK 时点击"Create..."按钮选中版本为 2.12.8 的 Scala 点击"OK"按钮后如图 5-27 所示，点击"Finish"按钮完成工程创建，如图 5-28 所示。

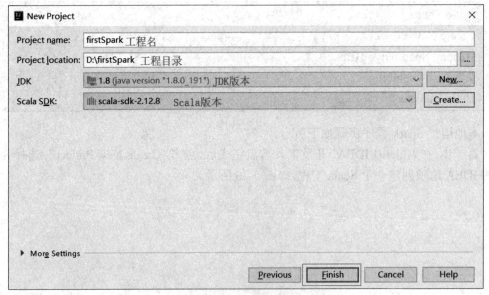

图 5-27　完成工程创建

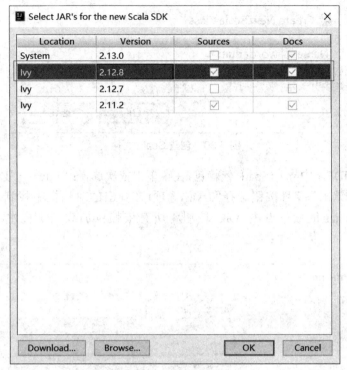

图 5-28　下载 Scala SDK

第三步：在项目目录的"src"处单击鼠标右键依次选择"New"→"Package"创建一个包，名为"wordcount"，并在该包处单击鼠标右键依次选择"New"→"scala class"创建文件命名为 wordcount，结果如图 5-29 和图 5-30 所示。

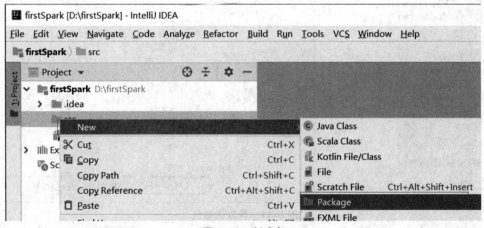

图 5-29　创建包

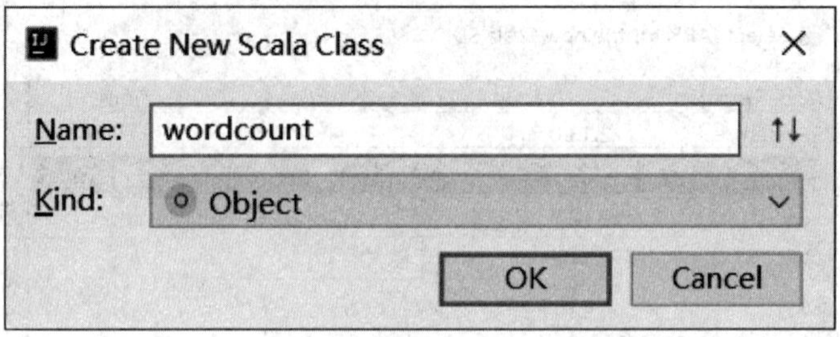

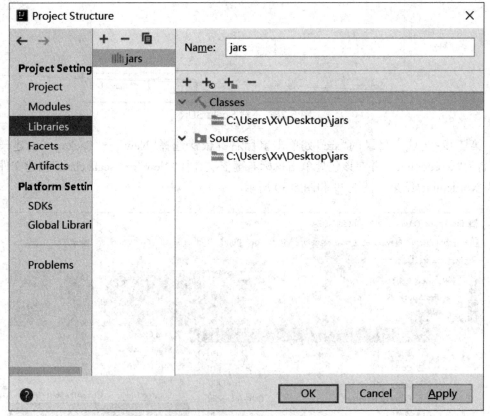

图 5-30　创建 Scala 文件

第四步：在 IDEA 中导入 Spark 依赖包，在菜单中依次选择："File"→"Project Structure"→"Libraries"后单击"+"号按钮选择"Java"选项，在弹出的对话框中找到 spark-assembly-1.6.1-hadoop2.6.0.jar 依赖包点击"OK"按钮将所有依赖包加载到工程中，结果如图 5-31 所示。

图 5-31　导入依赖包

第五步：一切准备就绪后开始编写 Spark 程序，读取本地的 word.txt 文件并结合 flat-Map、map、reduceByKey 算子完成单词计数，本次采用本地执行的方式执行程序，代码如下。

```
package wordcount
import org.apache.spark.{SparkConf, SparkContext}
object wordcount{
  def main(args: Array[String]): Unit =  {
    // 以本地方式执行,可以指定线程数
    val conf = new SparkConf().setAppName("WordCount").setMaster("local[*]")
    val sc = new SparkContext(conf)
    val input = "G:\\word.txt"
    // 计算各个单词出现次数
    val count = sc.textFile(input).flatMap(x => x.split(" ")).map( x =>
      ( x,1)).reduceByKey((x,y) => x+y)
    count.foreach(x =>println(x._1+","+x._2))
  }
}
```

第六步:运行代码,在代码编辑区域单击鼠标右键选择"Run wordcount"开始在本地运行 Spark 程序,结果如图 5-32 和图 5-33 所示。

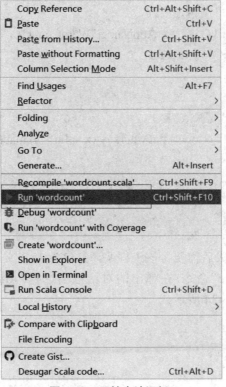

图 5-32　开始本地运行

图 5-33　执行结果

4. 在集群中运行 Spark 程序

通过对以上知识的学习已经掌握了 IDEA 中 Scala 工程的创建和代码的编写，并通过在本地运行的方式对代码进行了调试并且成功地运行出了结果，此时可以对代码进行改造并编译为 JAR 文件上传到集群中运行，步骤如下。

第一步：修改代码，将 setMaster("local[*]") 删除，输入文件与结果输出文件都由外部参数进行制定，修改后的代码如下。

```
package wordcount
import org.apache.spark.{SparkConf, SparkContext}
object wordcount {
 def main(args: Array[String]): Unit = {
// 以本地方式执行，可以指定线程数
   val conf = new SparkConf().setAppName("WordCount")
   val sc = new SparkContext(conf)
   val input = args(0)
   val output = args(1)
   // 计算各个单词出现次数
   val count = sc.textFile(input).flatMap(x => x.split(" ")).map( x => ( x,1)).reduce-
ByKey((x,y) => x+y)
   count.repartition(1).saveAsTextFile(output)
 }
}
```

第二步：代码修改完成后需要将该工程编译打包为 JAR 文件提交到集群中运行，选择"File"→"Project Structure"命令，在弹出的对话框中选择"Artifacts"按钮，选择"+"下的"JAR"→"Empty"，如图 5-34 所示。

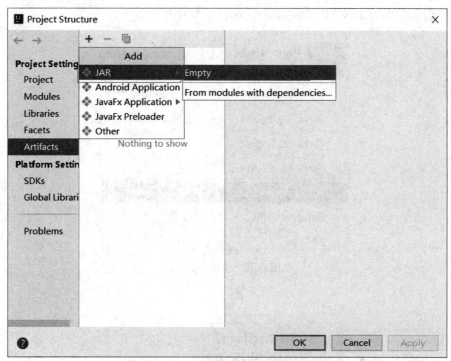

图 5-34　提交 JAR 文件到集群

第三步：在随后弹出的对话框中"Name"处设置 JAR 文件的名字为"WordCount"，并双击右侧"firstSpark"下的"'firstSpark' compile output"将其加载到左侧，表示已经将工程添加到 JAR 包中然后点击"OK"按钮，结果如图 5-35 所示。

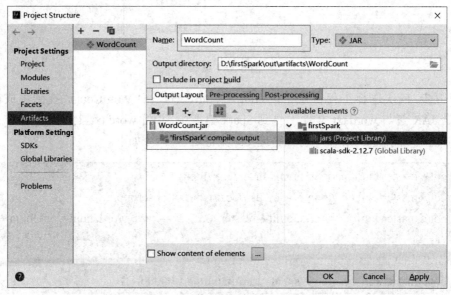

图 5-35　将工程添加到 JAR 包

第四步：将项目编译生成为 JAR 文件，点击菜单栏中的"Build"→"Build Artifacts..."在弹出的对话框中单击"Build"按钮，JAR 包生成后工程根目录会自动创建一个 out 目录在目录中可以看到生成的 JAR 包，结果如图 5-36 和图 5-37 所示。

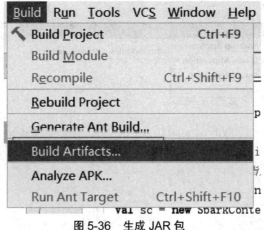

图 5-36　生成 JAR 包

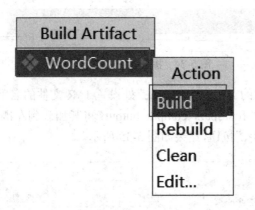

图 5-37　编译

第五步：依次选择工程目录中的"out"→"artifacts"→"WordCount"找到生成的 JAR 包，将该 JAR 包与 word.txt 文件上传到 Spark 集群中，并将 word.txt 上传到 HDFS 文件系统，最后使用 spark-submit 命令将程序提交到集群运行，命令如下。

```
[root@master bin]# hadoop fs -mkdir -p /user/input
[root@master bin]# hadoop fs -put /usr/local/word.txt /user/input
[root@master bin]# ./spark-submit --master local[*] --class  wordcount.wordcount /usr/local/
WordCount.jar /user/input/word.txt /user/output
[root@master bin]# hadoop fs -cat /user/output/part-00000
```

结果如图 5-38 所示。

```
root@master:/usr/local/spark/bin                          _  □  ×
[root@master bin]# hadoop fs -cat /user/output/part-00000
(New,1)
(are,1)
(Hello,2)
(Create,1)
(Hive,1)
(What,1)
(Bigdata,1)
(Spark,2)
(you,1)
(doing,1)
(Project,1)
(HBase,1)
(Hadoop,1)
[root@master bin]#
```

图 5-38　集群运行结果

5. 分区器

在分布式的系统中，节点间通信消耗的资源是很大的，为了能够减少网络传输的消耗提高集群性能。可以对 RDD 的分区进行自定义设置，该设置只能够针对键值对类型的 RDD。设置分区后系统会根据条件将相同 Key 值的元素存储到同一个分区，读取数据是可根据条件只读取满足的分区。

设置分区器需要使用 partitionBy() 方法，实现分区器的定义需要继承 org.apache.spark. Partitioner 类并实现了以下三个方法。

● def numPartitions:Int：返回需要创建的分区个数。

● def getPartition(key:Any)：该函数对输入的 Key 做处理，返回该 Key 的分区 ID，范围在 0~numPartitions-1(numPartitions 为分区总数)。

● equals(other:Any)：在 Java 中用来判断相等的函数，在 Spark 内部会比较两个 RDD 的分区是否一样。

现有一组学生数据信息，第一列为学生班级第二列为学生姓名，现在设计一个分区器将属于同一班级的学生储存到同一分区并保存到 HDFS 中。文件内容如图 5-39 所示。

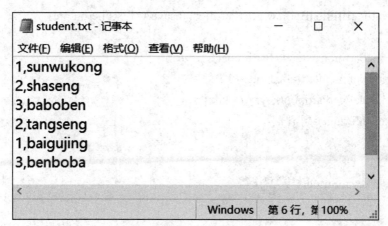

图 5-39　student 文件内容

实现步骤如下。

第一步：在当前工程中的"wordcount"包下新建一个名为"partition"的 Scala 项目，在该项目中创建 Spark 程序读取 student 文件并根据逗号进行分割，代码如下。

```scala
package wordcount
import org.apache.spark.{SparkConf, SparkContext}
object partition {
  def main(args: Array[String]): Unit = {
    val conf = new SparkConf().setAppName("partltlon")
    val sc = new SparkContext(conf)
    val input = args(0)
    val studentrdd = sc.textFile(input).map{ x => val y = x.split(","); (y(0),y(1))}
  }
}
```

第二步：设计分区器，在当前 Scala 项目文件中创建分区器，并在主函数中进行调用，完整代码如下。

```scala
package com.wordcountdemo
import org.apache.spark.{Partitioner, SparkConf, SparkContext}
object partition {
  def main(args: Array[String]): Unit = {
    val conf = new SparkConf().setAppName("partition")
    val sc = new SparkContext(conf)
    val input = args(0)
    //val input = "G:\\student.txt"
    val output = args(1)
    val studentrdd = sc.textFile(input).map(_.split(",")).map(x=>(x(0),x(1)))
    studentrdd.partitionBy(new FirstPartition()).saveAsTextFile(output)
  }
  class FirstPartition extends Partitioner{
    override def numPartitions: Int = 3
    override def getPartition(key: Any): Int = {
      if (key.toString()=="1") {
        0
      }
      else if(key.toString()=="2"){
        1
      }
```

```
      else{
        2
       }
      }
    override def equals(other: Any): Boolean = other match {
    case firstpartition: FirstPartition =>
      firstpartition.numPartitions == numPartitions
    case _ =>
      false
     }
    }
   }
```

第三步：将 student.txt 文件上传到 HDFS 的 /student/input 目录下，并将程序编译为 JAR 文件形式提交到 Spark 集群运行，命令如下。

```
[root@master ~]# hadoop fs -mkdir -p /student/input
[root@master ~]# hadoop fs -put /usr/local/student.txt /student/input
[root@master bin]# ./spark-submit --master local[*] --class wordcount.partition /usr/local/
student.jar /student/input/student.txt /student/output
[root@master bin]# hadoop fs -cat /student/output/part-00000
[root@master bin]# hadoop fs -cat /student/output/part-00001
[root@master bin]# hadoop fs -cat /student/output/part-00002
```

结果如图 5-40 所示。

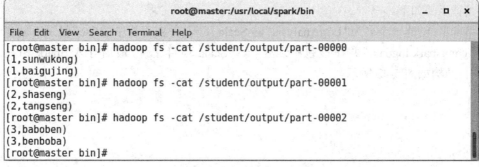

图 5-40　分区器使用结果

通过以下几个步骤，使用 IDEA 开发工具完成使用 Spark 算子统计分析出某网站被访问网址的数量，用户数量并按月统计访问次数。数据为 3 月份至 5 月份的用户访问数据，每列数据以逗号分隔，数据格式如下。

图 5-41　数据源格式

● 第一列：序号。
● 第二列：网页 ID。
● 第三列：网址。
● 第四列：用户 ID。
● 第五列：缓存生成 ID。
● 第六列：访问时间。

具体步骤如下。

第一步：创建一个名为"LogAnalysis"的 Scala 工程，并在工程中的"sc"目录下创建一个名为"com.spark.logdata"并在该包中新建一个 Scala 项目文件，最后导入 Spark 相关 JAR 包，项目结构如图 5-42 所示。

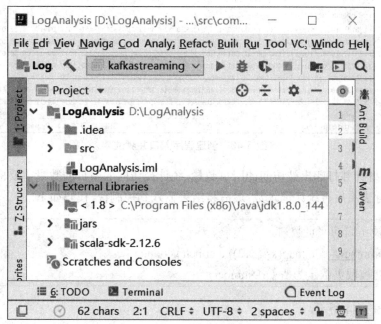

图 5-42　项目结构

第二步：创建 Spark 程序入口，并在文件中导入相关依赖，创建 Spark 程序入口时将包名称设置为"com.spark.logdata"，项目文件名称设置为"logdataanalysis"，基于日志文件创建 RDD 并输出到控制台，同时设置程序运行方式为本地运行，方便对程序进行调试，代码如下。

```
package com.spark.logdata
import org.apache.spark.{SparkConf, SparkContext}
object logdataanalysis {
  def main(args: Array[String]): Unit = {
   // 以本地方式执行，可以指定线程数
   val conf = new SparkConf().setAppName("logdata").setMaster("local[*]")
   val sc = new SparkContext(conf)
   // 基于日志文件创建 RDD 并输出到控制台
   val input = "G:\\jc_content_viewlog.txt"
   val  rdd = sc.textFile(input).map(_.split(","))
   rdd.foreach(x=>println(x(0),x(1),x(2),x(3),x(4),x(5)))
  }
}
```

结果如图 5-43 所示。

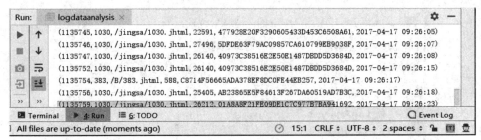

图 5-43　创建程序入口并测试

第三步：统计并打印山被访问的网页数量，统计被访问的网页的数量需要根据原数据中的网址列进行去重后再统计记录数，最后将结果输入到控制台，代码如下。

```
// 统计被访问的网页数量
val UrlNumber = rdd.map(x=>x(2)).distinct().count()
println(" 被网页数量为 "+UrlNumber)
```

结果如图 5-44 所示。

图 5-44　被访问的网页数量

第四步：统计用户数量，用户数量的统计与统计被访问网页的数量思路一致，区别在于统计用户数量是根据用户 ID 列进行去重并统计数量，代码如下。

```
// 统计用户数量
val UserNumber = rdd.map(x=>x(3)).distinct().count()
println(" 用户数量为 "+UserNumber)
```

结果如图 5-45 所示。

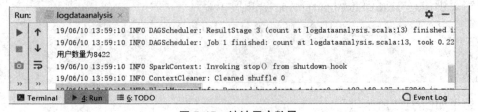

图 5-45　统计用户数量

第五步：按月统计网站浏览量，根据对原数据的分析使用逗号进行分割后取到访问时间中的月份数据较为负责，本步骤根据原数据中"-"进行分割，这样分割后第二项数据就是月份。之后将月份作为 Key，并为每个 Key 设置初始 Value 值为 1，而后将具有相同 Key 值的 Value 进行相加得到每个月的浏览量（此处思路与单词计数思路类似），代码如下所示。

```
// 按月统计浏览量
val MonthNumber = sc.textFile(input).map(_.split("-")).map(x=>x(1)).map((_,1)).reduceByKey(_+_)
MonthNumber.foreach(x=>println(x))
```

结果如图 5-46 所示。

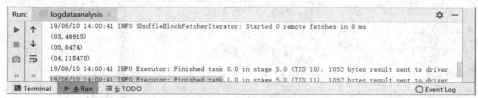

图 5-46 按月统计浏览量

第六步：编写分区器，利用分区器将 3 月、4 月、5 月份的浏览量分别存储到 0、1、2 三个分区中，分区器需定义在主函数外，代码如下。

```
// 分区器
class DatePartition extends Partitioner{
  override def numPartitions: Int = 3
  override def getPartition(key: Any): Int = {
    if (key.toString()=="03") {    // 如果 Key 值为 3 月则保存到 0 分区
      0
    }
    else if(key.toString()=="04"){   // 如果 Key 值为 4 月则保存到 1 分区
      1
    }
    else{                // 其他结果保存到 2 分区
      2
    }
  }
  override def equals(other: Any): Boolean = other match {
    case datepartition: DatePartition =>
      datepartition.numPartitions == numPartitions
    case _ =>
      false
  }
}
```

第七步：将 main 方法中的源文件路径修改为从外部参数中获取，并设置三个从外部参数获取的数据路径，最后将被访问网页的数量、用户数量和月浏览数量保存到 HDFS 文件系统中，完整代码如下。

```scala
package com.spark.logdata
import org.apache.spark.{Partitioner, SparkConf, SparkContext}
object logdataanalysis {
  def main(args: Array[String]): Unit = {
    // 以本地方式执行，可以指定线程数
    val conf = new SparkConf().setAppName("logdata")
    val sc = new SparkContext(conf)
    // 基于日志文件创建 RDD 并输出到控制台
    val input = args(0)         // 接收外部参数的数据源路径
    val UrlNumberoutput = args(1)  // 接收被访问网页数量的数据路径
    val UserNumberoutput = args(2) // 接收用户数量的输出路径
    val MonthNumberoutput = args(3)
    val rdd = sc.textFile(input).map(_.split(","))
    rdd.foreach(x=>println(x(0),x(1),x(2),x(3),x(4),x(5)))
    // 统计被访问的网页数量
    val UrlNumber = rdd.map(x=>x(2)).distinct().count()
    println("被网页数量为"+UrlNumber)

    // 统计用户数量
    val UserNumber = rdd.map(x=>x(3)).distinct().count()
    println("用户数量为"+UserNumber)

    // 按月统计浏览量
    val MonthNumber = sc.textFile(input).map(_.split("-")).map(x=>x(1)).map((_,1)).
reduceByKey(_+_)
    MonthNumber.foreach(x=>println(x))
    // 将分析结果保存到 HDFS
    sc.parallelize(Array("UrlNumber",UrlNumber),1).saveAsTextFile(UrlNumberoutput)
    sc.parallelize(Array("UserNumber",UserNumber),1).saveAsTextFile(UserNumberoutput)
    MonthNumber.partitionBy(new DatePartition()).saveAsTextFile(MonthNumberoutput)
  }
  // 分区器
  class DatePartition extends Partitioner{
```

```
    override def numPartitions: Int = 3
    override def getPartition(key: Any): Int = {
      if (key.toString()=="03") {
        0
      }
      else if(key.toString()=="04"){
        1
      }
      else{
        2
      }
    }
    override def equals(other: Any): Boolean = other match {
      case datepartition: DatePartition =>
        datepartition.numPartitions == numPartitions
      case _ =>
        false
      }
    }
}
```

第八步：将程序编译为 JAR 包，JAR 包命名与工程名同名即可，编译完成后将 JAR 文件上传到 Spark 集群并将数据文件上传到 HDFS 中的 /user/input 目录下，最后使用 spark-submit 指令将程序提交到 Spark 集群运行，命令如下。

```
[root@master bin]# ./spark-submit --master local[*] --class com.spark.logdata.
logdataanalysis /usr/local/LogAnalysis.jar /user/input/jc_content_viewlog.txt /user/Url-
Number /user/UserNumber /user/monthnumber
```

结果如图 5-47 所示。

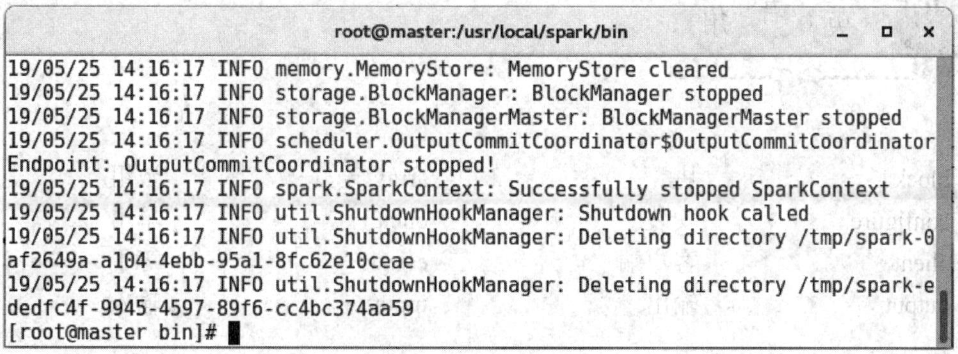

图 5-47　提交到集群运行

第九步：通过 HDFS Shell 命令分别查看运行结果，命令如下。

```
[root@master bin]# hadoop fs -cat /user/UrlNumber/part-00000UrlNumber
[root@master bin]# hadoop fs -cat /user/UserNumber/part-00000UserNumber
[root@master bin]# hadoop fs -cat /user/monthnumber/part-00000
[root@master bin]# hadoop fs -cat /user/monthnumber/part-00001
[root@master bin]# hadoop fs -cat /user/monthnumber/part-00002
```

结果如图 5-48 所示。

```
                    root@master:/usr/local/spark/bin            _  □  ×
[root@master bin]# hadoop fs -cat /user/UrlNumber/part-00000
UrlNumber
723
[root@master bin]# hadoop fs -cat /user/UserNumber/part-00000
UserNumber
8422
[root@master bin]# hadoop fs -cat /user/monthnumber/part-00000
(03,46915)
[root@master bin]# hadoop fs -cat /user/monthnumber/part-00001
(04,118470)
[root@master bin]# hadoop fs -cat /user/monthnumber/part-00002
(05,6474)
[root@master bin]#
```

图 5-48   查看执行结果

本项目通过网站流量分析的实现，对 Action 算子的基本概念、分区器的使用方法有了初步了解，对算子中每个方法的应用以及功能有所了解并掌握，并能够通过所学的 Spark 算子相关知识实现网站流量的分析。

block	块	array	数组
configure	安装	click	单击
client	客户端	equals	等于
output	输出	input	输入

任务习题

1. 选择题

（1）下列选项中是无输出类型的是（　　　）。

A.saveAsTextFile　　　　B.foreach　　　　　　C.saveAsObjectFile　　　D.collect

（2）（　　　）算子能够将 RDD 转换为一个数组，类似于 toArray 函数。

A.collect　　　　　　B.collectAsMap　　　C.lookup　　　　　　D.count

（3）（　　　）算子能够对键值对类型的 RDD 数据返回一个单机 HashMap。

A.sample　　　　　　B.collectAsMap　　　C.foreach　　　　　D.takeSample

（4）（　　　）算子能够返回 RDD 中指定个数的最大的元素。

A.top　　　　　　　B.reduce　　　　　C.fold　　　　　　D.saveAsTextFile

（5）（　　　）算子主要能够对键值对类型的 RDD 进行操作，能够返回指定键值所对应的元素并形成 Seq。

A.top　　　　　　　B.count　　　　　　C.lookup　　　　　D.saveAsTextFile

2. 简答题

（1）简述 IDEA 有哪些优点。

（2）写出 IDEA 快捷键及含义。

项目六 商品交易信息统计

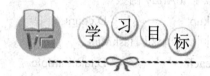

通过对商品交易信息的统计分析，了解 Spark SQL 的相关概念，熟悉 SparkSession 和 DataFrame 的创建，掌握 DataFrame 数据的查看、过滤、存储等相关方法的使用，具有使用 Spark SQL 知识实现商品交易信息统计分析的能力，在任务实现过程中：

● 了解 Spark SQL 的相关知识；

● 熟悉 SparkSession、DataFrame 的创建方式；

● 掌握 DataFrame 相关数据操作方法的使用；

● 具有实现商品交易信息统计分析的能力。

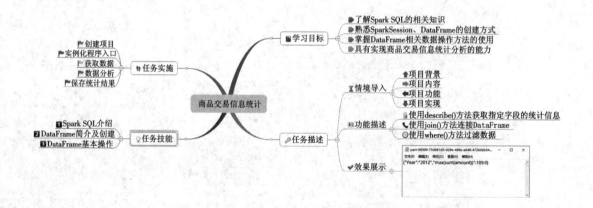

【情境导入】

当用户在电子商务网站上有了购买行为之后,就从潜在客户变成了网站的价值客户。电子商务网站一般都会将用户的交易信息,包括购买时间、购买商品、购买数量、支付金额等信息保存在自己的数据库里面,所以对于这些客户我们可以基于网站的运营数据对他们的交易行为进行分析,以估计每位客户的价值,及针对每位客户的扩展营销的可能性。本项目通过对 Spark SQL 相关知识学习,最终实现商品交易信息的统计分析。

【功能描述】

- 使用 describe() 方法获取指定字段的统计信息。
- 使用 join() 方法连接 DataFrame。
- 使用 where() 方法过滤数据。

【效果展示】

通过对本项目的学习,能够对如图 6-1、图 6-2 和图 6-3 所示 CSV 格式的商品交易信息应用 Spark SQL 相关知识创建 DataFrame,之后使用 DataFrame 数据查看、过滤、处理、存储等操作方法,对信息进行统计分析,并将分析结果以 JSON 格式保存在本地,效果如图 6-4 和图 6-5 所示。

OrderID	OrderLocation	Date
BYSL00000893	LJ	2015年8月23日
BYSL00000897	LJ	2015年8月24日
BYSL00000898	LJ	2015年8月25日
BYSL00000899	LJ	2015年8月26日
BYSL00000900	LJ	2015年8月26日
BYSL00000901	LJ	2015年8月27日
BYSL00000902	LJ	2015年8月27日
BYSL00000904	LJ	2015年8月28日
BYSL00000905	LJ	2015年8月28日
BYSL00000906	LJ	2015年8月28日
BYSL00000907	LJ	2015年8月29日
BYSL00000908	LJ	2015年8月30日
BYSL00000909	LJ	2015年9月1日
BYSL00000910	LJ	2015年9月1日

图 6-1　order 文件数据

Date	YearMonth	Year	Month	Day	Quot
2008年1月1日	200801	2008	1	1	1
2008年1月2日	200801	2008	1	2	1
2008年1月3日	200801	2008	1	3	1
2008年1月4日	200801	2008	1	4	1
2008年1月5日	200801	2008	1	5	1
2008年1月6日	200801	2008	1	6	1
2008年1月7日	200801	2008	1	7	1
2008年1月8日	200801	2008	1	8	1
2008年1月9日	200801	2008	1	9	1
2008年1月10日	200801	2008	1	10	1
2008年1月11日	200801	2008	1	11	1
2008年1月12日	200801	2008	1	12	1
2008年1月13日	200801	2008	1	13	1
2008年1月14日	200801	2008	1	14	1

图 6-2　date 文件数据

OrderID	GoodsID	Amount	Price	Total
BYSL00000893	FS527258160501	-1	268	-268
BYSL00000893	FS527258169701	1	268	268
BYSL00000893	FS527230163001	1	198	198
BYSL00000893	2.46272E+13	1	298	298
BYSL00000893	K9527220210202	1	120	120
BYSL00000893	1.52729E+12	1	268	268
BYSL00000893	QY527271800242	1	158	158
BYSL00000893	ST040000010000	8	0	0
BYSL00000897	4.5272E+12	1	198	198
BYSL00000897	MY627234650201	1	120	120
BYSL00000897	1.22711E+12	1	249	249
BYSL00000897	MY627234610402	1	120	120
BYSL00000897	1.52728E+12	1	268	268
BYSL00000897	8.41262E+13	1	158	158

图 6-3　orderDetails 文件数据

part-00000-8ff64267-e3fb-4900-9a43-57421d1708...　—　□　×

文件(F)　编辑(E)　格式(O)　查看(V)　帮助(H)

{"max(sum(total))":159126.0,"count(orderID)":248368,"sum(total)":7.315487517920347E7}

图 6-4　销售单数、总额及最大金额订单金额数据

part-00000-73d681d3-d29e-480e-a649-472602b54...　—　□　×

文件(F)　编辑(E)　格式(O)　查看(V)　帮助(H)

{"Year":"2012","max(sum(amount))":189.0}

图 6-5　每年最畅销的商品及销售数量

技能点一　Spark SQL 介绍

1.Spark SQL 简介

Shark，即 Hive on Spark，是熟悉 RDBMS 但又不理解 MapReduce 的技术人员快速上手的一款工具，还是当时能够运行在 Hadoop 上唯一的 SQL-on-Hadoop 工具。为了实现与 Hive 的兼容，在 HiveQL 方面，Shark 对 HiveQL 的解析、逻辑执行计划、翻译执行计划优化等逻辑进行了重用，能够近似的认为将 MapReduce 替换成了 Spark，并通过 Hive 的 HiveQL 解析，把 HiveQL 翻译成 Spark 上的 RDD 操作。Shark 的出现，使得 SQL-on-Hadoop 的性能比 Hive 有了 10~100 倍的提高，效果如图 6-6 所示。

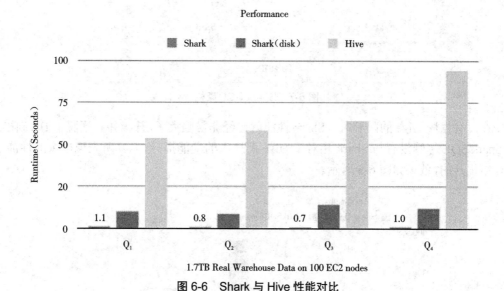

图 6-6　Shark 与 Hive 性能对比

尽管，Shark 很强大，但设计的缺陷同样是不可避免的，问题如下。

● 执行计划优化完全依赖于 Hive，不方便添加新的优化策略。

● 因为 Shark 是线程级并行，而 MapReduce 是进程级。因此，Spark 在兼容 Hive 的实现上存在线程安全问题，导致 Shark 不得不使用另外一套独立维护的 Hive 源码分支。

随着 Spark 的发展，Shark 对于 Hive 的太多依赖，不仅违背了 Spark 的 One Stack Rule Them All 的既定方针，还制约了 Spark 各个组件的相互集成，因此，Shark 项目和 Spark SQL 项目的主持人 Reynold Xin 于 2014 年 6 月 1 日宣布停止对 Shark 的开发，团队将所有资源放在 SparkSQL 项目上,Shark 的发展画上了句号。而 Spark SQL 则抛弃原有 Shark 的代码,汲取 Shark 的一些优点,如内存列存储(In-Memory Columnar Storage)、Hive 兼容性等,实现了代码的重新开发。Spark SQL 由于摆脱了对 Hive 的依赖,在数据兼容、性能优化、组件扩展方面都得到了极大的提升。最后,Spark 发展出了两个方向,即 Spark SQL 和 Hive on Spark,相比 Shark,Hive on Spark 和 Spark SQL 有了很大的变化。

● Spark SQL 作为 Spark 生态的一员继续发展,而不再受限于 Hive,只是兼容 Hive。

● Hive on Spark 是一个 Hive 的发展计划,该计划将 Spark 作为 Hive 底层引擎之一,也就是说,Hive 将不再受限于一个引擎,可以采用 Map-Reduce、Tez、Spark 等引擎。

Spark SQL 是 Apache Spark 处理结构化数据的一个组件,不仅提供了 DataFrame API,使用户可以对来自 RDD、Hive、HDFS、Cassandra 和 JSON 等途径的数据源执行各种关系操作,还能够支持 Java、Scala、Python 等多种语言编程,用户根据实际开发要求选择即可。Spark SQL 架构如图 6-7 所示。

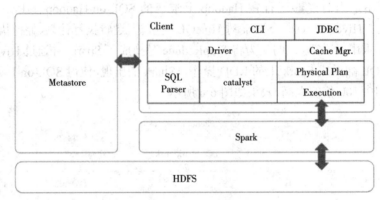

图 6-7 Spark SQL 架构

在没有摆脱 Hive 的限制时,Shark 性能就已经非常强大了,升级并且摆脱了 Hive 限制的 Spark SQL 尽管没有与 Shark 相对于 Hive 那样大的性能提升,但其所表现出来的性能还是非常优异的,效果如图 6-8 所示。

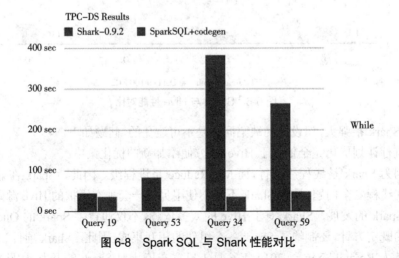

图 6-8 Spark SQL 与 Shark 性能对比

Spark SQL 之所以有这么强悍的性能,与它多方面的优化是密不可分的, Spark SQL 的相关优化如下。

（1）内存列存储（In-Memory Columnar Storage）

Spark SQL 的表数据在内存中不是采用原生态的行存储方式,而是采用内存列存储,空间占用量小、读取吞吐率大,如图 6-9 所示。

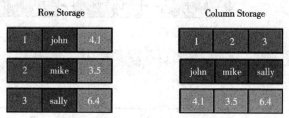

图 6-9　内存列存储

（2）字节码生成技术（Bytecode Generation）

Spark1.1.0 在 catalyst 模块的 expressions 增加了 codegen 模块,通过配置 spark.sql.codegen 参数使用动态字节码生成技术, Spark SQL 在执行操作时,能够对匹配的表达式使用特定的代码动态编译并运行,减少代码冗余,压缩代码体积。

（3）Scala 代码优化

另外, Spark SQL 在使用 Scala 编写代码的时候,尽量避免低效的、容易被垃圾回收机制清理的代码;尽管代码编写的难度增加,但使用统一的接口,使用时并不会存在困难。Scala 代码优化如图 6-10 所示。

- Scala FP features that kill performance:
  - Option
  - For-loop/map/filter/foreach/...
  - Numeric[T]/Ordering[T]/...
  - Immutable objects(GC stress)

- Have To Resort To:
  - null
  - while-loop and vars
  - Manually specialized code for primitive types
  - Reusing mutable objects

图 6-10　Scala 代码优化

2.Spark SQL 运行架构

Spark SQL 语句与关系型数据库语句类似,由 Projection、Data Source 和 Filter 组成,分别对应 SQL 查询过程中的 Result、Data Source、Operation, Spark SQL 语句, Spark SQL 执行流程如图 6-11 所示。

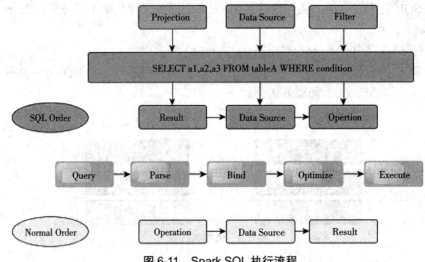

图 6-11　Spark SQL 执行流程

通过图 6-11 可知，Spark SQL 语句执行顺序如下。

第一步：对读入的 SQL 语句进行解析，对关键词（如 SELECT、FROM、WHERE）、表达式、Projection、Data Source 等进行分辨，判断 SQL 语句是否规范。

第二步：绑定 SQL 和数据库的数据字典（列、表、视图等），当相关的 Projection 和 Data Source 等都存在时，说明当前 SQL 语句可以执行。

第三步：数据库会默认存在一些计划，之后在这些计划中选择一个最优的计划（Optimize）。

第四步：按 Operation → Data Source → Result 的次序来执行计划（Execute），并返回结果。

Spark SQL 语句在执行的过程中，有些内容虽然看不到但却非常重要，包括 Tree、Rule、sqlContext、hiveContext、catalyst 优化器等。

（1）Tree 和 Rule

Spark SQL 对 SQL 语句的处理和关系型数据库采用了类似的方法，Spark SQL 会先对 SQL 语句进行解析形成一个 Tree，然后使用 Rule 对 Tree 进行绑定、优化等处理操作，最后通过模式匹配对不同类型的节点采用不同的操作。通过 Tree 和 Rule 紧密配合，能够实现解析、绑定（在 Spark SQL 中称为 Analysis）、优化等过程，并生成可执行的物理计划。

1）Tree

Tree 的具体操作能够通过 TreeNode 来实现，通过 Spark SQL 定义了 catalyst.trees 的日志可以形象地表示出树的结构，之后还可以使用 Scala 的函数组合子（如 foreach、map、flatMap 等）进行 TreeNode 操作，最后通过 Tree 中各个 TreeNode 之间的关系，可以对 Tree 进行遍历操作。其中，TreeNode 可以分为三种类型的 Node，UnaryNode 为一元节点，即只有一个子节点；BinaryNode 为二元节点，即有左右子节点的二叉节点；LeafNode 为叶子节点，没有子节点的节点。

2）Rule

Rule 是一个可通过 RuleExecutor 定义的抽象类，主要应用在 Spark SQL 的 Analyzer、

Optimizer、SparkPlan 等组件中，Rule 通过 batch 和 batchs 定义，可以简便地、模块化地对 Tree 进行 transform 操作，还可以通过 Once 和 FixedPoint 定义，对 Tree 进行一次操作或多次操作。

（2）sqlContext 和 hiveContext

sqlContext 和 hiveContext 是 Spark SQL 的两个运行过程。

1）sqlContext

sqlContext 过程现在只能使用 SQL 语法解析器进行相关语句的解析，在整个 sqlContext 过程中，需要 Spark SQL 的多个组件相互配合，包括 SqlParse、Analyzer、optimizer、SparkPlan 等。具体运行过程如图 6-12 所示。

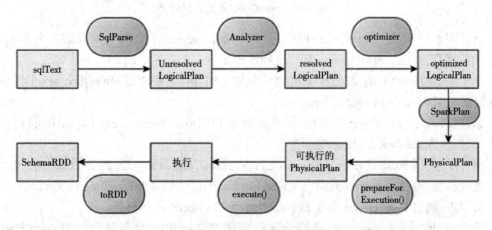

图 6-12　sqlContext 运行过程

通过图 6-12 可知，sqlContext 的整个运行过程可以分为七个步骤，步骤如下。

第一步：读入的 SQL 语句通过 SqlParse 解析器被解析成 Unresolved LogicalPlan。

第二步：通过对 Analyzer 的使用，可以将数据和数据字典（catalog）进行相应的绑定，生成 resolved LogicalPlan。

第三步：通过 optimizer 优化 resolved LogicalPlan，生成 optimized LogicalPlan。

第四步：通过 SparkPlan 实现 LogicalPlan 到 PhysicalPlan 的转换。

第五步：通过使用 prepareForExecution() 实现 PhysicalPlan 到可执行的 PhysicalPlan 的转换。

第六步：通过 execute() 对可执行的 PhysicalPlan 进行执行操作。

第七步：可执行计划执行完毕后，实现 SchemaRDD 的生成。

2）hiveContext

hiveContext 过程不仅能够对 SQL 语法解析器进行支持，还可以支持 hivesql 语法解析器，默认情况下使用的是 hivesql 语法解析器，当需要使用 SQL 语法解析器时，可通过相关配置实现解析器的切换。hiveContext 运行过程如图 6-13 所示。

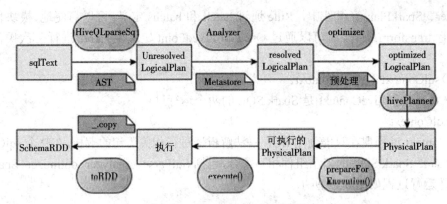

图 6-13   hiveContext 运行过程

通过图 6-13 可知，hiveContext 运行过程与 sqlContext 基本相同，同样需要多个 Spark SQL 的组件相互配合，hiveContext 运行过程步骤如下。

第一步：使用 getAst() 通过 hivesql 语句获取 AST 树，之后通过 HiveQl.parseSql 将 SQL 语句解析成 Unresolved LogicalPlan。

第二步：通过对 analyzer 的使用，将数据 hive 和源数据 Metastore（新的 catalog）进行相应的绑定，生成 resolved LogicalPlan。

第三步：使用 ExtractPythonUdfs(catalog.PreInsertionCasts(catalog.CreateTables(analyzed))) 进行预处理，之后通过 optimizer 优化 resolved LogicalPlan，生成 optimizedLogicalPlan。

第四步：通过 hivePlanner 实现 LogicalPlan 到 PhysicalPlan 的转换。

第五步：通过使用 prepareForExecution() 实现 PhysicalPlan 到可执行的 PhysicalPlan 的转换。

第六步：通过 execute() 对可执行的 PhysicalPlan 进行执行操作。

第七步：可执行计划执行完毕后，将结果通过 map(_.copy) 导入到 SchemaRDD。

（3）catalyst 优化器

Spark SQL 由 Core、Catalyst、Hive、Hive-ThriftServer 四部分构成。

● Core：负责处理数据的输入 / 输出，从不同的数据源获取数据（如 RDD、Parquet 文件），然后将查询结果输出成 DataFrame。

● Catalyst：负责处理查询语句的整个过程，包括解析、绑定、优化、物理计划等。

● Hive：负责对 Hive 数据的处理。

● Hive-thriftserver：提供 CLI 和 JDBC/ODBC 接口等。

在以上的几个模块中，Catalyst 是 Spark SQL 中最核心的一个部分，Spark SQL 性能的优劣与 Catalyst 息息相关，当 Catalyst 性能较好时，Spark SQL 的性能也会有很不错的表现。尽管 Catalyst 出现的时间还很短，不足之处也较为明显，但其插件式的设计，为以后的发展提供了广阔的空间，Catalyst 设计如图 6-14 所示。

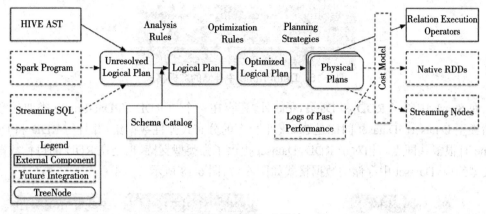

图 6-14　Catalyst 设计

技能点二　DataFrame 简介及创建

Spark SQL 通常从外部数据源加载数据创建 DataFrame,之后通过 DataFrame 提供的丰富 API 实现查询、转换等操作,最后可以将操作的结果直接展示或以各种外部数据形式存储。

1.DataFrame 简介

DataFrame 是 Spark SQL 的一个抽象编程模型,由 SchemaRDD(存放 Row 对象的 RDD,每个 Row 对象代表一行记录)演变而来,自 Spark 1.3.0 起,SchemaRDD 正式更名为 DataFrame。尽管 DataFrame 是 SchemaRDD 的进阶,但 SchemaRDD 和 DataFrame 有着本质的区别,其中,SchemaRDD 直接继承 RDD,而 DataFrame 是一个分布式 Row 对象的数据集合,能够通过自身实现大部分 RDD 的功能。并且,RDD、DataFrame 全都是 Spark 平台下的分布式弹性数据集,会根据 Spark 的内存情况自动缓存运算,这样即使数据量很大,也不用担心内存会溢出,为处理超大型数据提供便利。另外,RDD 不支持 Spark SQL 的相关操作,需要将 RDD 转换成 DataFrame 后使用 Spark SQL 操作。尽管 RDD 和 DataFrame 有很多相同的地方,但区别也非常明显,最本质的区别就是数据存储格式,例如 RDD 中存储的数据格式如图 6-15 所示。

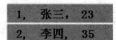

图 6-15　RDD 中存储的数据格式

那么在 DataFrame 中存储的数据格式相比于 RDD 会将数据分组并增加头部字段名称和类型,使数据处理更加简单,甚至可以用 SQL 来处理数据,对开发者来说,易用性有了很大的提升。DataFrame 中存储的数据格式如图 6-16 所示。

ID:String	Name:String	Age:int
1	张三	23
2	李四	35

图 6-16   DataFrame 中存储的数据格式

在 Spark 中除了 RDD 和 DataFrame 外,还存在一个与 RDD 和 DataFrame 类似的数据存储类型 Dataset,Dataset 同样是 Spark 平台下的分布式弹性数据集,并且与 RDD 和 DataFrame 有很多共同点。相对于 RDD,Dataset 提供了强类型支持,也是在 RDD 的每行数据加了类型约束,Dataset 中存储的数据格式如图 6-17、图 6-18 所示。

value:String
1, 张三, 23
2, 李四, 35

图 6-17   Dataset 针对整行数据添加类型约束

value:People[age: bigint, id: bigint, name:string]
People(id=1, name="张三", age=23)
People(id=1, name="李四", age=35)

图 6-18   Dataset 针对单个数据添加类型约束

而相比 DataFrame 来说,DataSet 包含了全部的 DataFrame 的功能,但从 Spark2.0 版本开始,Dataset 和 DataFrame 实现了整合,DataFrame 表示为 DataSet[Row],即 DataSet 的子集。

2.SparkSession 创建

SparkSession 是 Spark SQL 的入口,使用 DataFrame 编写 Spark SQL 应用的时候,第一个要创建的就是 SparkSession 对象。在 Spark2.0 版本之前,想要将数据转换成 DataFrame,需要直接进行 SQLContext 和 HiveContext 的创建;而从 Spark2.0 版本之后,Spark 使用全新的 SparkSession 接口代替之前的 SQLContext 和 HiveContext,进行数据的加载、转换、处理等工作,并能够实现 SQLContext 和 HiveContext 的所有功能。

在 Spark-Shell 或者其他交互模式中,Spark 会自动帮我们建立一个名为 spark 的 Spark-Sesson 对象,只需通过“spark.”方式即可使用,效果如图 6-19 所示。

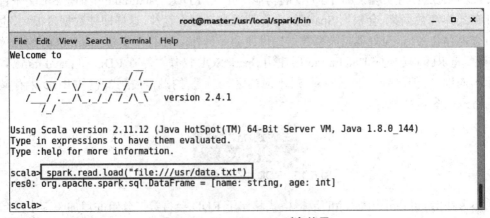

图 6-19   SparkSesson 对象使用

但在 Spark 程序的正常编写中,必须通过手动方式创建 SparkSession。SparkSession 在使用之前需要导入 SparkSession 包,之后通过 SparkSession.builder 方式即可创建一个

SparkSession 的实例。其中，Builder 是 SparkSession 的构造器。通过 Builder，可以添加各种配置，部分配置方法见表 6-1。

表 6-1　Builder 中部分配置方法

方法	描述
getOrCreate()	获取或者新建一个 sparkSession
enableHiveSupport()	增加支持 Hive 环境
appName()	设置 application（用户编写的 Spark 应用程序）的名字
config()	设置各种配置
master()	设置运行类型，当值为"local"时，表示本地单线程运行；当为"local[n]"时，表示本地多线程（指定 n 个内核）运行；当值为"local[*]"时，表示本地多线程

使用 SparkSession.builder 创建 SparkSession 的语法格式如下。

```
// 导入 SparkSession
import org.apache.spark.sql.SparkSession
// 实例化 SparkSession
val sparkSession = SparkSession.builder().appName("application 名称").config("各种配置").getOrCreate()
```

创建 SparkSession 效果如图 6-20 所示。

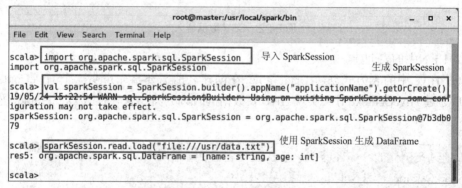

图 6-20　创建 SparkSession

3.DataFrame 创建

DataFrame 可通过加载外部数据源的方式创建，这个外部数据源可以是结构化的数据文件、Hive 中的表、外部数据库和 Spark 计算时生成的 RDD 等，不同的数据源实现 Data-Frame 的转换方式不同。

（1）结构化的数据文件创建

在 Spark SQL 中，Parquet、JSON、CSV、Excel 等文件是最常见的结构化数据文件格式。Spark SQL 提供了一个 load() 方法可以将 HDFS 或本地保存的结构化数据文件转换成

DataFrame，其中 Parquet 是 load() 方法默认的文件导入格式，一般被存储在 HDFS 中，但也可以被保存在本地，使用 load() 方法导入 Parquet 的语法格式如下。

```
// 通过实例化的 SparkSession 导入 Parquet 格式文件，当为 Parquet 格式时，
//format("文件格式") 可省略
SparkSession 名称 .read.format("文件格式").load("HDFS 或本地文件路径")
```

实现 Parquet 的导入效果如图 6-21 所示。

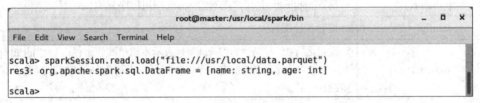

图 6-21　Parquet 数据的导入

当通过 CSV、Excel 文件创建 DataFrame 时，还需使用"option("header","true/false")"设置是否选取文件中头部作为 DataFrame 中数据的字段名，效果如图 6-22 所示。

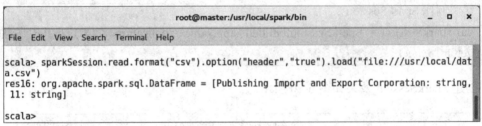

图 6-22　CSV 数据导入

（2）Hive 中的表创建

通过 Hive 中的表方式创建 DataFrame，在创建之前需要事先声明一个 HiveContext 对象，之后通过 HiveContext 对象实现 Hive 表数据的查询并将结果转换成 DataFrame，语法格式如下。

```
// 通过实例化的 SparkSession 连接 Hive 并使用数据库
SparkSession 名称 .sql("use 数据库名称")
// 查询数据库数据
SparkSession 名称 .sql("Hive 数据库操作语句")
```

通过 Hive 中的表方式创建 DataFrame 效果如图 6-23 所示。

```
                  root@master:/usr/local/spark/bin      _  □  ×
File  Edit  View  Search  Terminal  Help
scala> sparkSession.sql("use users")
res10: org.apache.spark.sql.DataFrame = []

scala> sparkSession.sql("select * from data")
res11: org.apache.spark.sql.DataFrame = [id: string, name: string ... 1 more field]

scala>
```

图 6-23　Hive 中的表创建

（3）外部数据库创建

除了以上两种方式外，Spark SQL 还可以通过外部数据库实现 DataFrame 的创建，使用外部数据库方式时，需要先使用 JDBC 或 ODBC 连接的方式完成相应数据库的访问，连接访问数据库并创建 DataFrame 语法格式如下。

```
// 定义数据库链接
val 变量名称 ="jdbc:mysql://1 主机 IP/ 数据库名称 ?useSSL=false"
// 通过实例化的 SparkSession 访问数据库生成 DataFrame
SparkSession 名称 .read.format("jdbc").options(
  Map("url"->url,
    "user"->"root",
    "password"->"123456",
    "dbtable"->"test"
  )
).load()
```

通过外部数据库实现 DataFrame 的创建效果如图 6-24 所示。

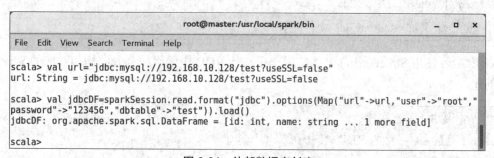

```
                  root@master:/usr/local/spark/bin      _  □  ×
File  Edit  View  Search  Terminal  Help
scala> val url="jdbc:mysql://192.168.10.128/test?useSSL=false"
url: String = jdbc:mysql://192.168.10.128/test?useSSL=false

scala> val jdbcDF=sparkSession.read.format("jdbc").options(Map("url"->url,"user"->"root","
password"->"123456","dbtable"->"test")).load()
jdbcDF: org.apache.spark.sql.DataFrame = [id: int, name: string ... 1 more field]

scala>
```

图 6-24　外部数据库创建

（4）RDD 创建

Spark SQL 还提供了一种将 RDD 转换为 DataFrame 的方式，该方式的实现有两种方法，第一种方法是定义一个 case class，之后被 Spark 隐式转换成 DataFrame。使用 case class 方法转换 DataFrame 语法格式如下。

```
// 使用 case 定义类
case class 类名称 ( 参数列表 )
// 文件读取
val 变量名称 =sc.textFile("文件路径")
// 在 spark-shell 中 spark 自动建立名为 sc 的 SparkContext，直接使用即可；在项目中，
// 使用实例化的 SparkSession 结合 ".SparkContext" 创建。
// 生成 DataFrame
变量名称 .map( 指定函数 ).toDF()
```

case class 方法实现 DataFrame 转换效果如图 6-25 所示。

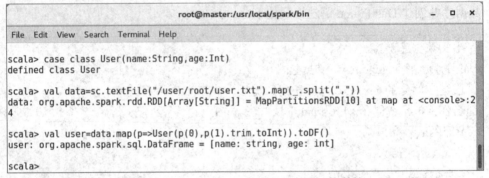

图 6-25　case class 方法实现 DataFrame 转换

当不能实现 case class 的定义时，可以通过第二种方法，使用编程指定 Schema 方式实现 RDD 到 DataFrame 的转换，编程指定 Schema 的实现需要三步。

第一步：通过原 RDD 实现一个元组或列表的新 RDD 的创建，命令如下。

```
// 文件读取
val 变量名称 =sc.textFile("文件路径")
```

第二步：使用 StructType() 方法实现一个与新 RDD 中元组或列表结构相对应的 Schema 的创建。

```
// 定义 Schema 结构
val 变量名称 1="与 RDD 相对于结构"
// 导入 Row
import org.apache.spark.sql.Row
// 导入 StructType,StructField,StringType
import org.apache.spark.sql.types.{StructType,StructField,StringType}
// 创建 Schema
val 变量名称 2=StructType( 变量名称 1.split(",").map(fieldName=>StructField(field-
Name,StringType,true)))
```

第三步：通过 SQLContext 包含的 createDataFrame() 方法将创建的 Schema 应用到 RDD 上，生成 DataFrame。

> // 将 Schema 应用到 RDD
> val 变量名称 3= 变量名称 .map(_.split(",")).map(p=>Row(p(0),p(1).trim))
> // 通过实例化 SparkSession 生成 DataFrame
> SparkSession 名称 .createDataFrame(变量名称 3, 变量名称 2)

通过编程指定 Schema 方式将 RDD 转换为 DataFrame 效果如图 6-26 所示。

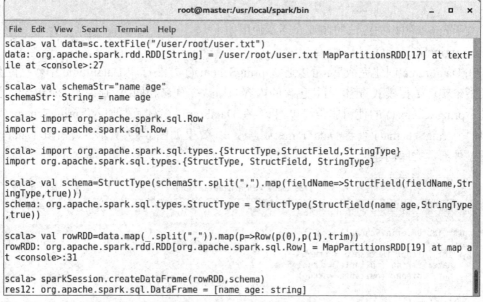

图 6-26　编程指定 Schema 方式将 RDD 转换为 DataFrame

技能点三　DataFrame 基本操作

1.DataFrame 数据查看

通过不同的数据源生成 DataFrame 后，并不能看到 DataFrame 中包含的具体信息，还需要通过 DataFrame 的数据查看操作才能获取相关信息。DataFrame 提供了多个数据获取和查看的方法，其中，常用的方法，见表 6-2。

表 6-2　常用数据查看方法

方法	描述
pringSchema()	查看数据模式
show()	查看数据
first()、head()、take()、takeAsList()	查看若干行数据
collect()、collectAsList()	查看全部数据
describe()	获取指定字段的统计信息
limit()	查看指定行数据

关于表 6-2 中相关方法的详细介绍及使用如下。

（1）pringSchema()

在 DataFrame 创建完成后，可以通过 pringSchema() 方法打印 DataFrame 中数据的列名和类型来实现数据模式查看，当其包含的内容与原数据列名相同时，则说明 DataFrame 创建成功，pringSchema() 的使用非常简单，只需在 DataFrame 名称后面加入".pringSchema()"即可，使用 pringSchema() 查看 DataFrame 数据模式，效果如图 6-27 所示。（注：其 DataFrame 是通过外部数据库创建）

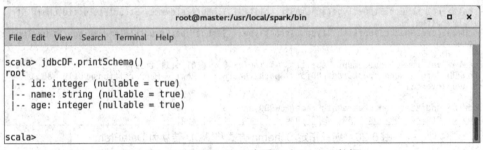

图 6-27　pringSchema() 查看 DataFrame 数据

（2）show()

show() 方法主要用来实现数据的展示，通过向 show() 方法传入不同的参数可以实现不同的数据查看方式，如获取前 20 行数据、获取指定行数据等。show() 方法的使用与 pringSchema() 方法相同，不同之处在于 pringSchema() 没有参数，而 show() 方法可以指定参数，show() 方法包含的参数见表 6-3。

表 6-3　show() 方法包含的参数

参数	描述
show()	显示前 20 行数据，并最多显示 20 个字符
show(n)	显示前 n 行数据
show(true/false)	是否最多显示 20 个字符，当为 true 时，效果与 show() 相同，当为 false 时，可以显示所有字符
show(n,true/false)	显示前 n 行数据，并且是否最多显示 20 个字符

使用 show() 方法实现数据的显示，效果如图 6-28 所示。

```
scala> jdbcDF.show()
+---+--------------------+---+
| id|                name|age|
+---+--------------------+---+
|  1|Publishing Import...| 11|
|  2|     Trading Company| 20|
|  3|Publishing Import...| 13|
|  4|     Trading Company|  3|
+---+--------------------+---+

scala> jdbcDF.show(2)
+---+--------------------+---+
| id|                name|age|
+---+--------------------+---+
|  1|Publishing Import...| 11|
|  2|     Trading Company| 20|
+---+--------------------+---+
only showing top 2 rows

scala> jdbcDF.show(false)
+---+------------------------------------+---+
|id |name                                |age|
+---+------------------------------------+---+
|1  |Publishing Import and Export Corporation|11 |
|2  |Trading Company                     |20 |
|3  |Publishing Import and Export Corporation|13 |
|4  |Trading Company                     |3  |
+---+------------------------------------+---+

scala> jdbcDF.show(2,false)
+---+------------------------------------+---+
|id |name                                |age|
+---+------------------------------------+---+
|1  |Publishing Import and Export Corporation|11 |
|2  |Trading Company                     |20 |
+---+------------------------------------+---+
only showing top 2 rows
```

图 6-28　show() 方法显示数据

(3) first()、head()、take()、takeAsList()

DataFrame 数据的获取除了使用 show() 方法外，还可以通过 first()、head()、take()、takeAsList() 四种方法获取数据，但获取数据的显示方式不同，show() 方法可以通过参数控制获取方式并直接返回 DataFrame 中的数据，而 first()、head()、take()、takeAsList() 则是以 Row 或 Array[Row] 形式返回，而且每一个方法只能实现一个功能，具体说明见表 6-4。

表 6-4　DataFrame 数据的获取方法

方法	描述
first()	获取第一行数据
head(n)	获取前 *n* 行数据，当不指定获取行数时，则获取第一行数据
take(n)	获取前 *n* 行数据
takeAsList(n)	获取前 *n* 行数据，并以 List 形式显示

使用 first()、head()、take()、takeAsList() 四种方法实现数据的不同显示，效果如图 6-29 所示。

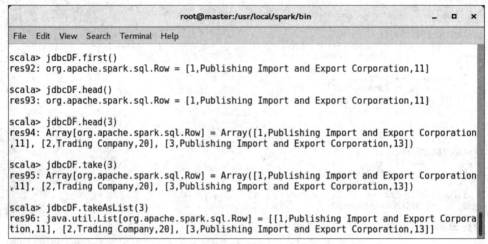

图 6-29　first()、head()、take()、takeAsList() 方法显示数据

（4）collect()、collectAsList()

collect()、collectAsList() 方法同样是数据获取方法，但与 show() 方法的获取范围及展现形式都不相同，collect()、collectAsList() 可以获取 DataFrame 中全部的数据，并将结果分别以 Array 和 List 形式返回，collect()、collectAsList() 不仅功能上大致相同，在使用方式上也基本相同，并且还都不需要提供任何参数，其使用方式与 pringSchema() 一致。使用 collect() 和 collectAsList() 方法获取所有数据，效果如图 6-30 所示。

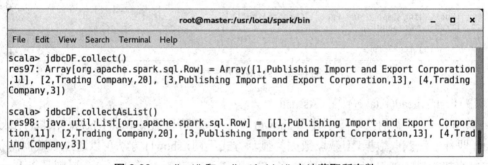

图 6-30　collect() 和 collectAsList() 方法获取所有数

（5）describe()

动态地向 describe() 方法传入一个或多个 String 类型的字段名作为参数可以实现 Data-Frame 中指定字段信息的统计，如最大值、最小值、平均值等，并以 DataFrame 形式返回，当传入多个字段时通过逗号"，"连接。describe() 方法统计的信息，见表 6-5。

表 6-5　describe() 方法统计的信息

参数	描述
count	数据总数
mean	平均值
stddev	标准差
min	当数据为 int 类型时，统计最小值，当为 string 类型时，统计字符数最少的内容
max	当数据为 int 类型时，统计最大值，当为 string 类型时，统计字符数最多的内容

使用 describe() 方法实现字段信息的统计，效果如图 6-31 所示。

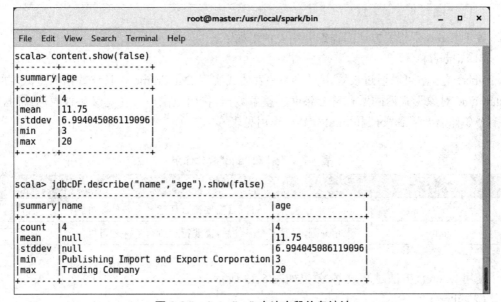

图 6-31　describe() 方法字段信息统计

（6）limit()

limit() 方法主要用于实现 DataFrame 中指定行数据的获取，并以 DataFrame 对象形式进行返回。limit() 方法与 take() 和 show() 方法在功能上类似，但 limit() 不属于 RDD 操作。使用 limit() 方法实现数据的获取，效果如图 6-32 所示。

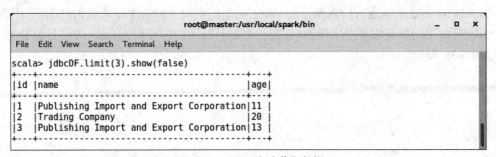

图 6-32　limit() 方法获取数据

2.DataFrame 数据过滤

数据过滤就是在数据量非常大时,通过设置过滤条件将需要的数据从中挑选出来,而不是通过手动的方式一条一条查看寻找数据,能够极大地节约寻找数据的时间,提高工作效率。DataFrame 中包含了多个用于实现数据过滤操作的方法,常用的方法见表 6-6。

表 6-6   DataFrame 中常用数据过滤方法

方法	描述
where()	通过设置条件过滤数据
filter()	根据指定字段值筛选数据
select()	根据指定字段获取字段值

关于表 6-6 中相关方法的详细介绍及使用如下。

(1)where()

where() 方法可以通过设置不同的条件表达式实现 DataFrame 中具体数据的过滤,并以 DataFrame 对象形式返回所有符合条件的整条数据,作用范围广。在定义条件表达式时,设置多个条件需要用到"or"和"and",具体作用见表 6-7。

表 6-7   "or"和"and"具体作用

名称	描述
or	表示或,设置多个条件后,需要符合任意一个条件即可
and	表示并列,设置多个条件后,需要符合所有条件才可以

使用 where() 方法过滤数据,效果如图 6-33 所示。

(2)filter()

filter() 方法功能与 where() 方法不仅在功能上相同,在使用方式上也基本一致,都是通过设置条件表达式实现 DataFrame 中数据的过滤、筛选,并返回符合条件的所有信息,可以说 where() 方法是 filter() 方法的别名。使用 filter() 方法过滤数据,效果如图 6-34 所示。

(3)select()

select() 方法同样用于实现 DataFrame 中具体数据的过滤,但与 where() 方法有很大的不同,select() 方法只能通过传入指定的 string 类型的字段实现整个字段值的获取,作用范围相对较小,如果需要获取多个字段的值,需使用逗号","连接,使用 select() 方法过滤数据,效果如图 6-35 所示。

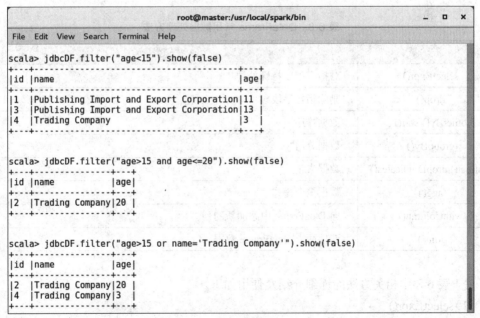

图 6-33　where() 方法过滤数据

图 6-34　filter() 方法过滤数据

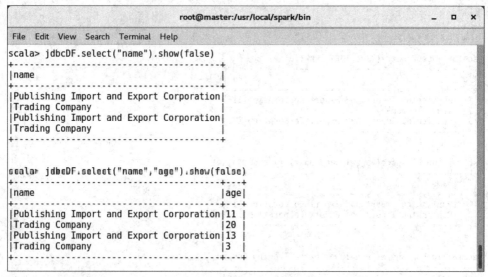

图 6-35　select() 方法过滤数据

3.DataFrame 数据处理

数据处理是数据操作中不可或缺的存在,通过对数据的相关处理操作不仅可以对数据的内容进行修改,还可以对数据进行排序以及数据的分组、去重和删除等。DataFrame 为数据处理的实现提供了很多方法,常用的方法见表 6-8。

表 6-8　DataFrame 常用数据处理方法

方法	描述
selectExpr()	对指定字段特殊处理
drop()	删除指定字段
orderBy()/sort()	数据排序
groupBy()	数据分组
distinct()/dropDuplicates()	数据去重
agg()	数据聚合操作
withColumn()	向 DataFrame 中添加新的列
join()	连接两个 DataFrame 数据

关于表 6-8 中相关方法的详细介绍及使用如下。

（1）selectExpr()

selectExpr() 可以对指定的字段做一些特殊的处理操作,如调用 UDF 函数(可以直接应用于 SQL 语句,对数据结构做格式化处理之后输出)、指定别名等,并以 DataFrame 对象格式返回数据,原数据不会改变。使用 selectExpr() 查看指定字段数据并指定另一字段别名,最后进行该字段的平方操作,效果如图 6-36 所示。

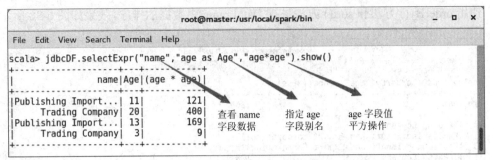

图 6-36 selectExpr() 方法处理数据

（2）drop()

drop() 方法主要用于字段的删除，通过向 drop() 方法传入 string 类型的字段名称即可实现 DataFrame 中指定字段的删除，而其他字段会被保留，并以 DataFrame 对象格式返回，但需要注意的是 drop() 不能实现多字段的删除，一次只能实现一个字段的删除，并且原数据不变。使用 drop() 方法删除指定字段，效果如图 6-37 所示。

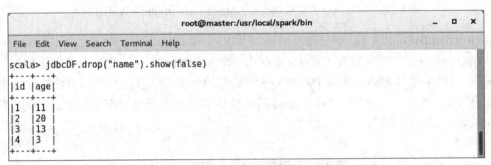

图 6-37 drop() 方法删除指定字段

（3）orderBy() 和 sort()

orderBy() 方法和 sort() 方法不管是功能还是用法都相同，主要用于实现 DataFrame 中数据的排序，默认情况下，只需传入字段名称即可进行升序排列，如果需要进行降序排列，单纯指定字段名称是不可以的，DataFrame 中提供了多种实现降序排列的方式，降序排列的语法格式如下。

```
// 降序方法 1
orderBy/sort(-DataFrame 名称 ("字段名称"))
// 降序方法 2
orderBy/sort(DataFrame 名称 ("字段名称").desc)
// 降序方法 3
orderBy/sort(desc("字段名称"))
// 降序方法 4
orderBy/sort(-col("字段名称"))
// 降序方法 5
orderBy/sort(col("字段名称").desc)
```

使用 orderBy() 方法和 sort() 方法进行 DataFrame 中数据的排序,效果如图 6-38 所示。

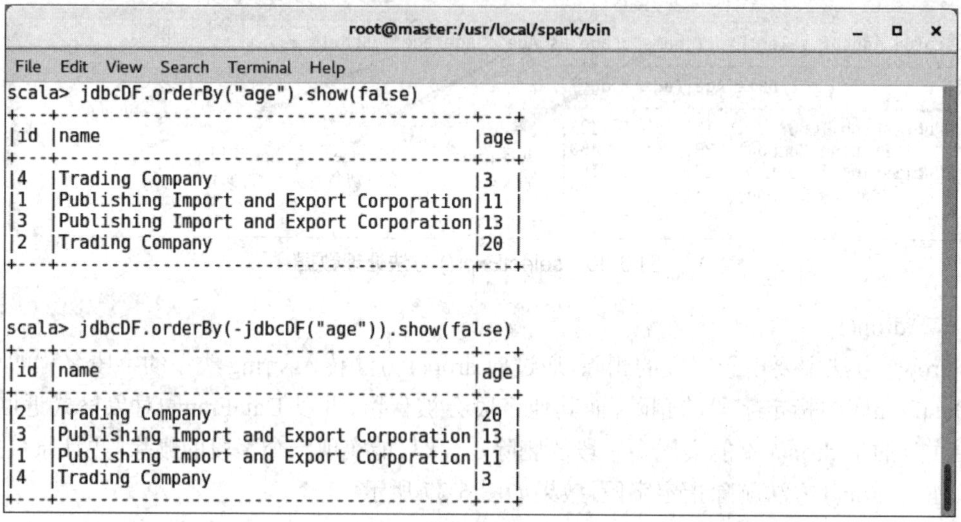

图 6-38 orderBy() 方法和 sort() 方法进行 DataFrame 中数据的排序

（4）groupBy()

在 DataFrame 的相关操作方法中,还存在一个 groupBy() 方法,通过向该方法传入一个 string 类型的字段名称即可实现 DataFrame 中数据的分组,在实际应用中,分组完成后都会进行分组后数据的一个统计,DataFrame 同样提供了多个用于分组统计的方法,其中,常用方法见表 6-9。

表 6-9 DataFrame 常用分组统计方法

方法	描述
max()	获取分组中指定字段或者所有的数字类型字段的最大值,只能作用于数字型字段
min()	获取分组中指定字段或者所有的数字类型字段的最小值,只能作用于数字型字段
mean()	获取分组中指定字段或者所有的数字类型字段的平均值,只能作用于数字型字段
sum()	获取分组中指定字段或者所有的数字类型字段的和值,只能作用于数字型字段
count()	获取分组中的元素个数

使用 groupBy() 实现 DataFrame 数据的分组并进行相关信息的统计,效果如图 6-39 所示。

```
root@master:/usr/local/spark/bin                              _  □  ×

File  Edit  View  Search  Terminal  Help

scala> jdbcDF.groupBy("name").max("age").show(false)
+----------------------------------------+--------+
|name                                    |max(age)|
+----------------------------------------+--------+
|Trading Company                         |20      |
|Publishing Import and Export Corporation|13      |
+----------------------------------------+--------+


scala> jdbcDF.groupBy("name").mean("age").show(false)
+----------------------------------------+--------+
|name                                    |avg(age)|
+----------------------------------------+--------+
|Trading Company                         |11.5    |
|Publishing Import and Export Corporation|12.0    |
+----------------------------------------+--------+
```

图 6-39　groupBy() 分组数据并进行相关信息的统计

（5）distinct() 和 dropDuplicates()

distinct() 方法和 dropDuplicates() 方法主要用于实现 DataFrame 中数据的去重操作，并以 DataFrame 对象格式返回去重后的所有数据。其中，distinct() 方法会对所有字段值都相同的数据进行去重；dropDuplicates() 方法则可以对指定字段的数据去重，当不指定字段时，功能与 distinct() 方法相同，使用 distinct() 方法和 dropDuplicates() 方法实现 DataFrame 数据的去重，效果如图 6-40 所示。

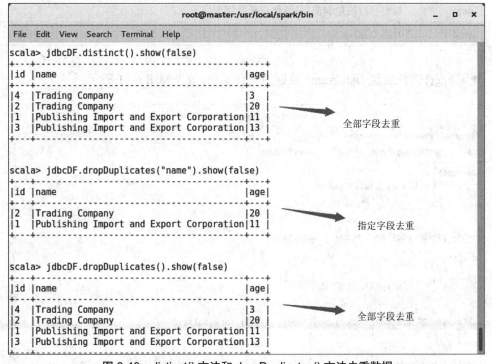

图 6-40　distinct() 方法和 dropDuplicates() 方法去重数据

（6）agg()

在 DataFrame 中，agg() 方法主要用于实现数据的聚合操作，其有多种使用方式，通常与 groupBy() 方法结合使用，但与 max()、min() 等方法不同，agg() 方法可以单独的操作 DataFrame 中的数据，其使用方式也与以上方法有很大的不同，agg() 方法使用的语法格式如下。

```
// 单独使用时
DataFrame 名称 .agg("字段名称"->"聚合操作")
// 操作多个字段时，使用逗号 "," 连接
DataFrame 名称 .agg("字段名称"->"聚合操作","字段名称"->"聚合操作")
// 与 groupBy() 方法结合使用
DataFrame 名称 .groupBy("字段名称").agg("字段名称"->"聚合操作")
```

其中，关于 DataFrame 中包含的常用聚合操作见表 6-10。

表 6-10　DataFrame 中包含的常用聚合操作方法

方法	描述
max	指定字段的最大值，只能作用于数字型字段
min	指定字段的最小值，只能作用于数字型字段
mean	指定字段的平均值，只能作用于数字型字段
sum	指定字段的总和值，只能作用于数字型字段
count	元素个数

使用 agg() 方法实现 DataFrame 数据的聚合操作，效果如图 6-41 所示。

图 6-41　agg() 方法实现数据的聚合

（7）withColumn()

withColumn() 方法在 DataFrame 中的作用是添加一个新的列，withColumn() 方法接收两个参数，第一个参数是添加列的列名称，类型为 string；第二个参数是该列包含的数据值，使用 withColumn() 方法向 DataFrame 中添加一个新的列，效果如图 6-42 所示。

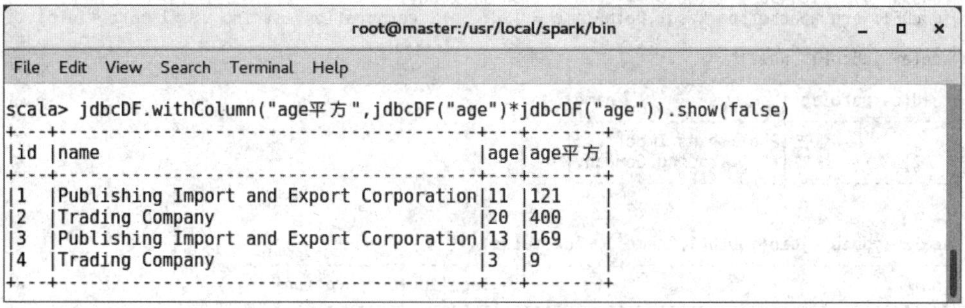

图 6-42 withColumn() 方法向 DataFrame 中添加一个新的列

（8）join()

在进行 DataFrame 中数据的操作时，单个 DataFrame 中的数据并不能满足当前的需求，需要引入另一个 DataFrame 中的数据，DataFrame 提供了一个 join() 方法，通过指定字段使用 join() 方法可以实现两个 DataFrame 包含数据的连接，join() 方法接收三个参数，第一个参数是需要连接 DataFrame 的名称；第二个是连接时使用的字段，这个字段可以是一个，也可以是多个；第三个参数为连接类型，可选填，连接类型见表 6-11。

表 6-11 连接类型

类型	描述
inner	默认连接类型，内连接
outer	外连接
left_outer	左外连接
right_outer	右外连接
leftsemi	左半开连接

join() 方法使用的语法格式如下。

```
// 单个字段连接
DataFrame 名称 .join(DataFrame 名称 1,"字段名称", 连接类型 )
// 或
DataFrame 名称 .join(DataFrame 名称 1,DataFrame 名称 ("字段名称")===DataFrame
名称 1("字段名称"), 连接类型 )
// 多个字段连接
DataFrame 名称 .join(DataFrame 名称 1,Seq("字段名称","字段名称"), 连接类型 )
```

使用 join() 方法实现两个 DataFrame 的连接操作,效果如图 6-43 所示。

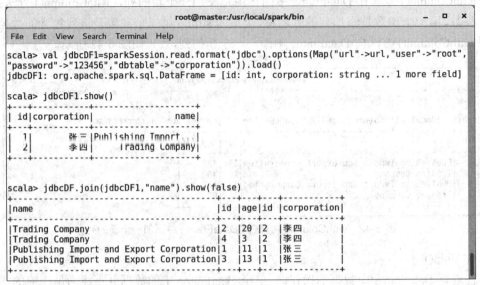

图 6-43　join() 方法连接两个 DataFrame

4.DataFrame 数据存储

关于 DataFrame 的相关操作,除了对数据的查看、过滤、处理等,还有一个非常重要的就是数据的存储,面对操作完的数据,如果不进行保存,那么在每次使用时都需要进行数据的相关操作,这样极大地浪费时间,并且工作效率非常低;当数据保存后,在使用时,只需读取并生成 DataFrame 即可,方便快捷并且效率极高。DataFrame 中数据存储的实现可以有两种方式,一种是通过 save() 方法将 DataFrame 中数据保存到本地文件中,另一种是通过 saveAsTable() 方法将数据保存成一张表。其中,save() 是最常用也是最简单的一种方法,只需传入要保存到的本地文件路径或 HDFS 路径即可,save() 方法使用的语法格式如下。

> DataFrame 名 称 .write.format("数据存储类型").mode(数据处理操作名称).save("数据存储地址")

其中,save 的使用还可以通过 format() 方法和 mode() 方法进行存储时的设置,format() 方法用于设置存储后数据的类型,可不使用;mode() 方法主要用来设置,当存储位置已经存在数据时,同样可以不使用,但在使用时,需事先导入"org.apache.spark.sql.SaveMode"类,该类包含的处理操作见表 6-12。

表 6-12　处理操作

操作名称	描述
SaveMode.ErrorIfExists	默认操作,如果目标位置已经存在数据,那么抛出一个异常
SaveMode.Append	如果目标位置已经存在数据,那么将数据追加进去

操作名称	描述
SaveMode.Overwrite	如果目标位置已经存在数据,那么就将已经存在的数据删除,用新数据进行覆盖
SaveMode.Ignore	如果目标位置已经存在数据,那么就忽略,不做任何操作

使用 save() 方法实现 DataFrame 中数据的存储,效果如图 6-44 所示。

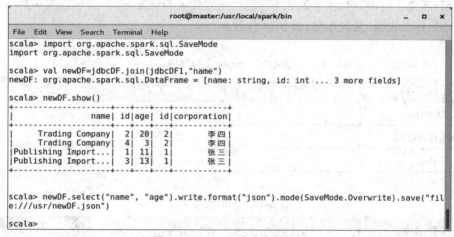

图 6-44　save() 方法存储数据

之后可以在本地文件夹中查看是否存在刚刚保存的文件,也可通过 load() 方法生成 DataFrame 后使用数据查看方法查看。本地文件夹中查看文件,效果如图 6-45 所示。

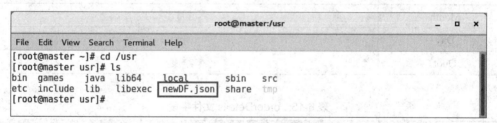

图 6-45　本地文件夹中查看文件

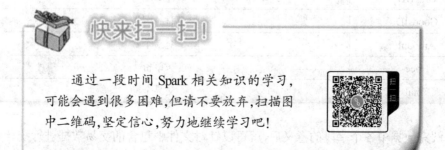

快来扫一扫!

通过一段时间 Spark 相关知识的学习,可能会遇到很多困难,但请不要放弃,扫描图中二维码,坚定信心,努力地继续学习吧!

通过以上的学习，可以了解 Spark SQL 简介及 DataFrame 操作方法，为了巩固所学知识，通过以下几个步骤，使用 Spark SQL 相关知识实现商品交易信息的统计分析，但在统计分析之前，需要了解图 6-1、图 6-2、图 6-3 包含字段代表的意义，关于图 6-1、图 6-2、图 6-3 包含的字段名称及说明，见表 6-13、表 6-14 和表 6-15。

表 6-13　order 文件字段

字段名称	描述
OrderID	订单编号
OrderLocation	交易位置
Date	交易日期

表 6-14　date 文件字段

字段名称	描述
Date	日期
YearMonth	年月
Year	年
Month	月
Day	日
Quot	季度

表 6-15　orderDetails 文件字段

字段名称	描述
OrderID	订单编号
GoodsID	商品编号
Amount	交易个数
Price	单价
Total	交易金额

了解完数据中各个字段的意义后，就可以针对文件中包含的交易数据进行统计分析，步骤如下。

第一步：创建项目。

打开 IDEA，点击"File"→"New"→"Project"选择创建 Scala 项目，之后点击"Next"按钮，创建名为"Order"的 Scala 项目，并在 src 文件下创建一个名为"order"的包，然后在包里面创建一个与包名相同的格式为 object 的 Scala 文件，项目及文件创建效果如图 6-46 所示。

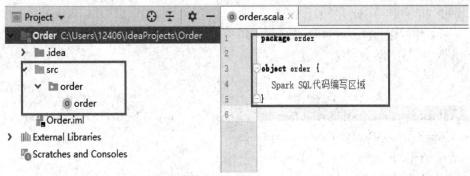

图 6-46　项目及文件创建

第二步：实例化 SparkSession。

在实例化 SparkSession 之前，需要先定义一个主函数，之后在主函数里面导入"org.apache.spark.sql.SparkSession"包，使用"SparkSession.builder()"方法实例化 SparkSession，代码 CORE0601 如下。

```
代码 CORE0601
package order
// 导入 SparkSession
import org.apache.spark.sql.SparkSession
object order {
 // 定义主函数
 def main(args: Array[String]) {
  // 实例化 SparkSession
  val sparkSession= SparkSession.builder().appName("applicationName")
.master("local[*]").getOrCreate()
 }
}
```

第三步：读取数据生成 DataFrame。

使用 load() 方法分别读取三个文件生成 DataFrame 后，通过 show() 方法查看数据前 20 条信息，判断 DataFrame 是否生成成功，之后再使用 describe() 方法查看统计信息，保证数据已经全部读取到 DataFrame 中，代码 CORE0602 如下，效果如图 6-47 和图 6-48 所示。

代码 CORE0602

```scala
package order
import org.apache.spark.sql.SparkSession
object order {
  def main(args: Array[String]) {
    val sparkSession = SparkSession.builder().appName("applicationName").master
    ("local[*]").getOrCreate()

    // 读取 date.csv 文件生成 DataFrame
    val date = sparkSession.read.format("csv").option("header", "true").load("file:///C:\\
    Users\\12406\\Desktop\\date.csv")
    // 查看 DataFrame 是否生成成功
    date.show(false)
    // 查看当前 DataFrame 中数据的统计信息
    date.describe("Date", "YearMonth", "Year", "Month", "Day", "Quot").show(false)

    // 读取 order.csv 文件生成 DataFrame
    val order = sparkSession.read.format("csv").option("header", "true").load("file:///C:\\
Users\\12406\\Desktop\\order.csv")
    // 查看 DataFrame 是否生成成功
    order.show()
    // 查看当前 DataFrame 中数据的统计信息
    order.describe("OrderID", "OrderLocation", "Date").show(false)

    // 读取 orderDetails.csv 文件生成 DataFrame
    val orderDetails = sparkSession.read.format("csv").option("header", "true").load("file:///
C:\\Users\\12406\\Desktop\\orderDetails.csv")
    // 查看 DataFrame 是否生成成功
    orderDetails.show()
    // 查看当前 DataFrame 中数据的统计信息
    orderDetails.describe("OrderID", "GoodsID", "Amount", "Price", "Total").show(false)
  }
}
```

```
|Date        |YearMonth|Year|Month|Day|Quot|
|2008年1月1日 |200801   |2008|1    |1  |1   |
|2008年1月2日 |200801   |2008|1    |2  |1   |
|2008年1月3日 |200801   |2008|1    |3  |1   |
|2008年1月4日 |200801   |2008|1    |4  |1   |
|2008年1月5日 |200801   |2008|1    |5  |1   |
|2008年1月6日 |200801   |2008|1    |6  |1   |
|2008年1月7日 |200801   |2008|1    |7  |1   |
|2008年1月8日 |200801   |2008|1    |8  |1   |
|2008年1月9日 |200801   |2008|1    |9  |1   |
|2008年1月10日|200801   |2008|1    |10 |1   |
|2008年1月11日|200801   |2008|1    |11 |1   |
|2008年1月12日|200801   |2008|1    |12 |1   |
|2008年1月13日|200801   |2008|1    |13 |1   |
|2008年1月14日|200801   |2008|1    |14 |1   |
|2008年1月15日|200801   |2008|1    |15 |1   |
|2008年1月16日|200801   |2008|1    |16 |1   |
|2008年1月17日|200801   |2008|1    |17 |1   |
|2008年1月18日|200801   |2008|1    |18 |1   |
|2008年1月19日|200801   |2008|1    |19 |1   |
|2008年1月20日|200801   |2008|1    |20 |1   |
```

图 6-47　查看 date.csv 全部数据

```
|summary|Date        |YearMonth        |Year             |Month            |Day              |Quot             |
|count  |4383        |4383             |4383             |4383             |4383             |4383             |
|mean   |null        |201356.4887063655|2013.4996577686516|6.522929500342231|15.729637234770705|2.5085557837097876|
|stddev |null        |345.25240014544835|3.4523472289151975|3.449096667177949|8.8010961015427 1|1.1172099995286282|
|min    |2008年10月10日|200801           |2008             |1                |1                |1                |
|max    |2019年9月9日 |201912           |2019             |9                |9                |4                |
```

图 6-48　查看 date.csv 数据统计信息

第四步：连接数据。

数据获取并生成 DataFrame 后，需要使用 join() 方法分别通过 OrderID 字段和 Date 字段将三个 DataFrame 连接在一起，生成一个包含所有信息新的 DataFrame，并通过 show() 和 describe() 方法进行新 DataFrame 具体数据和统计信息的查看，代码 CORE0603 如下，效果如图 6-49 和图 6-50 所示。

代码 CORE0603

```
package order
import org.apache.spark.sql.SparkSession
object order {
  def main(args: Array[String]) {
    val sparkSession = SparkSession.builder().appName("applicationName").master
("local[*]").getOrCreate()
    val date = sparkSession.read.format("csv").option("header", "true").load("file:///C:\\
Users \\12406\\Desktop\\date.csv")
```

```
    val order = sparkSession.read.format("csv").option("header", "true").load("file:///C:\\
Users\\12406\\Desktop\\order.csv")
    val orderDetails = sparkSession.read.format("csv").option("header", "true").load("file:///
C:\\Users\\12406\\Desktop\\orderDetails.csv")
    // 将三个 DataFrame 中的数据进行合并
    val data = order.join(orderDetails, "OrderID")
    var newData = data.join(date, "Date")
    // 查看数据
    newData.show(false)
    // 查看统计信息
    newData.describe("Date", "OrderID", "OrderLocation", "GoodsID", "Amount", "Price",
"Total", "YearMonth", "Year", "Month", "Day", "Quot").show(false)
    }
}
```

Date	OrderID	OrderLocation	GoodsID	Amount	Price	Total	YearMonth	Year	Month	Day	Quot
2015年8月23日	BYSL00000893	LJ	FS527258160501	-1	268	-268	201508	2015	8	23	3
2015年8月23日	BYSL00000893	LJ	FS527258169701	1	268	268	201508	2015	8	23	3
2015年8月23日	BYSL00000893	LJ	FS527230163001	1	198	198	201508	2015	8	23	3
2015年8月23日	BYSL00000893	LJ	2.46272E+13	1	298	298	201508	2015	8	23	3
2015年8月23日	BYSL00000893	LJ	K9527220210202	1	120	120	201508	2015	8	23	3
2015年8月23日	BYSL00000893	LJ	1.52729E+12	1	268	268	201508	2015	8	23	3
2015年8月23日	BYSL00000893	LJ	QY527271800242	1	158	158	201508	2015	8	23	3
2015年8月23日	BYSL00000893	LJ	ST040000010000	8	0	0	201508	2015	8	23	3
2015年8月24日	BYSL00000897	LJ	4.5272E+12	1	198	198	201508	2015	8	24	3
2015年8月24日	BYSL00000897	LJ	MY627234650201	1	120	120	201508	2015	8	24	3
2015年8月24日	BYSL00000897	LJ	1.22711E+12	1	249	249	201508	2015	8	24	3
2015年8月24日	BYSL00000897	LJ	MY627234610402	1	120	120	201508	2015	8	24	3
2015年8月24日	BYSL00000897	LJ	1.52728E+12	1	268	268	201508	2015	8	24	3
2015年8月24日	BYSL00000897	LJ	8.41262E+13	1	158	158	201508	2015	8	24	3
2015年8月24日	BYSL00000897	LJ	K9127105010402	1	239	239	201508	2015	8	24	3
2015年8月24日	BYSL00000897	LJ	QY127175210405	1	199	199	201508	2015	8	24	3
2015年8月24日	BYSL00000897	LJ	2.41272E+13	1	299	299	201508	2015	8	24	3
2015年8月24日	BYSL00000897	LJ	G1126101350002	1	158	158	201508	2015	8	24	3
2015年8月24日	BYSL00000897	LJ	FS527258160501	1	198	198	201508	2015	8	24	3
2015年8月24日	BYSL00000897	LJ	ST040000010000	13	0	0	201508	2015	8	24	3

图 6-49　查看合并后的全部数据

summary	Date	OrderID	OrderLocation	GoodsID	Amount	Price	
count	287729	287729	287729	287729	287729	287729	
mean	null	null	null	2.6516526100936508E13	1.2970955308641117	252.57581251177902	
stddev	null	null	null	3.064863311019391E13	3.0533008905529475	155.51959367895932	
min	2012年10月10日	BYSL00000893	BYYZ	1.02274E+13	-1	-238	
max	2018年1月9日	ZYSL00014630	ZY	zx524228190532	97	999	

图 6-50　查看合并后数据的统计信息

第五步:过滤数据。

通过图 6-50 可以看出,数据中的数量为负数,这是不符合实际的。因此,需要使用 where() 方法通过设置条件将错误、不合理数据过滤出去,得到满足需求的数据,代码 CORE0604 如下,效果如图 6-51 和图 6-52 所示。

代码 CORE0604

```scala
package order
import org.apache.spark.sql.SparkSession
object order {
  def main(args: Array[String]) {
    val sparkSession = SparkSession.builder().appName("applicationName").master("local[*]").getOrCreate()
    val date = sparkSession.read.format("csv").option("header", "true").load("file:///C:\\Users\\ 12406\\Desktop\\date.csv")
    val order = sparkSession.read.format("csv").option("header", "true").load("file:///C:\\Users\\12406\\Desktop\\order.csv")
    val orderDetails = sparkSession.read.format("csv").option("header", "true").load("file:///C:\\Users\\12406\\Desktop\\orderDetails.csv")
    val data = order.join(orderDetails, "OrderID")
    var newData = data.join(date, "Date")
    // 对各个列中包含的数据进行获取,过滤掉年超出 2019 年的不合理的数据
    // 获取 Year 小于 2019 的数据
    val newDataYear = newData.where("Year < 2019")
    // 获取 Month 大于等于 1 且小于等于 12 的数据
    val newDataMonth = newDataYear.where("Month <= 12 and Month >= 1")
    // 获取 Day 大于等于 1 且小于等于 31 的数据
    val newDataDay = newDataMonth.where("Day <= 31 and Day >= 1")
    // 获取 quot 大于等于 1 且小于等于 4 的数据
    val newDataquot = newDataDay.where("Quot <= 4 and Quot >=1")
    // 获取 amount 大于 0 的数据
    val newDataamount = newDataquot.where("Amount > 0")
    // 获取 price 大于 0 的数据
    val newDataprice = newDataamount.where("Price > 0")
    // 查看获取后的数据
    newDataprice.show(false)
```

```
    // 再次查看数据的统计信息
    newDataprice.describe("Date", "OrderID", "OrderLocation", "GoodsID", "Amount",
"Price", "Total", "YearMonth", "Year", "Month", "Day", "Quot").show(false)
    }
}
```

Date	OrderID	OrderLocation	GoodsID	Amount	Price	Total	YearMonth	Year	Month	Day	Quot
2015年8月23日	BYSL00000893	LJ	FS527258169701	1	268	268	201508	2015	8	23	3
2015年8月23日	BYSL00000893	LJ	FS527230163001	1	198	198	201508	2015	8	23	3
2015年8月23日	BYSL00000893	LJ	2.46272E+13	1	298	298	201508	2015	8	23	3
2015年8月23日	BYSL00000893	LJ	K95272202102022	1	120	120	201508	2015	8	23	3
2015年8月23日	BYSL00000893	LJ	1.52729E+12	1	268	268	201508	2015	8	23	3
2015年8月23日	BYSL00000893	LJ	QY527271800242	1	158	158	201508	2015	8	23	3
2015年8月24日	BYSL00000897	LJ	4.5272E+12	1	198	198	201508	2015	8	24	3
2015年8月24日	BYSL00000897	LJ	MY627234650201	1	120	120	201508	2015	8	24	3
2015年8月24日	BYSL00000897	LJ	1.22711E+12	1	249	249	201508	2015	8	24	3
2015年8月24日	BYSL00000897	LJ	MY627234610402	1	120	120	201508	2015	8	24	3
2015年8月24日	BYSL00000897	LJ	1.52728E+12	1	268	268	201508	2015	8	24	3
2015年8月24日	BYSL00000897	LJ	8.41262E+13	1	158	158	201508	2015	8	24	3
2015年8月24日	BYSL00000897	LJ	K9127105010402	1	239	239	201508	2015	8	24	3
2015年8月24日	BYSL00000897	LJ	QY127175210405	1	199	199	201508	2015	8	24	3
2015年8月24日	BYSL00000897	LJ	2.41272E+13	1	299	299	201508	2015	8	24	3
2015年8月24日	BYSL00000897	LJ	G11261013500002	1	158	158	201508	2015	8	24	3
2015年8月24日	BYSL00000897	LJ	FS527258160501	1	198	198	201508	2015	8	24	3
2015年8月25日	BYSL00000898	LJ	LB125340110502	1	262	262	201508	2015	8	25	3
2015年8月25日	BYSL00000898	LJ	QY127128199002	1	299	299	201508	2015	8	25	3
2015年8月25日	BYSL00000898	LJ	LR215361330101	1	538.2	538.2	201508	2015	8	25	3

图 6-51　查看获取后的全部数据

summary	Date	OrderID	OrderLocation	GoodsID	Amount	Price
count	248368	248368	248368	248368	248368	248368
mean	null	null	null	2.741635878105333E13	1.100926850479933	273.27555563599526
stddev	null	null	null	3.0786588923085258E13	1.1010664463352755	138.89243476915348
min	2012年10月10日	BYSL00000893	BYYZ	1.02274E+13	1	1
max	2018年1月9日	ZYSL00013663	ZY	zx524228190532	9	999

图 6-52　查看获取后数据的统计信息

第六步：查看所有订单中销售单数和总额。

数据清洗完成后，就可以进行数据的统计分析了，首先分析的是所有订单中销售单数和总额，通过去除 OrderID 字段中重复的值再统计数据的条数，这个条数即为销售单数，之后针对 Total 做聚合操作将所有值相加，得到的数据就是销售总额，最后分别给得到的单数和总额添加一个值为 0 的 id 字段，之后通过 join() 连接，代码 CORE0605 如下，效果如图 6-53 所示。

代码 CORE0605

```
package order
import org.apache.spark.sql.SparkSession
object order {
  def main(args: Array[String]) {
    val sparkSession = SparkSession.builder().appName("applicationName").master
("local[*]").getOrCreate()
    val date = sparkSession.read.format("csv").option("header", "true").load("file:///C:\\Us-
ers\\ 12406\\Desktop\\date.csv")
    val order = sparkSession.read.format("csv").option("header", "true").load("file:///C:\\Us-
ers\\ 12406\\Desktop\\order.csv")
    val orderDetails = sparkSession.read.format("csv").option("header", "true").load("file:///
C:\\Users\\12406\\Desktop\\orderDetails.csv")
    val data = order.join(orderDetails, "OrderID")
    var newData = data.join(date, "Date")
    val newDataYear = newData.where("Year < 2019")
    val newDataMonth = newDataYear.where("Month <= 12 and Month >= 1")
    val newDataDay = newDataMonth.where("Day <= 31 and Day >= 1")
    val newDataquot = newDataDay.where("Quot <= 4 and Quot >=1")
    val newDataamount = newDataquot.where("Amount > 0")
    val newDataprice = newDataamount.where("Price > 0")
    // 查看所有订单中销售单数和销售总额
    // 去除 orderID 中的重复数据，当前包含的数据总条数即为当前的销售单总数
    val orderID = newDataprice.agg("OrderID" -> "count")
    // 针对 total 字段进行聚合操作，获取销售总额
    val total = newDataprice.agg("Total" -> "sum")
    // 分别向 orderID 和 total 添加一个 id 列，并将值定义为 0，用于后续连接时使用
    val orderID1 = orderID.withColumn("id", orderID("count(OrderID)") * 0)
    val total1 = total.withColumn("id", total("sum(Total)") * 0)
    // 连接 orderID1 和 total1
    val orderIDTotalCount = orderID1.join(total1, "id")
    orderIDTotalCount.show(false)
  }
}
```

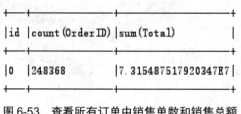

图 6-53　查看所有订单中销售单数和销售总额

第七步：查看最大订单的销售额。

想要查看最大订单的销售额，需要使用 groupBy() 方法针对 OrderID 字段进行分组操作，并获取对应的销售额，之后通过 agg() 方法获取销售额中最大的值即为最大订单的销售额，然后添加一个值为 0 的 id 字段，最后与销售单数和总额数据通过 join() 连接并通过 save() 方法保存到本地 JSON 文件中，代码 CORE0606 如下，效果如图 6-54 所示。

代码 CORE0606

```
package order
import org.apache.spark.sql.SparkSession
// 导入 SaveMode
import org.apache.spark.sql.SaveMode
object order {
  def main(args: Array[String]) {
    val sparkSession = SparkSession.builder().appName("applicationName").master("local[*]").getOrCreate()
    val date = sparkSession.read.format("csv").option("header", "true").load("file:///C:\\Users\\ 12406\\Desktop\\date.csv")
    val order = sparkSession.read.format("csv").option("header", "true").load("file:///C:\\Users\\ 12406\\Desktop\\order.csv")
    val orderDetails = sparkSession.read.format("csv").option("header", "true").load("file:///C:\\Users\\12406\\Desktop\\orderDetails.csv")
    val data = order.join(orderDetails, "OrderID")
    var newData = data.join(date, "Date")
    val newDataYear = newData.where("Year < 2019")
    val newDataMonth = newDataYear.where("Month <= 12 and Month >= 1")
    val newDataDay = newDataMonth.where("Day <= 31 and Day >= 1")
    val newDataquot = newDataDay.where("Quot <= 4 and Quot >=1")
    val newDataamount = newDataquot.where("Amount > 0")
    val newDataprice = newDataamount.where("Price > 0")
    val orderID = newDataprice.agg("OrderID" -> "count")
    val total = newDataprice.agg("Total" -> "sum")
```

```
    val orderID1 = orderID.withColumn("id", orderID("count(OrderID)") * 0)
    val total1 = total.withColumn("id", total("sum(Total)") * 0)
    val orderIDTotalCount = orderID1.join(total1, "id")
    // 查看所有订单中最大金额订单的销售额
    // 以 orderID 进行分组，并计算 total 的总金额
    val sumtotal = newDataprice.groupBy("OrderID").agg("Total" -> "sum")
    // 获取 sumtotal 包含的 "sum(total)" 列的最大值即为最大金额订单的销售额
    val maxtotal = sumtotal.agg("sum(Total)" -> "max")
    // 添加 id 列，并将值定义为 0，用于后续连接时使用
    val maxtotal1 = maxtotal.withColumn("id", maxtotal("max(sum(Total))") * 0)
    // 连接 maxtotal1 和 orderIDTotalCount
    val maxtotal_orderIDTotalCount = maxtotal1.join(orderIDTotalCount, "id")
    // 获取完成后，将 "max(sum(Total))"、"count(OrderID)" 和 "sum(Total)" 字段
    // 包含数据以 json 格式保存在本地文件中，以便后续使用
    maxtotal_orderIDTotalCount.select("max(sum(Total))","count(OrderID)","sum(Total)").
write.format("json").mode(SaveMode.Overwrite).save("file:///C:\\Users\\12406\\Desktop\\
maxtotal_orderIDTotalCount.json")
    }
}
```

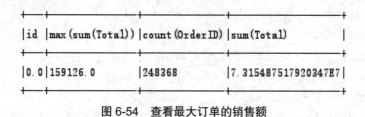

```
+---+---------------+--------------+--------------------+
|id |max(sum(Total))|count(OrderID)|sum(Total)          |
+---+---------------+--------------+--------------------+
|0.0|159126.0       |248368        |7.315487517920347E7 |
+---+---------------+--------------+--------------------+
```

图 6-54　查看最大订单的销售额

之后找到保存在本地的 json 文件，查看 json 文件中的内容，出现如图 6-4 所示内容即可说明信息统计正确。

第八步：查看所有订单中每年最畅销的商品。

首先对 GoodsID 和 Year 字段使用 groupBy() 方法进行分组操作，并获取对应的销售件数，之后通过 orderBy() 方法对 sum(Amount) 字段做降序排序，然后，通过 dropDuplicates() 方法对 Year 字段进行去重操作，得到第一次出现的整条数据，因为数据是按照销售件数降序排列的，因此，第一次出现的年对应的销售件数就是最大的，其所对应的商品即为每年最畅销的商品，最后对得到的数据进行升序排序并通过 save() 方法保存到本地 json 文件中，代码 CORE0607 如下，效果如图 6-55 所示。

代码 CORE0607

```
package order
import org.apache.spark.sql.SparkSession
// 导入 SaveMode
import org.apache.spark.sql.SaveMode
object order {
  def main(args: Array[String]) {
    val sparkSession = SparkSession.builder().appName("applicationName").master("local[*]").getOrCreate()
    val date = sparkSession.read.format("csv").option("header", "true").load("file:///C:\\Users\\ 12406\\Desktop\\date.csv")
    val order = sparkSession.read.format("csv").option("header", "true").load("file:///C:\\Users\\ 12406\\Desktop\\order.csv")
    val orderDetails = sparkSession.read.format("csv").option("header", "true").load("file:///C:\\ Users\\12406\\Desktop\\orderDetails.csv")
    val data = order.join(orderDetails, "OrderID")
    var newData = data.join(date, "Date")
    val newDataYear = newData.where("Year < 2019")
    val newDataMonth = newDataYear.where("Month <= 12 and Month >= 1")
    val newDataDay = newDataMonth.where("Day <= 31 and Day >= 1")
    val newDataquot = newDataDay.where("Quot <= 4 and Quot >=1")
    val newDataamount = newDataquot.where("Amount > 0")
    val newDataprice = newDataamount.where("Price > 0")
    val orderID = newDataprice.agg("OrderID" -> "count")
    val total = newDataprice.agg("Total" -> "sum")
    val orderID1 = orderID.withColumn("id", orderID("count(OrderID)") * 0)
    val total1 = total.withColumn("id", total("sum(Total)") * 0)
    val orderIDTotalCount = orderID1.join(total1, "id")
    val sumtotal = newDataprice.groupBy("OrderID").agg("Total" -> "sum")
    val maxtotal = sumtotal.agg("sum(Total)" -> "max")
    val maxtotal1 = maxtotal.withColumn("id", maxtotal("max(sum(Total))") * 0)
    val maxtotal_orderIDTotalCount = maxtotal1.join(orderIDTotalCount, "id")
    maxtotal_orderIDTotalCount.select("max(sum(Total))","count(OrderID)","sum(Total)").write.format("json").mode(SaveMode.Overwrite).save("file:///C:\\Users\\12406\\Desktop\\maxtotal_orderIDTotalCount.json")
```

```
// 计算所有订单中每年最畅销的商品
// 以 goodsID、Year 进行分组,并计算 amount 的总数量
val sumamount = newDataprice.groupBy("GoodsID", "Year").agg("Amount" -> "sum")
// 对 sumamount 的 sum(Amount) 字段值进行降序排列
val newyeargoods = sumamount.orderBy(-sumamount("sum(Amount)"))
// 对 newyeargoods 的 Year 字段进行去重操作,获取第一次出现的整条数据,删除
// 后面的数据
val newyeargoods1 = newyeargoods.dropDuplicates("Year")
// 对 yeargoods 的 Year 列排序
val yeargoodsID = newyeargoods1.orderBy("Year")
yeargoodsID.show()
// 将数据以 json 格式保存在本地文件中,以便后续使用
yeargoodsID.write.format("json").mode(SaveMode.Overwrite).save("file:///C:\\Users\\
12406\\Desktop\\yeargoodsID.json")
    }
}
```

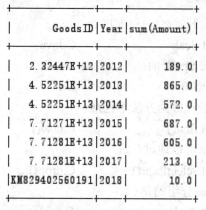

GoodsID	Year	sum(Amount)
2.32447E+12	2012	189.0
4.52251E+13	2013	865.0
4.52251E+13	2014	572.0
7.71271E+13	2015	687.0
7.71281E+13	2016	605.0
7.71281E+13	2017	213.0
KM829402560191	2018	10.0

图 6-55　查看所有订单中每年最畅销的商品

之后找到保存在本地的 JSON 文件,查看 JSON 文件中的内容,出现如图 6-5 所示内容即可说明信息统计正确。

至此,Spark SQL 商品交易信息统计分析完成。

任　务　总　结

本项目通过 Spark SQL 商品交易信息统计分析的实现,对 Spark SQL 的 SparkSession 和 DataFrame 相关知识有了初步了解,对 DataFrame 数据的查看、过滤、存储等相关方法的

基本使用有所了解并掌握,并能够通过所学的 Spark SQL 相关知识实现商品交易信息的统计分析。

columnar	杆状	generation	代
bytecode	字节码	builder	建设者
describe	描述	distinct	不同

1. 选择题

(1)SparkSQL 最初是基于( )开发的。

A.Shark   B.Scala   C.Java   D.Python

(2)SparkSession 出现在 Spark 的( )版本。

A.2.0   B.1.0   C.1.4   D.1.7

(3)DataFrame 查看若干行数据方法不包括( )。

A.save()   B.first()   C.take()   D.head()

(4)DataFrame 过滤数据可以通过( )。

A.where()   B.selectExpr()   C.drop()   D.orderBy()

(5)以下用于 DataFrame 分组的是( )。

A.groupBy()   B.distinct()   C.agg()   D.withColumn()

2. 简答题

(1)简述 SparkSession 的创建过程及使用方法。

(2)简述 DataFrame 创建方式及具体实现步骤。

项目七 热门网页信息实时更新

通过对热门网页信息实时更新功能的实现,了解流计算的相关概念,熟悉 Spark Stream-ing 的基本原理,掌握 DStream 相关操作方法的使用,具有使用 Spark Streaming 知识实现信息实时更新的能力,在任务实现过程中:

● 了解流计算的相关知识;
● 熟悉 Spark Streaming 的原理;
● 掌握操作 DStream 方法的使用;
● 具有实现信息实时更新的能力。

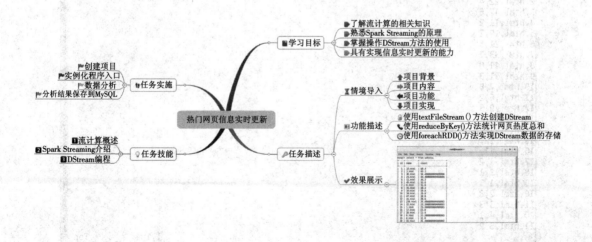

【情境导入】

　　随着互联网的飞速发展，为了分享技术而开发的博客网站多种多样。大多数的博客网站中都包含了一个个性化的推荐版块，通过对热门博客、最热下载、行业热点等内容的推荐来吸引用户的浏览，本项目通过对 Spark Streaming 相关知识的学习，最终实现推荐版块热门网页信息的实时更新。

【功能描述】

● 使用 textFileStream() 方法创建 DStream。
● 使用 reduceByKey() 方法统计网页热度总和。
● 使用 foreachRDD() 方法实现 DStream 数据的存储。

【效果展示】

　　通过对本项目的学习，能够通过 Spark Streaming 相关知识，对如图 7-1 所示格式的实时网页热度信息进行统计分析，并将统计的结果保存到 MySQL 数据库中，部分效果如图 7-2 所示。

```
root@master:~                                        _  □  ×

File  Edit  View  Search  Terminal  Help
1.html,31,9
2.html,22,4
3.html,47,6
4.html,11,2
5.html,19,1
6.html,21,5
7.html,33,7
8.html,41,9
9.html,51,3
10.html,7,8
11.html,6,2
12.html,9,3
13.html,9,6
14.html,10,3
15.html,12,5
16.html,11,7
17.html,1,2
18.html,1,1
19.html,1,3
10.html,2,8
11.html,3,3
20.html,4,1
21.html,3,2
                                                  1,1          Top
```

图 7-1　网页热度数据

```
                              root@master:~                    _  □  ✕

File  Edit  View  Search  Terminal  Help
mysql> select * from websta;
+----+----------+--------------------+
| id | name     | count              |
+----+----------+--------------------+
|  1 | 12.html  | 68.4               |
|  2 | 3.html   | 63.2               |
|  3 | 36.html  | 56.400000000000006 |
|  4 | 23.html  | 44.400000000000006 |
|  5 | 11.html  | 36.2               |
|  6 | 45.html  | 33.6               |
|  7 | 6.html   | 31.6               |
|  8 | 35.html  | 30.4               |
|  9 | 10.html  | 29.8               |
| 10 | 34.html  | 29.6               |
| 11 | 47.html  | 28.8               |
| 12 | 31.html  | 28.6               |
| 13 | 234.html | 26.400000000000002 |
| 14 | 32.html  | 23.200000000000003 |
| 15 | 1.html   | 23.200000000000003 |
| 16 | 17.html  | 23.0               |
| 17 | 28.html  | 22.4               |
| 18 | 9.html   | 22.200000000000003 |
| 19 | 8.html   | 21.8               |
| 20 | 15.html  | 21.400000000000002 |
```

图 7-2　效果图

技能点一　流计算概述

1. 静态数据和流数据

目前，为了完成决策分析任务，很多的企业构建了自己的数据仓库系统，在这个数据仓库中存放的海量历史数据都是静态数据，之后通过数据挖掘和 OLAP 分析工具等方式，技术人员可以从这些静态数据中找到对企业的发展、决策等有利用价值的信息。静态数据及其操作效果如图 7-3 所示。

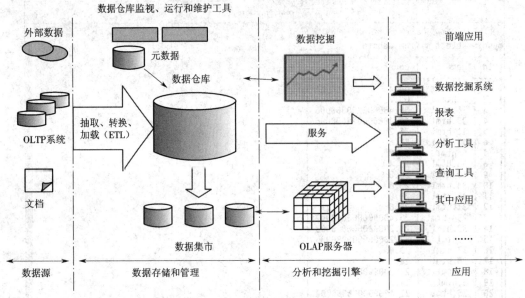

图 7-3　静态数据及其操作

　　近年来,随着大数据技术的不断进步,出现了一种名为流数据的技术,流数据是一种数据密集型应用,主要存在于 Web 应用、网络监控(电子商务用户点击流)、传感监测(PM2.5 检测)等领域,以大量、快速、时变的流形式持续将数据发送到目的地。流数据具有如下特征:

- 数据流动速度快且持续,潜在大小也许是无穷无尽的;
- 数据源较多,且数据格式复杂;
- 数据量大,一旦经过处理,要么被丢弃,要么被归档存储于数据仓库;
- 注重数据的整体价值,不过分关注个别数据;
- 数据顺序颠倒,或者不完整,系统无法控制将要处理的新到达的数据元素的顺序。

2. 批量计算和实时计算

　　目前,使用 ETL 系统或者 OLTP 系统进行数据构造存储的大部分传统数据计算和数据分析服务一般都是基于批量数据处理模型实现的,能够通过 SQL 语句进行访问数据、存储并取得分析结果。随着关系型数据库在工业界的演进而被广泛采用,但由于大数据时代的来临,人类活动信息化、数据化,很多的数据处理要求实时化、流式化。批量计算开始出现不能满足实际需求的情况,并且随着运行时间的增长还会出现更多的漏洞。批量计算是一种批量、高时延、主动发起的计算,在使用时需要预先加载数据,之后提交作业,还可以根据业务需要修改计算作业,再次提交作业,最后返回计算结果,批量计算流程如图 7-4 所示。

图 7-4　批量计算流程

传统的批量数据处理模型优势如下。

● 对于批量计算,数据一定需要预先加载到计算系统,计算系统在数据加载完成后方能进行计算。

● 可以根据需要随时调整计算 SQL,甚至于使用 AdHoc 查询,可以做到即时修改即时查询。

● 计算结果返回,计算作业完成后将数据以结果集形式返回,或者可能由于计算结果数据量巨大保存在数据计算系统中,供其他系统进行调用。

不同于批量计算模型,实时计算更加强调计算数据流和低时延,是一种持续、低时延、事件触发的计算作业,在使用时,需要提交实时计算作业,然后等待流式数据触发实时计算作业,最后将计算结果持续不断对外写出,实时计算流程如图 7-5 所示。

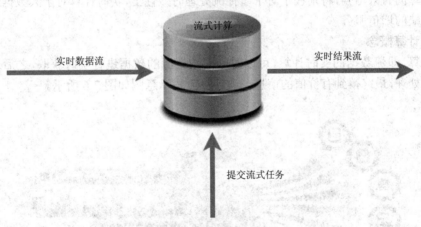

图 7-5　实时计算流程

实时计算数据处理模型优势如下。

● 使用实时数据集成工具,将数据实时变化传输到流式数据存储。

● 数据将源源不断写入流数据存储,而不需要预先加载的过程。同时流计算对于流式数据不提供存储服务,数据是持续流动,在计算完成后就立刻丢弃。

● 不同于批量计算等待数据集成全部就绪后才启动计算作业,流式计算作业是一种常驻计算服务,一旦启动将一直处于等待事件触发的状态,一旦有小批量数据进入流式数据存储,流计算立刻计算并迅速得到结果。

● 流式计算作业在每次小批量数据计算后可以立刻将数据写入在线 / 批量系统,无需等待整体数据的计算结果,可以立刻将数据结果投递到在线系统,进一步做到实时计算结果的实时化展现。

不管是批量计算还是实时计算,在进行数据的处理时各有千秋,下面通过不同方面进行批量计算和实时计算的对比,见表 7-1。

表 7-1 批量计算和实时计算的对比

对比指标	预先加载数据	实时计算
数据集成方式	业务逻辑可以修改,数据可重新计算	实时加载数据实时计算
使用方式	对数据集中的所有或大部分数据进行查询或处理	业务逻辑一旦修改,之前的数据不可重新计算
数据范围	大批量数据	对滚动时间窗口内的数据或仅对最近的数据记录进行查询或处理
数据大小	几分钟至几小时的延迟	单条记录或包含几条记录的微批量数据
性能	复杂分析	只需大约几秒或几毫秒的延迟
分析	预先加载数据	简单的响应函数、聚合和滚动指标

在大部分大数据处理场景下,受限于当前实时计算的整个计算模型较为简单,实时计算是批量计算的有效增强,特别在于对于事件流处理时效性上,实时计算对于大数据计算是一个不可或缺的增值服务。

3. 流计算概念

流计算,即流数据的实时计算,可以对不同数据源的数据进行实时获取,之后进行实时的分析和处理,最终得到有价值的信息。流计算流程示意图如图 7-6 所示。

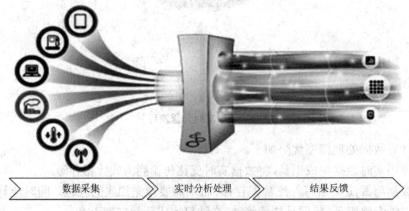

图 7-6 流计算流程示意图

流计算秉承着一个"数据的价值随着时间的流逝而降低"基本理念,当事件出现时就应该立即进行处理,而不是缓存起来进行批量处理。为了及时处理流数据,流计算系统需要具备以下几个特点。

● 高性能:处理数据速度快,如每秒处理几十万条数据。

- 海量式：数据处理规模达到 TP 级甚至 PB 级。
- 实时性：延迟时间为秒级，甚至毫秒级。
- 分布式：支持大数据的基本架构，必须能够平滑扩展。
- 易用性：能够快速进行开发和部署。
- 可靠性：能够可靠的处理流数据。

4. 流计算框架

市场上有很多流计算框架，可以分为三类：商业级的流计算平台、开源流计算框架、公司为支持自身业务开发的流计算框架。

（1）商业级

IBM InfoSphere Streams：是 IBM 公司开发的业内先进流式计算软件，专门针对大数据的特性进行定制，能够完全满足海量数据的高并发以及结构、半结构、非结构等多形式数据场合实时数据处理的需求。IBM 公司图标如图 7-7 所示。

图 7-7　IBM 公司图标

（2）开源流计算框架

Twitter Storm：免费、开源的分布式实时计算系统，可简单、高效、可靠地处理大量的流数据。Storm 图标如图 7-8 所示。

图 7-8　Storm 图标

Spark Streaming：是 Spark 体系中的一个流式处理框架，能够与 Spark SQL、机器学习以及图像处理框架无缝连接。Spark Streaming 图标如图 7-9 所示。

图 7-9　Spark Streaming 图标

（3）公司为支持自身业务开发的流计算框架

Facebook Puma：FaceBook 公司的实时数据处理分析框架，使用 Puma 和 Habase 相结合来处理实时数据。FaceBook 图标如图 7-10 所示。

图 7-10　FaceBook 图标

快来扫一扫!

　　在上面讲解到了批量计算、实时计算以及流计算,那么它们之间的关系是怎样的呢? 扫描图中二维码,学习更多的知识吧!

技能点二　Spark Streaming 介绍

1.Spark Streaming 简介

　　Spark Streaming 于 2013 年 2 月被引入 Apache Spark,成为 Spark 中的一个组件,当时版本是 0.7,之后于 2014 年 2 月发布了 0.9 稳定版本,相比于之前的版本加入了管理界面、预写日志等功能。

　　Spark Streaming 是 Spark 系统中为实现用户流式计算的分布式流处理框架,能够通过指定的时间间隔对数据进行处理,最小为 500 ms。Spark Streaming 可以很容易地和 Spark SQL、MLlib、GraphX 相结合,共同完成基于实时处理的复杂系统,除了易于实现 Spark SQL、MLlib、GraphX 等的操作外,Spark Streaming 还具有如下优点:

● 可以利用 Java、Scala、Python API 提供的简单编程模型实现应用开发;

● 高吞吐量,快速故障恢复;

● 集成批处理和流处理。

　　Spark Streaming 有着很多的优点,但其缺点也是不可忽略的,缺点为:与其他基于“一次处理一次记录”的系统相比,延迟会增加。

　　另外,Spark Streaming 还支持从多种数据源获取数据,包括 Kafk、Flume、Twitter、Ze-roMQ、Kinesis 以及 TCP sockets,从数据源获取数据之后,可以使用诸如 map、reduce、join 和 window 等高级函数进行复杂算法的处理,最后还可以将处理结果存储到文件系统,数据库和现场仪表盘。Spark Streaming 处理的数据流图如图 7-11 所示。

图 7-11 Spark Streaming 处理的数据流图

2.Spark Streaming 基本原理

Spark Streaming 的基本原理是将输入数据流以时间片（秒级）为单位进行拆分，然后以类似批处理的方式处理每个时间片数据，其基本原理如图 7-12 所示。

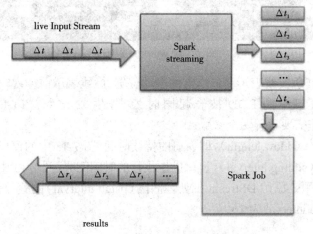

图 7-12 Spark Streaming 基本原理

通过图 7-12 可知，Spark Streaming 把实时输入数据流以时间片 Δt（如 1 s）为单位切分成块，之后 Spark Streaming 会把每块数据作为一个 RDD，并使用 RDD 操作处理每一小块数据，最后每个块都会生成一个 Spark Job 处理，最终结果也返回多个块。

3.Spark Streaming 应用场景

目前，Spark Streaming 的应用场景可以分为三种，分别是无状态操作、有状态操作（updateStateByKey）、window 操作。

（1）无状态操作

只关注当前新生成的小批次数据，所有计算都只是基于这个批次的数据进行处理。例如银行系统中贷款发放流水表，表中包含 1 天内所产成的流水数据，那么这一天的数据即为一个批次，批次的时间为 1 天，之后通过对这一批次的数据进行处理可统计这一天的贷款发放额、贷款发放笔数等指标。当实时处理数据时，批次的间隔时间非常短，可以是 1 s 或几秒，但与一天的间隔时间原理基本相同。

（2）状态操作

关注多个 RDD 从头到尾的累加，可以对每个 RDD 中的某个值进行累加操作。除了当前新生成的小批次数据，还需要用到以前所生成的所有的历史数据，即相当于流水表的历史数据,这时,新生成的数据与历史数据合并成一份流水表的全量数据,之后通过"状态操作"对这一全量数据进行操作,统计出银行总的贷款发放笔数、总的贷款发放额等。

（3）window 操作

Spark Streaming 也支持窗口计算,允许在一个滑动窗口数据上应用 transformation 算子,如图 7-13 所示。

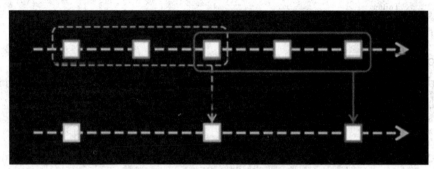

图 7-13　window 操作

在图 7-13 中,红色实线表示窗口当前的滑动位置,虚线表示前一次窗口位置,窗口每滑动一次,落在该窗口中的 RDD 被一起同时处理,生成一个窗口 DStream（windowed DStream）,窗口操作需要设置两个参数:

● 窗口长度（window length）,即窗口的持续时间,图 7-13 中的窗口长度为 3;

● 滑动间隔（sliding interval）,窗口操作执行的时间间隔,图 7-13 中的滑动间隔为 2。

这两个参数必须是原始 DStream 批处理间隔（batch interval）的整数倍（图 7-13 中的原始 DStream 的 batch interval 为 1）

技能点三　DStream 编程

1.DStream 简介

DStream（Discretized Stream）作为 Spark Streaming 的基础抽象,它代表持续性的数据流。这些数据流既可以通过外部输入源来获取,也可以通过现有的 DStream 的 transformation 操作来获得。在内部实现上,DStream 由一组时间序列上连续的 RDD 来表示,RDD 是 Spark Core 的核心抽象,即不可变的、分布式的数据集,DStream 中的每个 RDD 都包含了自己特定时间间隔内的数据流,如图 7-14 所示。

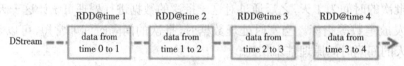

图 7-14　DStream 内部实现

对 DStream 中数据的各种操作也是映射到内部的 RDD 上来进行的,如图 7-15 所示,对 DStream 中每个时间段的 RDD 都应用一遍算子操作,然后生成新的 RDD,即作为新的

DStream 中的那个时间段的 RDD,最后经过一系列算子操作之后,最终可以将实时计算的
结果存储到相关介质中,如 Redis、HBase、MySQL。

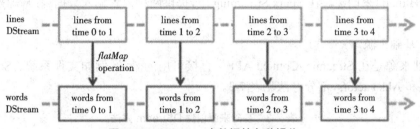

图 7-15　DStream 中数据的各种操作

2.DStream 创建

在进行 DStream 的相关操作之前,需要进行 DStream 创建,但 DStream 的创建是在整
个 Spark Streaming 程序中的,因此需要在构建 Spark Streaming 项目的同时,创建 DStream。
Spark Streaming 项目的构建可以分为四个步骤,步骤如下。

第一步:创建 StreamingContext 对象。

同 Spark 初始化需要创建 SparkContext 对象一样,使用 Spark Streaming 就需要创建
StreamingContext 对象。创建 StreamingContext 对象所需的参数与 SparkSession 基本一致,
包括指明 master,设定名称(如 NetworkWordCount)。需要注意的是参数 Seconds(1),表示
Spark Streaming 指定处理数据的时间间隔为 1 s,那么 Spark Streaming 会以 1 s 为时间窗口
进行数据处理,此参数需要根据用户的需求和集群的处理能力进行适当的设置。创建
StreamingContext 对象所需的部分配置方法见表 7-2。

表 7-2　创建 StreamingContext 对象所需的部分配置方法

方法	描述
appName()	设置 application(用户编写的 Spark 应用程序)的名字
config()	设置各种配置
master()	设置运行类型,当值为“local”时,表示本地单线程运行;当为“local[n]”时,表示本地多线程(指定 *n* 个内核)运行;当值为“local[*]”时,表示本地多线程

创建 StreamingContext 对象的语法格式如下。

```
// 导入相关包
import org.apache.spark._
import org.apache.spark.streaming._
import org.apache.spark.streaming.StreamingContext._
// 实例化 SparkConf
val conf = new SparkConf().setMaster("local[2]").setAppName("NetworkWordCount")
// 创建 StreamingContext 对象
val ssc = new StreamingContext(conf, Seconds(1))
```

第二步：创建 DStream。

DStream 可以通过输入数据源来创建，也可以通过对其他 DStream 应用高阶函数（map，flatmap）来创建。在 Spark Streaming 中，提供两种内置输入数据源：基础来源和高级来源。

（1）基础来源

基础来源是在 StreamingContext API 中直接可用的来源，例如文件系统、Socket（套接字）连接和 Akka actors，部分方法见表 7-3。

表 7-3　基础来源创建 DStream 方法

方法	描述
fileStream()	从任何文件系统（如 HDFS、S3、NFS 等）的文件中读取数据，然后创建一个 DStream
socketTextStream()	可以通过 TCP 套接字连接，从文本数据中创建了一个 DStream
textFileStream()	读取简单文本数据创建一个 DStream
actorStream()	基于自定义 Actors 的流创建 DStream
queueStream()	基于 RDD 队列创建 DStream

使用基础来源创建 DStream 语法格式如下。

```
// 导入相关包
import org.apache.spark._
import org.apache.spark.streaming._
import org.apache.spark.streaming.StreamingContext._
// 实例化 SparkConf
val conf = new SparkConf().setMaster("local[2]").setAppName("NetworkWordCount")
// 创建 StreamingContext 对象
val ssc = new StreamingContext(conf, Seconds(1))
// 从 HDFS 的文件中读取数据，然后创建一个 DStream
val lines = ssc.fileStream("HDFS文件路径")
// 可以通过 TCP 套接字连接，从文本数据中创建了一个 DStream
// 第一个参数为主机地址，第二个参数为端口号
val lines = ssc.socketTextStream("localhost", 9999)
// 读取简单文本文数据创建一个 DStream
val lines = ssc.textFileStream("文本文路径")
// 基于自定义 Actors 的流创建 DStream，第一个参数为通过 Props 实例创建 Actor
// 第二个参数为 Actor 名称
val lines = ssc.actorStream(actorProps, actor-name)
// 基于 RDD 队列创建 DStream
val lines = ssc.queueStream(queueOfRDDs)
```

（2）高级来源

高级来源即为额外的实用工具类，在使用时需将依赖的 JAR 包进行导入。另外，需要注意的是，这些高级的来源一般在 Spark Shell 中不可用，如必须使用，可在下载相应工程的 JAR 依赖并添加到类路径中。部分高级来源见表 7-4。

表 7-4 部分高级来源

名称	描述
Flume	Spark Streaming 可以从 Flume 中接收数据
Kafka	Spark Streaming 可以从 Kafka 中接收数据

使用 Flume 创建 DStream 语法格式如下。

```
// 导入相关包
import org.apache.spark._
import org.apache.spark.streaming._
import org.apache.spark.streaming.StreamingContext._
import org.apache.spark.streaming.flume._
// 实例化 SparkConf
val conf = new SparkConf().setMaster("local[2]").setAppName("NetworkWordCount")
// 创建 StreamingContext 对象
val ssc = new StreamingContext(conf, Seconds(1))
// 通过 FlumeUtils 的 createStream() 方法创建一个 DStream
val lines = FlumeUtils.createStream(ssc, 主机名称, 数字类型端口)
```

使用 Kafka 创建 DStream 语法格式如下。

```
// 导入相关包
import org.apache.spark._
import org.apache.spark.streaming._
import org.apache.spark.streaming.StreamingContext._
import org.apache.spark.streaming.kafka._
// 实例化 SparkConf
val conf = new SparkConf().setMaster("local[2]").setAppName("NetworkWordCount")
// 创建 StreamingContext 对象
val ssc = new StreamingContext(conf, Seconds(1))
// 通过 KafkaUtils 的 createStream() 方法创建一个 DStream
// 接收三个参数，第一个参数为服务器地址：localhost:2181
// 第二个参数为组名称，可以设置为自己想要的名称，如 "name"
// 第三个参数为 topic 名称，需要与 kafka 创建的 topic 名称一致
```

```
val lineMap = KafkaUtils.createStream(ssc, 服务器地址 , 组名称 ,topic 名称)
// 获取需求信息
val lines = lineMap.map(_._2)
```

第三步：操作 DStream。

对于从数据源得到的 DStream，用户可以在其基础上进行各种操作，具体操作方法在下面会有讲解。

第四步：启动 Spark Streaming。

之前所做的所有步骤只是创建了执行流程，程序没有真正连接上数据源，也没有对数据进行任何操作，只是设定好了所有的执行计划，当 ssc.start() 启动后程序才真正进行所有预期的操作。

在使用 spark-shell 编写 Spark Streaming 代码时，需要注意，创建 StreamingContext 对象，不需要实例化 SparkConf，只需使用"new StreamingContext(sc, Seconds(1))"命令，之后指定 Seconds 方法的间隔时间即可。

按照以上几个步骤编写一个单词统计程序，通过对本地文件夹的监控，当文件夹中新生成一个文件就会对当前文件的内容进行统计，文本文件内容如图 7-16 所示，单词统计效果如图 7-17 所示。

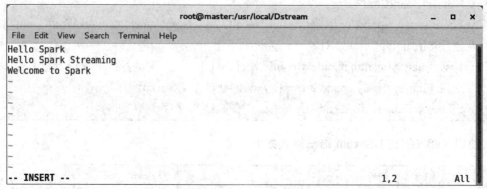

图 7-16　文本文件内容

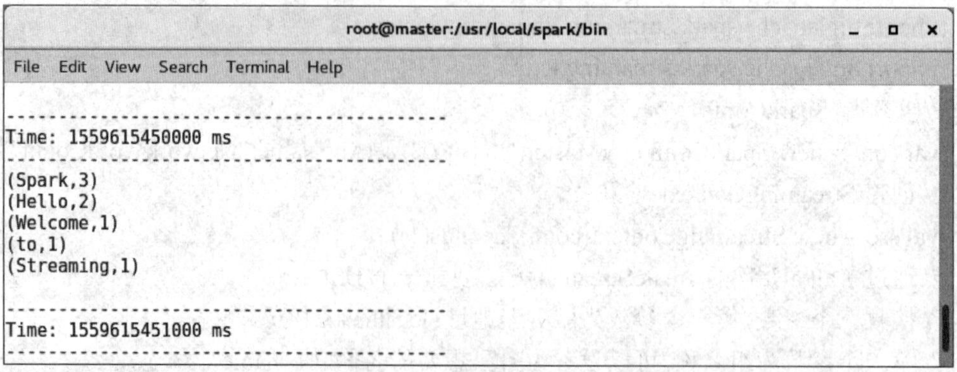

图 7-17　单词统计效果

为实现图 7-17 所示效果，代码 CORE0701 如下。

```
代码 CORE0701

// 导入相关包
import org.apache.spark._
import org.apache.spark.streaming._
import org.apache.spark.streaming.StreamingContext._
// 创建 StreamingContext 对象
val ssc = new StreamingContext(sc, Seconds(1))
// 读取简单文本文数据创建一个 DStream
val lines = ssc.textFileStream("file:///usr/local/Dstream")
// 对 DStream 中的数据以空格符进行分割
val words=lines.flatMap(_.split(" "))
// 统计单词的个数
val wordCounts=words.map(x=>(x,1)).reduceByKey(_+_)
// 输出统计结果
wordCounts.print()
// 启动 Spark Streaming
ssc.start()
```

3.DStream 转换操作

与 RDD 基本类似，DStream 也提供了一套属于自己的操作方法,可以根据功能对这些操作进行分类,其中,转换操作就是最基础的一种类别的操作, DStream 中常用的转换操作方法见表 7-5。

表 7-5　DStream 中常用的转换操作方法

方法	描述
map(func)	通过指定函数操作 DStream 的元素
flatMap(func)	与 map 方法类似,只不过各个输入项可以被输出为零个或多个输出项
filter(func)	通过指定函数过滤 DStream 的元素
union(otherStream)	合并两个 DStream 的所有元素
count()	对 DStream 中 RDD 的元素数量进行计数
reduce(func)	通过指定函数对 DStream 的元素进行聚合操作
reduceByKey(func)	对 DStream 中类型为（k,v)格式的元素进行聚合操作
countByValue()	计算 DStream 中元素出现的频次
countByKey()	计算 DStream 中类型为（k,v)格式元素出现的频次
transform(func)	通过 RDD-to-RDD 函数作用于 DStream 中的各个 RDD,可以是任意的 RDD 操作,从而返回一个新的 RDD

关于表 7-5 中相关方法的详细介绍及使用如下。

（1）map()、flatMap()

map() 方法可以通过指定函数作为参数，对 DStream 中包含的每一个元素应用这个指定的函数，并以 DStream 格式返回结果。而 flatMap() 方法与 map() 同样对 DStream 中包含的每一个元素应用指定的函数参数，但 flatMap() 方法会将所有的数据进行扁平化操作，即将所有对象合并为一个对象。这里对本地文件夹进行监控，之后创建一个包含以空格分开的五个整数的文件，Spark Streaming 读取这个文件生成 DStream，之后使用 flatMap() 方法对内容进行拆分，然后使用 map() 方法再对拆分后的数据进行加 1 的运算，命令如下。

```
// 拆分数据
val num=lines.flatMap(_.split(" "))
// 加法运算，并将结果输出
num.map(x=>x.toInt+1).print()
```

创建文件包含内容如图 7-18 所示。

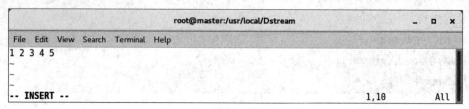

图 7-18　创建文件包含内容

DStream 数据拆分并做加法运算效果如图 7-19 所示。

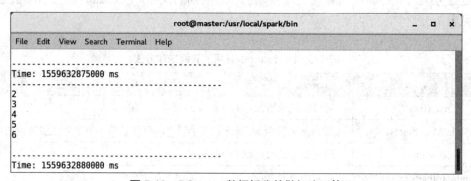

图 7-19　DStream 数据拆分并做加法运算

（2）filter()

filter() 方法主要用于 DStream 中数据的过滤，通过设置条件函数，之后对 DStream 的每一个数据应用条件函数进行判断，当符合条件时则加入新的 DStream，不符合的则删除，使用 filter() 进行 DStream 中数据的过滤，命令如下。

```
// 过滤数据
lines.filter(x=>x.toInt>3).print()
```

创建文件包含内容如图 7-20 所示。

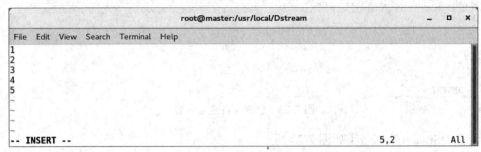

图 7-20 创建文件包含内容

过滤 DStream 数据效果如图 7-21 所示。

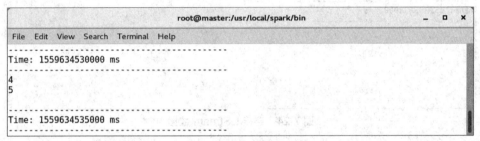

图 7-21 过滤 DStream 数据

（3）union()

union() 方法可以连接两个 DStream 中的数据生成一个新的 DStream，只需传入需要连接的 DStream 即可合并两个 DStream 的所有数据，并返回新的 DStream，使用 union() 连接两个 DStream 中数据命令如下。

```
// 生成 DStream
val lines = ssc.textFileStream("file:///usr/local/Dstream")
val lines1 = ssc.textFileStream("file:///usr/local/Dstream1")
// 连接数据
lines.union(lines1).print()
```

创建文件包含内容如图 7-22 和图 7-23 所示。

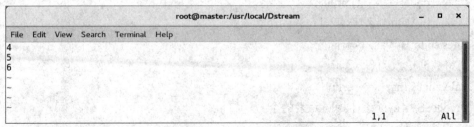

图 7-22 创建文件包含内容

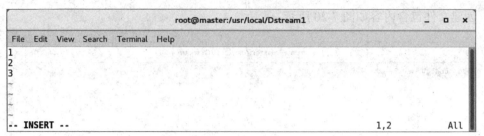

图 7-23　创建文件包含内容

连接 DStream 数据效果如图 7-24 所示。

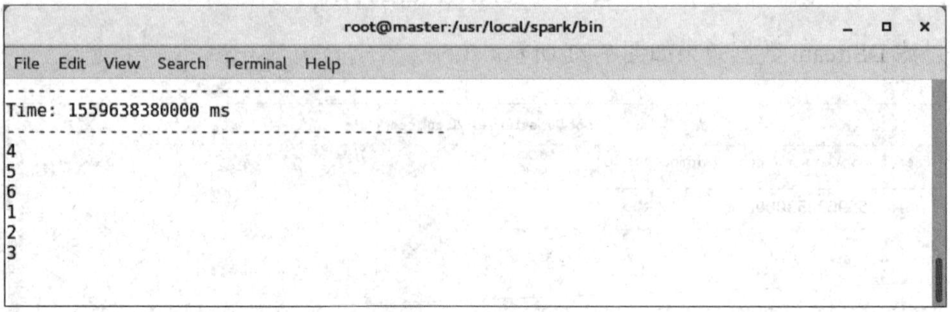

图 7-24　连接 DStream 数据

（4）count()、reduce()、countByValue()、reduceByKey()

count()、reduce()、countByValue()、reduceByKey() 四个方法主要用于实现 DStream 中数据的统计。其中，count() 方法可以对 DStream 中包含的元素数量进行计数，之后返回一个内部只包含一个元素的 RDD 的 DStreaam；reduce() 方法通过指定函数对 DStream 中的每一个元素进行聚合操作，然后返回只有一个元素的 RDD 构成的新的 DStream；countByValue() 方法可以计算 DStream 中每个 RDD 内的元素出现的频次并返回新的 DStream[(K,Long)]，其中，K 是 RDD 中元素的类型，Long 是元素出现的频次；reduceByKey() 方法与 reduce() 方法功能相同，但 reduceByKey() 方法针对（k,v）形式元素进行统计。使用 count()、reduce()、countByValue()、reduceByKey() 方法进行 DStream 中数据的操作，命令如下。

```
// 统计数据的条数
lines.count().print()
// 将所有数据通过 "-" 连接
lines.reduce(_+"-"+_).print()
//countByValue() 统计相同元素的个数
lines.countByValue().print()
// 将数据更改为（k,v）形式
val s=lines.map(x=>(x,1))
//reduceByKey() 统计相同元素的个数
s.reduceByKey(_+_).print()
```

创建文件包含内容如图 7-25 所示。

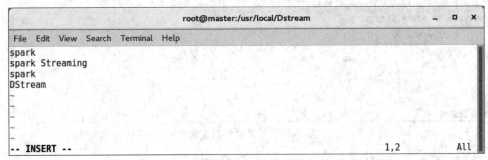

图 7-25　创建文件包含内容

操作 DStream 数据效果如图 7-26 所示。

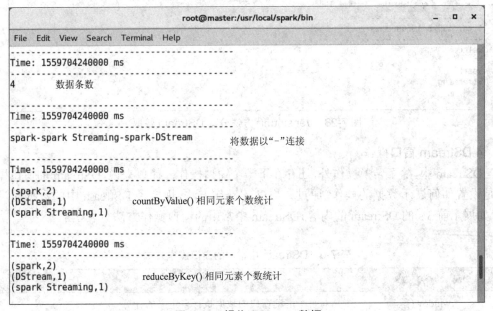

图 7-26　操作 DStream 数据

（5）transform()

transform() 方法极大丰富了 DStream 上能够进行的操作内容。在 transform() 方法中，除了可以使用 DStream 提供的一些转换方法之外，还能够直接调用 RDD 上的操作函数，并返回一个新的 RDD，使用 transform() 进行 DStream 中数据的分割操作，命令如下。

```
// 使用 transform 对所有数据按空格符进行分割
lines.transform(x=>x.flatMap(_.split(" "))).print()
```

创建文件包含内容如图 7-27 所示。

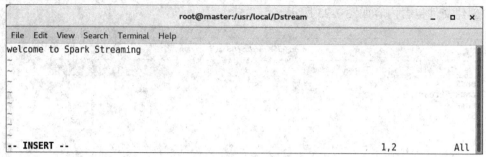

图 7-27　创建文件包含内容

使用 transform() 方法实现 DStream 数据分割效果如图 7-28 所示。

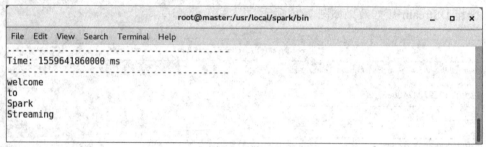

图 7-28　transform() 方法分割 DStream 数据

4.DStream 窗口操作

DStream 中,除了转换操作外,还存在了一个窗口操作。简单来说,DStream 的窗口操作就是设置如何展示数据的操作,通过一系列的操作方法,规定了 DStream 中的数据显示方式,如展示前 3 s 的 DStream 的内容,DStream 中常用的窗口操作方法见表 7-6。

表 7-6　DStream 中常用的窗口操作方法

方法	描述
window()	对每个滑动窗口的数据执行自定义的计算
countByWindow()	对每个滑动窗口的数据执行 count 操作
reduceByWindow()	对每个滑动窗口的数据执行 reduce 操作
countByValueAndWindow()	对每个滑动窗口的数据执行 reduceByValue 操作
reduceByKeyAndWindow()	对每个滑动窗口的数据执行 reduceByKey 操作

关于表 7-6 中相关方法的详细介绍及使用如下。

（1）window()

window() 方法基于源 DStream 产生的窗口化的批数据进行自定义计算并返回一个新的 DStream,该方法接收两个参数,第一个参数为窗口长度,单位为 s;第二个参数为滑动时间间隔,单位为 s,并且不管是窗口长度还是滑动时间间隔都必须为创建 StreamingContext 对象设置时间的倍数。使用 window() 方法对滑动窗口的数据执行自定义的计算,命令如下。

```
// 操作 DStream 数据
val words=lines.transform(x=>x.flatMap(_.split(" ")))
// 应用窗口函数
val w=words.window(Seconds(30),Seconds(10))
```

在 Spark Streaming 项目运行时,每隔 10 s 创建一个 txt 文件,第一个文件内容为 1,第二个为 2,依次类推,之后使用 window() 方法对滑动窗口的数据进行展示,第一个 10 s 展示 1,第二个 10 s 展示 1、2,第三个 10 s 展示 1、2、3,第四个 10 s 由于窗口长度为 30 s,也就是说只能展示三个内容,因此第四个 10 s 展示 2、3、4,第五个 10 s 展示 3、4、5,直到最后,效果如图 7-29 所示。

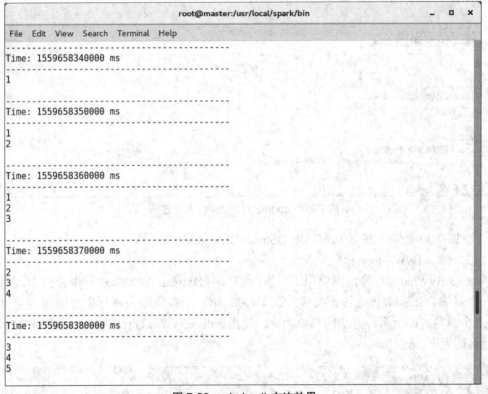

图 7-29 window() 方法效果

（2）countByWindow()

countByWindow() 方法主要用于统计滑动窗口的 DStream 中元素的数量,之后将元素数量以 DStream 格式返回,该方法接收参数及代表意义与 window() 方法相同,使用 count-ByWindow() 方法进行滑动窗口的 DStream 中元素数量的统计,命令如下。

```
// 操作 DStream 数据
val words=lines.transform(x=>x.flatMap(_.split(" ")))
// 应用窗口函数
val w=words.countByWindow(Seconds(30),Seconds(10))
```

效果如图 7-30 所示。

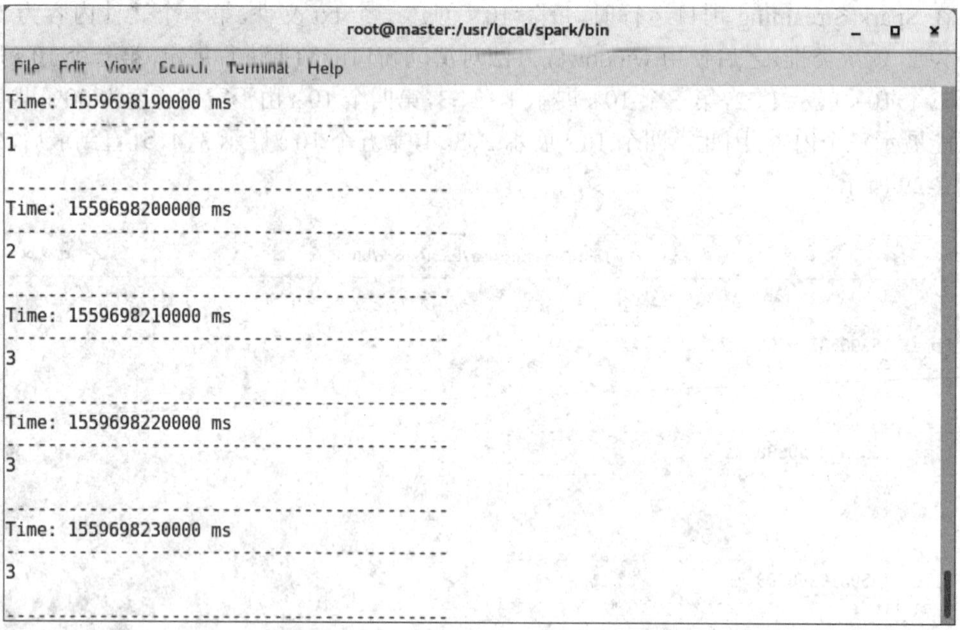

图 7-30 countByWindow() 方法效果

注:图 7-30 是图 7-29 滑动窗口中 DStream 元素数量的统计。

（3）reduceByWindow()

reduceByWindow() 方法主要用于对滑动窗口中 DStream 的元素进行聚合操作,之后得到一个新的 DStream,该方法需要传入三个参数,第一个参数即为进行聚合操作的函数,第二、三个参数与以上两种方法的参数相同。使用 reduceByWindow() 进行滑动窗口 DStream 中元素的聚合,命令如下。

```
// 操作 DStream 数据
val words=lines.transform(x=>x.flatMap(_.split(" ")))
// 应用窗口函数
val w=words.reduceByWindow(Seconds(30),Seconds(10))
```

效果如图 7-31 所示。

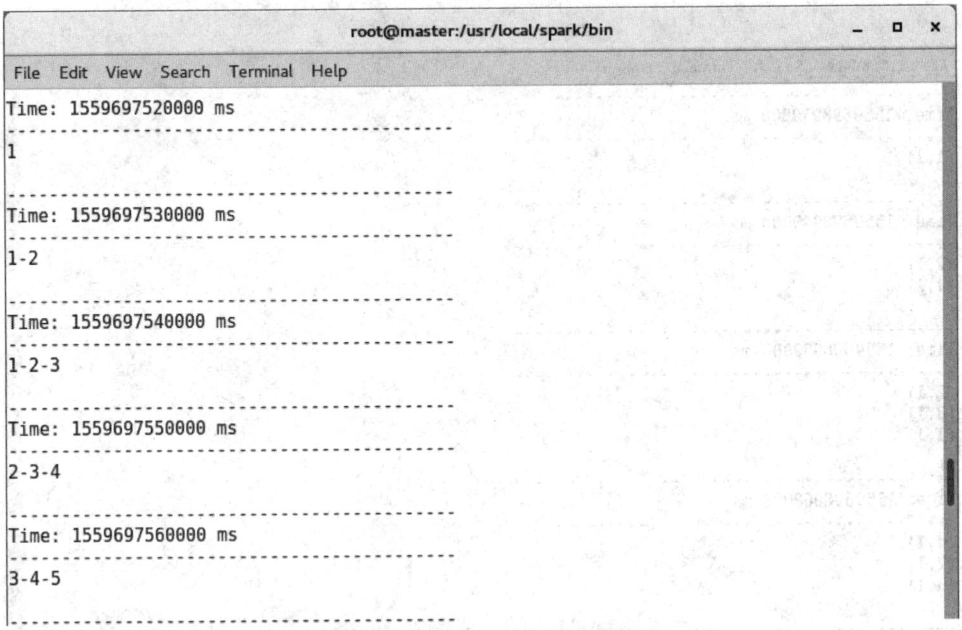

图 7-31　reduceByWindow() 方法效果

注：图 7-31 是图 7-29 滑动窗口中 DStream 元素的聚合操作，通过 "-" 进行连接。

（4）countByValueAndWindow()

countByValueAndWindow() 方法功能与 countByValue() 方法类似，都是用于统计 DStream 中元素出现的频率，不同的 countByValueAndWindow() 方法统计的是当前滑动窗口中 DStream 元素出现的频率，并返回新的 DStream[(K,Long)]，其中，K 是 RDD 中元素的类型，Long 是元素出现的频次，countByValueAndWindow() 方法接收参数与 reduceByWindow() 相同。使用 countByValueAndWindow() 进行滑动窗口 DStream 中元素频率的统计，命令如下。

```
// 操作 DStream 数据
val words=lines.transform(x=>x.flatMap(_.split(" ")))
// 应用窗口函数
val w=words.countByValueAndWindow(Seconds(30),Seconds(10))
```

效果如图 7-32 所示。

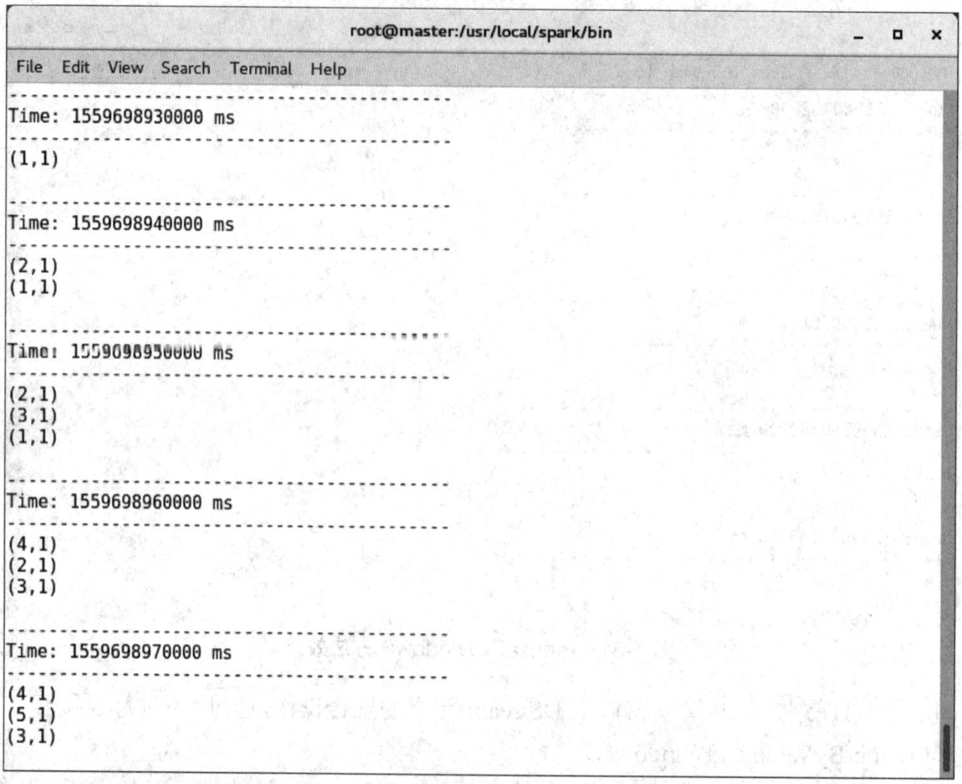

图 7-32　countByValueAndWindow() 方法效果

注：图 7-32 是图 7-29 滑动窗口中 DStream 元素频率的统计。

（5）reduceByKeyAndWindow()

reduceByKeyAndWindow() 与 reduceByWindow() 方法功能基本相同，不同之处在于 reduceByKeyAndWindow() 操作的元素必须是（k,v）类型的，reduceByKeyAndWindow() 方法包含四个参数，第一个参数为指定的聚合函数；第二个参数同样是一个函数，但其用来处理流出的 RDD，可不使用；第三个参数为窗口长度，单位为 s；第四个参数为滑动时间间隔，单位为 s。使用 reduceByKeyAndWindow() 方法对滑动窗口 DStream 中元素根据 k 进行合并，之后统计相同 k 值出现的次数，命令如下。

```
// 操作 DStream 数据
val words=lines.transform(x->x.flatMap(_.split(" ")))
// 更改数据格式为（k,v）
val ma=words.map(x=>(x,1))
// 应用窗口函数
val w=ma.reduceByKeyAndWindow((a:Int,b:Int)=>(a+b),Seconds(30),Seconds(10))
```

效果如图 7-33 所示。

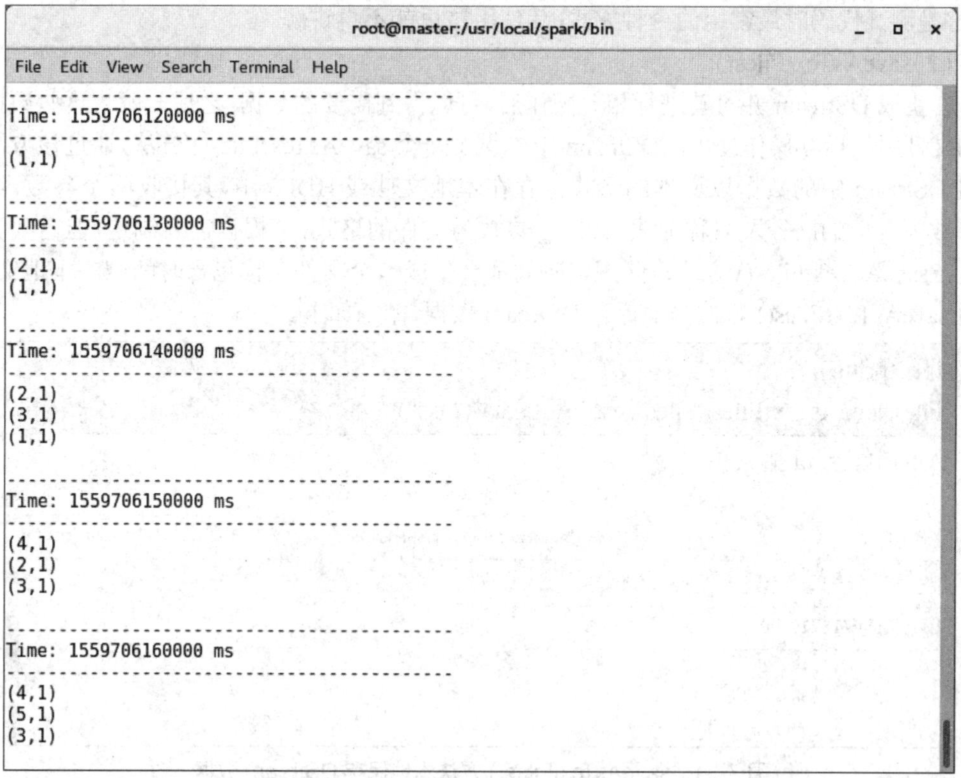

图 7-33　reduceByKeyAndWindow() 方法效果

注：图 7-33 是图 7-29 滑动窗口中 DStream 元素频率的统计。

5.DStream 输出操作

在 Spark Streaming 中，除了以上的两种操作外，DStream 的数据还可以被输出到外部系统，如文件系统、数据库等。由于输出操作的存在，可以将转换操作和窗口操作之后的数据通过外部系统被使用，同时输出操作会触发所有 DStream 的转换操作和窗口操作的相关计算，与 RDD 中的 action 类似，也就是说，在实际项目开发中，必须存在输出操作。DStream 中常用的输出操作方法见表 7-7。

表 7-7　DStream 中常用的输出操作方法

方法	描述
print()	打印出 DStream 中数据的前 10 个元素
saveAsTextFiles()	以文本形式保存 DStream 数据
saveAsObjectFiles()	以 SequenceFile 的格式保存 DStream 数据
foreachRDD()	最基本的输出操作，可以将 DStream 中的数据输出到外部系统

关于表 7-7 中相关方法的详细介绍及使用如下。

（1）print()

print() 方法在上面的操作中一直被使用，能够将 DStream 中前十个元素在窗口中打印出来,是测试代码时最常用的一种方式,其使用这里就不再讲解。

（2）saveAsTextFiles()

在生成 DStream 并对其进行相关操作后,可以得到需要的数据,之后一般将这些数据保存到文件中供后续操作使用, DStream 中提供了一个 saveAsTextFiles() 方法,通过该方法可以将 DStream 中的数据以文本的形式保存在本地文件或 HDFS 中,其接收两个参数,第一个参数为文件的路径及名称前缀,第二个参数为文件的格式,可根据需要制定,但需要了解的是, saveAsTextFiles() 方法每隔规定时间都会生成一个文件名称包含时间戳的本地文件。使用 saveAsTextFiles() 方法本地保存 DStream 数据,命令如下。

```
lines.print()
lines.saveAsTextFiles("file:///usr/local/data",".txt")
```

效果如图 7-34 所示。

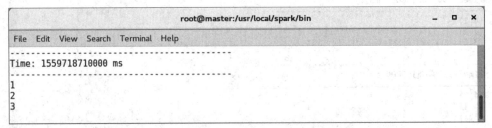

图 7-34　saveAsTextFiles() 方法本地保存 DStream 数据

之后重新打开一个命令窗口,进入本地文件路径,查看当前文件夹包含的文件,可以看到一个文件名称包含时间戳的本地文件,效果如图 7-35 所示。

```
root@master:/usr/local

File  Edit  View  Search  Terminal  Help
[root@master local]# ls
apache-hive-2.2.0-bin.tar.gz    lib
bin                             lib64
data-1559718710000.txt          libexec
Dstream                         mysql-connector-java-5.1.39.jar
Dstream1                        newpeople1.json
etc                             Python-3.6.5
games                           python3Dir
hadoop                          sbin
hadoop-2.7.2.tar.gz             scala
hadoop-2.7.7-src                scala-2.12.8.tgz
hadoop-2.7.7-src.tar.gz         share
hive                            spark
include                         spark-2.4.1-bin-hadoop2.7.tgz
jdk-8u144-linux-x64.rpm         src
[root@master local]#
```

图 7-35　查看文件

（3）saveAsObjectFiles()

saveAsObjectFiles() 方法与 saveAsTextFiles() 方法非常相似,它们在使用时包含的参数也相同,只是在功能上略微不同, saveAsObjectFiles() 会事先对 DStream 中的数据进行序列化操作,之后才会以 SequenceFile 文件保存。使用 saveAsObjectFiles() 方法保存 DStream 数据,命令如下。

```
lines.print()
// 以 SequenceFile 文件形式保存数据
lines.saveAsObjectFiles("file:///usr/local/data","SequenceFile")
```

效果如图 7-36 所示。

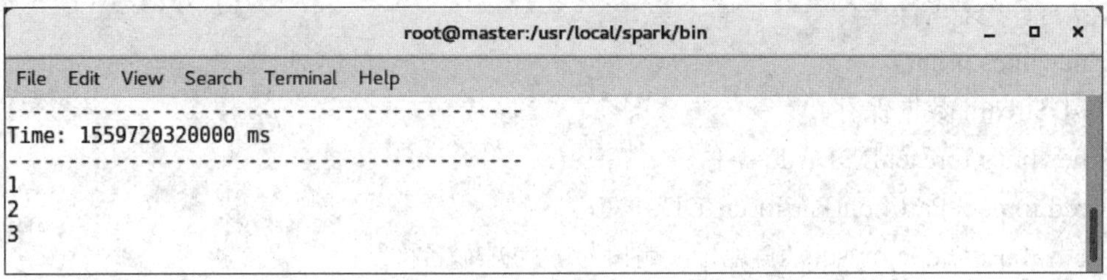

图 7-36　aveAsObjectFiles() 方法保存 DStream 数据

之后进入本地文件路径，查看当前文件夹中是否包含的"data - 时间戳 .SequenceFile"的本地文件，效果如图 7-37 所示。

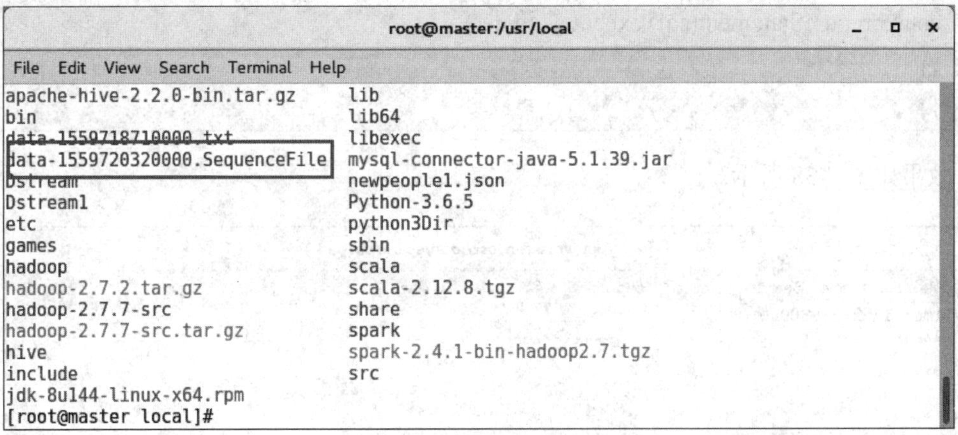

图 7-37　查看文件

（4）foreachRDD()

foreachRDD() 是 DStream 提供的一个功能非常强大的方法，通过传入输出操作函数可以将每个 RDD 的数据推送到外部系统，通常用于实现将 DStream 数据保存到数据库中。需要注意的是，传入的输出操作函数在驱动程序中执行，并且通常伴随着 RDD 的 action 对 RDD 进行计算。使用 foreachRDD() 方法将 DStream 数据保存到数据库中，需要通过在 foreachPartition() 方法中应用 foreach 方法遍历 RDD 中的元素并定义连接数据库的函数将数据保存到数据库中，命令如下。

```
import java.sql.{Connection,DriverManager}
// 打印输入内容
lines.print()
// 修改数据格式
val newlines=lines.map(x=>(x,1))
// 打印修改后内容
newlines.print()
//DStream 数据保存
newlines.foreachRDD(rdd=>{
rdd.foreachPartition(PartitionRDD=>{
    val url="jdbc:mysql://IP 地址 : 端口号 / 数据库名称"
    val user="用户名称"
val password="密码"
val conn=DriverManager.getConnection(url,user,password)
val sql="数据库操作语句"
conn.prepareStatement(sql).executeUpdate()
})
})
```

效果如图 7-38 所示。

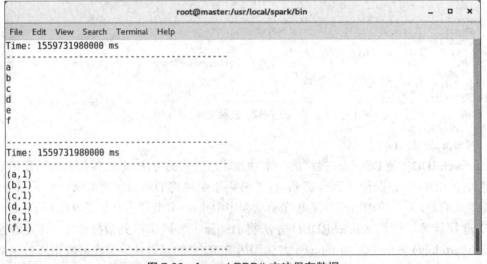

图 7-38　foreachRDD() 方法保存数据

之后查看当前数据库包含的内容验证 DStream 中数据是否存储成功,效果如图 7-39
所示。

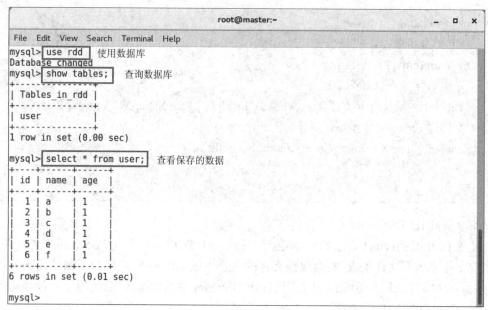

图 7-39 查看数据

通过以上的学习,可以了解 Spark Streaming 简介及 DStream 操作方法,为了巩固所学知识,通过以下几个步骤,使用 Spark Streaming 相关知识实现热门网页实时更新。在实际的项目中,Spark Streaming 实时处理需要与 Kafka 结合,而此项目不包含 Kafka 内容,仅为实际项目的模拟,文件中每一行数据表示一位用户对该网页的访问信息,第一列数据为网页名称,第二列数据为访问次数,第三列数据为网页评价。实现热门网页实时更新步骤如下。

第一步:创建项目。

第二步:实例化 StreamingContext。

定义一个主函数,在主函数里面使用 SparkConf() 方法实例化 SparkConf 之后,通过 StreamingContext 方法创建一个 StreamingContext 对象,代码 CORE0701 如下。

代码 CORE0701
package websta // 导入相关包 import org.apache.spark._ import org.apache.spark.streaming._ import org.apache.spark.streaming.StreamingContext._

```
object websta{
 // 定义主函数
 def main(args: Array[String]) {
   // 实例化 SparkConf
   val conf = new SparkConf().setMaster("local[2]").setAppName("NetworkWordCount")
   // 创建 StreamingContext 对象
   val ssc = new StreamingContext(conf, Seconds(10))
  }
 }
```

第三步：创建 DStream。

使用 textFileStream() 方法监听本地的 "/usr/local" 路径下的名为 "DStream" 文件夹，如果当前文件夹内有文件生成，则读取该文件的内容生成 DStream，之后为了测试代码的正确性，添加启动项目语句并使用 print() 方法输出 DStream 中的数据，最后将项目打包并运行项目，代码 CORE0702 如下，效果如图 7-40 所示。

代码 CORE0701

```
package websta
import org.apache.spark._
import org.apache.spark.streaming._
import org.apache.spark.streaming.StreamingContext._
object websta{
  def main(args: Array[String]) {
    val conf = new SparkConf().setMaster("local[2]").setAppName("NetworkWordCount")
    val ssc = new StreamingContext(conf, Seconds(10))
    // 读取简单文本文数据创建一个 DStream
    val lines = ssc.textFileStream("file:///usr/local/Dstream")
    lines.print()
    ssc.start()
  }
}
```

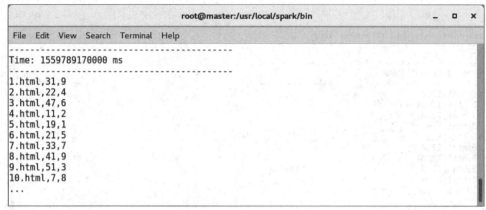

图 7-40 创建 DStream

第四步：计算网页热度。

使用 map() 方法对 DStream 中数据按逗号 "," 字符进行分割，之后按照各项比例系数计算出当前网页的热度。代码 CORE0703 如下，效果如图 7-41 所示。

```
代码 CORE0703
package websta
import org.apache.spark._
import org.apache.spark.streaming._
import org.apache.spark.streaming.StreamingContext._
object websta{
  def main(args: Array[String]) {
    val conf = new SparkConf().setMaster("local[2]").setAppName("NetworkWordCount")
    val ssc = new StreamingContext(conf, Seconds(10))
    val lines = ssc.textFileStream("file:///usr/local/Dstream")
    // 计算网页热度
    val onehtml=lines.map(x=> {val html=x.split(",");(html(0),(0.4*html(1).toDouble+0.6*
html(2).toDouble))})
    onehtml.print()
    ssc.start()
  }
}
```

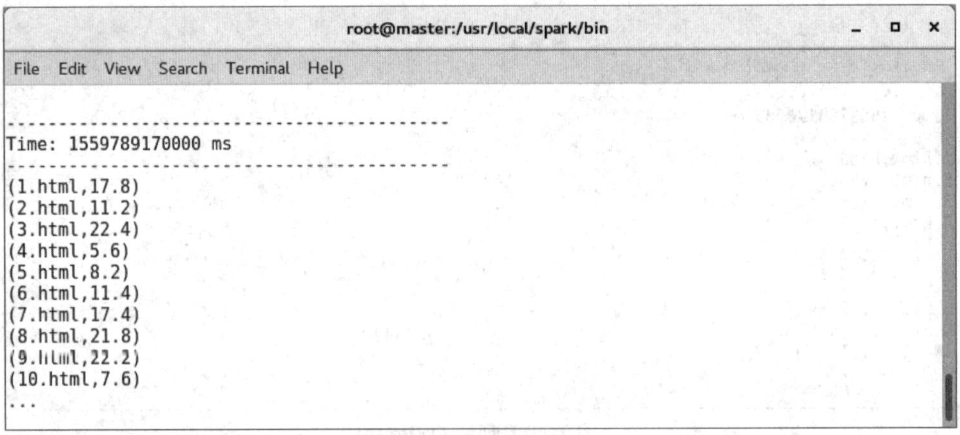

图 7-41   计算网页热度

第五步：网页热度总和。

上面计算出的网页热度是基于每一条数据得出的，而网页热度总和则是对每一个网页总体热度的计算，也就是计算每个网页总的热度，使用 reduceByKey() 方法按网页名称对该网页的频率进行统计，统计的频率值即为该网页的热度总和，代码 CORE0704 如下，效果如图 7-42 所示。

代码 CORE0704

```
package websta
import org.apache.spark._
import org.apache.spark.streaming._
import org.apache.spark.streaming.StreamingContext._
object websta{
  def main(args: Array[String]) {
    val conf = new SparkConf().setMaster("local[2]").setAppName("NetworkWordCount")
    val ssc = new StreamingContext(conf, Seconds(10))
    val lines = ssc.textFileStream("file:///usr/local/Dstream")
    val onehtml=lines.map(x=> {val html=x.split(",");(html(0),(0.4*html(1).toDouble+0.6*
html(2).toDouble))})
    // 计算网页热度总和
    val counthtml=onehtml.reduceByKey(_+_)
    counthtml.print()
    ssc.start()
  }
}
```

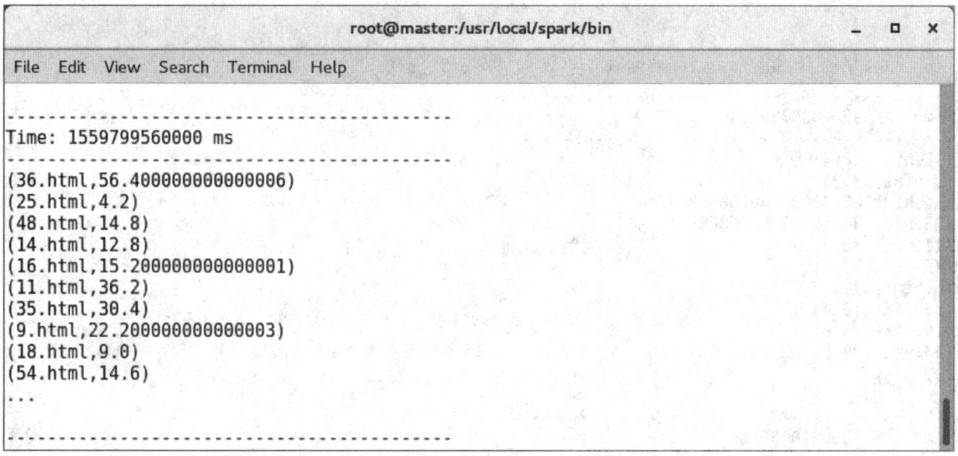

图 7-42 网页热度总和

第六步：网页热度总和排序。

获取到网页热度总和后，还需要通过 transform() 方法对包含网页热度总和的 DStream 元素值进行降序排列，首先进行网页名称和热度总和的调换，之后使用 sortByKey() 方法进行排序，最后在将网页名称和热度总和调换回来，代码 CORE0705 如下，效果如图 7-43 所示。

```
代码 CORE0705

package websta
import org.apache.spark._
import org.apache.spark.streaming._
import org.apache.spark.streaming.StreamingContext._
object websta{
  def main(args: Array[String]) {
    val conf = new SparkConf().setMaster("local[2]").setAppName("NetworkWordCount")
    val ssc = new StreamingContext(conf, Seconds(10))
    val lines = ssc.textFileStream("file:///usr/local/Dstream")
    val onehtml=lines.map(x=> {val html=x.split(",");(html(0),(0.4*html(1).toDouble+0.6*
html(2).toDouble))})
    val counthtml=onehtml.reduceByKey(_+_)
    // 网页热度总和降序排列
    val htmltop=counthtml.transform(rdd=>rdd.map(r=>(r._2,r._1)).sortByKey(false).
map(r=>(r._2,r._1)))
    htmltop.print()
    ssc.start()
   }
  }
```

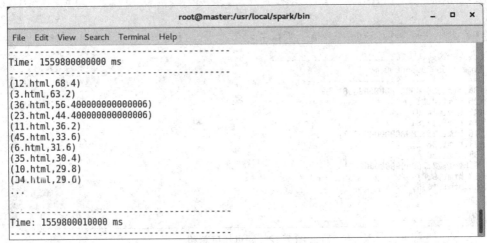

图 7-43　网页热度总和排序

第七步：创建数据库表。

创建一个名为"websta"的数据库并设置格式，之后在该数据库下创建一个"websta"的数据库表，添加"id""name""count"键并设置格式，其中 id 表示编号，name 表示网页名称、count 表示热度总和。

第八步：输出数据。

使用 foreachRDD() 方法结合 foreachPartition() 方法将处理好的数据保存到数据库中，代码 CORE0706 如下，效果如图 7-2 所示。

代码 CORE0706

```
package order
// 导入相关包
import java.sql.{Connection,DriverManager}
import org.apache.spark._
import org.apache.spark.streaming._
import org.apache.spark.streaming.StreamingContext._
object order {
  def main(args: Array[String]) {
    val conf = new SparkConf().setMaster("local[2]").setAppName("NetworkWordCount")
    val ssc = new StreamingContext(conf, Seconds(1))
    val lines = ssc.textFileStream("file:///usr/local/Dstream")
    val onehtml=lines.map(x=> {val html=x.split(",");(html(0),(0.4*html(1).toDouble+0.6*
html(2).toDouble))})
    val counthtml=onehtml.reduceByKey(_+_)
    val htmltop=counthtml.transform(rdd=>rdd.map(r=>(r._2,r._1)).sortByKey(false).
map(r=>(r._2,r._1)))
    // 将数据保存到 mysql 数据库中
```

```
htmltop.foreachRDD(rdd=>{
  rdd.foreachPartition(PartitionRDD=>{
   PartitionRDD.foreach(r=>{
    val url="jdbc:mysql://192.168.10.128:3306/websta?useSSL=false"
    val user="root"
    val password="123456"
    val conn=DriverManager.getConnection(url,user,password)
    val sql="INSERT INTO websta (id,name,count) VALUES (0,' "+r._1+" ',' "+r._2+" ')"
    conn.prepareStatement(sql).executeUpdate()
   })
  })
 })
 ssc.start()
 }
}
```

至此，Spark Streaming 热门网页实时更新完成。

任务总结

本项目通过 Spark Streaming 热门网页信息实时更新功能的实现，对流计算的概念和 Spark Streaming 的基本原理有了初步了解，对 DStream 相关操作方法的使用有所了解并掌握，并能够通过所学的 Spark Streaming 相关知识实现热门网页信息的实时更新。

英语角

infosphere	信息空间	puma	美洲狮
transformation	转型	interval	间隔
batch	批量	union	联盟

1. 选择题

（1）关于流数据具有的特征不正确的是（　　　）。

A. 注重个别数据　　　　　　　　　　B. 数据流动速度快且持续

C. 数据量大　　　　　　　　　　　　D. 数据源较多

（2）流计算框架可以分为（　　　）种。

A. 一　　　　　　　B. 二　　　　　　C. 三　　　　　　D. 四

（3）Spark Streaming 时间片以（　　　）为单位。

A. s　　　　　　　B. ms　　　　　　C. min　　　　　　D. h

（4）以下不属于 DStream 中统计方法的是（　　　）。

A.count()　　　　B.countByKey()　　C.reduce()　　　D.reduceByKey()

（5）print() 方法可以输出前（　　　）条数据。

A.5　　　　　　　B.10　　　　　　C.15　　　　　　D.20

2. 简答题

（1）简述 Spark Streaming 的基本原理。

（2）简述 Spark Streaming 项目的整体结构（编程实现）。

项目八　网站访问行为实时分析

通过对网站访问行为实时分析的实现,了解 Spark 集群性能优化方法,熟悉 Lambda 大数据架构的配置,掌握 Flask web 应用架构的使用,具有使用 Spark 进行实时处理数据的能力,在任务实现过程中:

● 了解 Spark 集群性能优化方法;

● 熟悉 Lambda 大数据架构的配置;

● 掌握 Flask web 应用架构的使用;

● 具有使用 Spark 进行实时处理数据的能力。

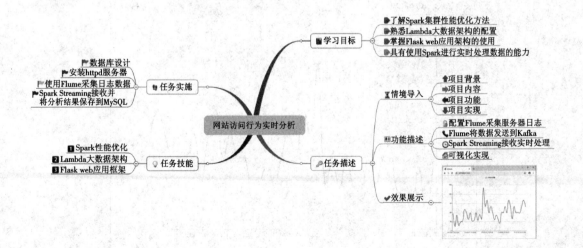

【情境导入】

现今,网络发展迅速,越来越多人通过网络获取更多的信息或通过网络创业,在运营网站、APP 或小程序时会发现浏览量和用户数量的增长速度始终没有提升,尽管可以通过服务器日志中记录的信息了解用户的浏览喜好和各用户群体的喜好,但普通方式很难从大量的日志中及时有效地筛选出优质信息。本项目通过对 Spark 性能优化、大数架构等相关知识的学习,与 Flume、Kafka 相结合,最终实现实时网站访问行为的分析。

【功能描述】

- 配置 Flume 采集服务器日志。
- Flume 将数据发送到 Kafka。
- Spark Streaming 接收实时处理。
- 可视化实现。

【效果展示】

通过对本项目的学习,能够使用 Flume 采集数据并交由 Kafka 进行消费最后通过 Spark Streaming 完成实时的数据统计并将结果持久化到 MySQL 数据库后进行可视化,效果如图 8-1 所示。

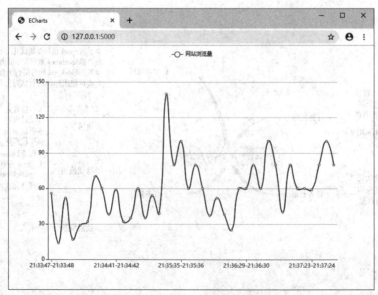

图 8-1　效果图

技能点一 Spark 性能优化

Spark 性能的优化主要是指通过技术手段或提高硬件配置来提升 Spark 的计算速度。通常可通过合理的资源分配、任务并行度配置、合理使用 RDD 持久化、Kryo 序列化使用等。

1. 资源分配优化

合理的资源分配是 Spark 运算性能优化的主要方式之一,通过为任务增加或分配更多的资源来提高计算速度的效果十分明显,一般情况下增加资源与性能的提升是成正比的,当可供分配的资源用完时,才考虑通过其他方式对性能进行优化,在生产环境中,使用 spark-submit 命令提交 Spark 作业并分配资源,方法如下。

```
[root@master bin]# ./spark-submit --master local[*] --class com.wordcountdemo.
partition \
    --num-executors 3 \
    --driver-memory  1024M \
    --executor-memory 2G \
    --executor-cores 3 \
    /usr/local/student.jar \
    /student/input/student.txt /student/output
```

参数说明见表 8-1。

表 8-1 资源分配参数

属性	说明
--num-executors 3	配置 Executor 的数量
--driver-memory 1024M	配置 Driver 的内存 , 影响不大
--executor-memory 2G \	配置每个 Executor 的内存大小
--executor-cores 3	配置每个 Executor 的 CPU 核心数

在资源分配优化方案中,怎样合理分配资源,提高计算速度成为首要问题,目前,有两种常见的资源配置方法如下。

● Spark Standalone：Spark 在运行自身的分布式框架时（spark-submit 提交任务），需要确定每台节点可供分配的内存、CPU 核心数等，例如当前有 20 个节点，每个节点能够为执行任务提供的内存为 4 GB、2 个 CPU 核心，这时可将 Executor 数量设置为 20，每个 Executor 内存设置为 4 GB，每个 Executor 设置 2 个 CPU 核心。

● YARN：当 Spark 在 YARN 上运行时，需要得到资源队列中可用的资源，例如当前资源队列中有 400 GB 内存，200 个 CPU 核心，就可以将 Executor 数量设置为 50 个，每个为 8 GB，每个 Executor 设置 2 个 CPU 核心。

Spark 应用程序从客户端提交到集群以后，程序中算子会被 SparkContext、DAGScheduler 和 TaskScheduler 拆分为大量的 Task 提交到 Executor 上运行，假如当前环境中有 20 个 Executor，每个 Executor 有 2 个 CPU 核心，那么当前环境就能够并行执行 40 个 Task，如果环境中剩余的资源允许被分配，可将这两个指标提高，计算速度也会因此提高。除了分配资源外，还可以增加 Executor 的内存，其对性能的提升主要有三点。

● 对 RDD 进行 cache 操作时，较高的内存可以缓存更多的数据，减少或不将数据写入磁盘，减少磁盘 IO。

● 对于在 reduce 阶段的 shuffle 操作来说，拉取的数据需要在内存进行存储以及聚合操作，当内存不足时会产生磁盘 IO，当 Executor 内存足够时同样会减少磁盘 IO。

● Task 在执行时，会创建大量对象，内存较小时，会导致 JVM 空间不足频繁进行 GC 操作，导致速度变慢。

2. 并行度优化

并行度是指在 Spark 作业中每个 Stage 的 Task 数量。在已经提交任务给 Spark 作业并分配足够资源的情况下，假设有 50 个 Executor 每个有 10 GB 内存，每个 Executor 有 3 个 CPU 核心，Task 设置了 100 个，也就是说，Application 中任何一个 Stage 在运行的时候，都有 150 个 CPU 核心可以并行计算。当前只有 100 个 Task，那么同时在运行的 Task，只有 100 个，每个 Executor 只会并行运行 2 个 Task，每个 Executor 剩下的一个 CPU 核心被浪费。尽管资源虽然分配足够但是并行度没有与资源相匹配，导致资源浪费。

因此，合理地设置并行度是一个非常有用的方式。在理想情况下，Task 数量应该设置为与 Spark Application 的总 CPU 数量相等，但当 Task 运行速度有快慢时，提前执行完成的 CPU 核心被浪费，官方推荐 Task 数量设置为 Spark Application 的总 CPU 核数的 2~3 倍，设置方法如下。

```
val conf = new SparkConf().set("spark.default.parallelism", "500")
```

3.RDD 持久化

RDD 持久化是 Spark 性能优化另一种方式，目前，RDD 持久化的相关操作有三种，分别为公共 RDD 持久化、数据序列化和双副本机制。

（1）公共 RDD 持久化

在一个 Spark 程序中如果需要多次对公共 RDD 进行计算，则需要对公共 RDD 实现持久化，将数据缓存到内存或磁盘中，之后对这个 RDD 的算子操作都直接从内存或磁盘中获取。

（2）数据序列化

将公共 RDD 持久化到内存当中可能会造成内存的占用过大导致内存溢出，当内存无法支撑保存完整的公共 RDD 数据时，就需要对公共 RDD 进行序列化操作，通过序列化的方式将 RDD 转换成一个字节数据，减少内存空间的占用。序列化的缺点在于获取数据时需要进行反序列化。

（3）双副本机制

为了能够提高数据的可靠性，在内存充足的情况下可以使用双副本机制进行持久化操作。通过双副本机制，持久化后的一个副本如果因为宕机导致副本丢失必须重新进行计算；如果持久化的每个数据单元都存储一份副本，当某一个备份丢失时可从另外一个节点中获取。

4.Kryo 序列化

Spark 内部使用的是 Java 的序列化机制 ObjectInputStream/ObjectOutputStream，可以对对象的输出流进行序列化操作，该序列化方式可以在算子里面使用，但必须有 Serializable 接口的存在，并且这种默认的序列化机制效率不高，序列化速度慢，序列化以后的数据占用的内存空间相对很大。序列化操作优缺点如下。

（1）优点

● 减少数据在内存或磁盘中占用的空间。

● 减少网络传输开销。

● 可精确推测内存使用情况，降低 GC 频率。

（2）缺点

● 消耗 CPU。

● 延长作业时间。

● 降低 Spark 性能。

使用默认的序列化机制虽然可以减少磁盘和内存的占用率以及网络开销，但是会降低 Spark 性能，延长计算时间，所以官方推荐使用 Kryo 的序列化库，Kryo 序列化机制比 Java 序列化机制性能高 10 倍左右。Spark 没有默认使用 Kyro 作序列化类库的原因是它不支持所有对象的序列化，在使用时还需要用户在使用前注册需要的序列化类型，不够便捷，Kryo 序列化库相关配置见表 8-2。

表 8-2　Kryo 序列化库相关配置

配置	描述
spark.serializer	默认值 org.apache.spark.serializer.JavaSerializer，序列化时用的类，需要声明为 org.apache.spark.serializer.KryoSerializer。这个设置不仅控制各个 worker 节点之间的混洗数据序列化格式，同时还控制 RDD 存到磁盘上的序列化格式及广播变量的序列化格式
spark.kryoserializer.buffer	每个 Executor 中的每个 core 对应着一个序列化 buffer。如果对象很大，可能需要增大该配置项。其值不能超过 spark.kryoserializer.buffer.max
spark.kryoserializer.buffer.max	默认值 64 MB，允许使用序列化 buffer 的最大值

配置	描述
spark.kryo.classesToRegister	默认值 None,向 Kryo 注册自定义的类型,类名间用逗号分隔
spark.kryo.referenceTracking	默认值 True,跟踪对同一个对象的引用情况,这对发现有循环引用或同一对象有多个副本的情况是很有用的。设置为 False 可以提高性能
spark.kryo.registrationRequired	默认值 False,是否需要在 Kryo 登记注册?如果为 true,则序列化一个未注册的类时会抛出异常
spark.kryo.registrator	默认值 None,为 Kryo 设置这个类去注册自定义的类。最后,如果不注册需要序列化的自定义类型,Kryo 也能工作,不过每一个对象实例的序列化结果都会包含一份完整的类名,这有点浪费空间
spark.kryo.unsafe	默认值 False,如果想更加提升性能,可以使用 Kryo unsafe 方式

使用 Kryo 序列化库实现 RDD 的序列化操作,步骤如下。

第一步:创建程序入口,并注册需要使用 Kryo 序列化的自定义类,代码如下。

```
val conf = new SparkConf().setAppName("KyroTest").setMaster("local[*]")
conf.set("spark.serializer", "org.apache.spark.serializer.KryoSerializer")
conf.set("spark.kryo.registrationRequired", "true")
conf.registerKryoClasses(Array(classOf[Info],classOf[scala.collection.mutable.
WrappedArray.ofRef[_]]))
val sc = new SparkContext(conf)
val rdd = sc.parallelize(List(("a",1),("b",2)))
// 序列化的方式将 RDD 存到内存
rdd.persist(StorageLevel.MEMORY_ONLY_SER)
rdd.count()
```

第二步,登录 4040 端口查看以序列化方式将 RDD 持久化到内存是否成功,结果如图 8-2 所示。

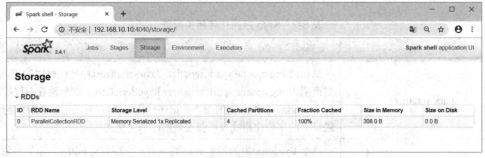

图 8-2 序列化方式将 RDD 持久化到内存

技能点二　Lambda 大数据架构

Lambda 架构是 Storm 的作者 Nathan Marz 提出的用于实时处理的大数据框架。Lambda 架构的目标是设计一个高容错、低延时、可扩展的实时计算框架。Lambda 架构采用了读写分离和复杂性隔离等架构原则,可集成 Hadoop、Kafka、Storm、Spark、Hbase 等各类大数据组件。

1. 实时大数据系统的关键特性

作为一个实时大数据处理系统,最重要的就是要完成低延迟、高效率的数据处理分析工作,当然只包含这两个特性是不够的,更多实时数据处理系统特性如下所示。

● Robust and fault-tolerant(容错性和鲁棒性):大规模的分布式系统的可靠性是非常低的,时常面临机器宕机、机器运行错误或是程序中出现 Bug 等情况,系统必须对这些情况产生的错误数据有足够的适应能力。

● Low latency reads and updates(低延时):具有较高的更新和查询响应速度。

● Scalable(横向扩容):当数据量增加超过集群负载时,可完成现行扩展(增加集群中的机器),不是通过提高单机配置、系统等。

● General(通用性):系统需要能够适应广泛的应用,包括金融领域、社交网络、电子商务数据分析等。

● Extensible(可扩展):当系统中需要添加新功能或新特性时能够以最小的代价完成。

● Allows ad hoc queries(方便查询):数据中需要包含有价值的信息并能够快速地查询出来。

● Minimal maintenance(易于维护):系统复杂性要低,因为越复杂的系统越容易出现错误而且维护困难。

● Debuggable(易调试):当集群出现错误时,系统应该能够报出足够多的错误信息,方便找到问题根源。

2.Lambda 架构简介

Lambda 架构为大数据分析应用提供了一个低效应延迟组合数据传输环境,其明确定义了架构原则,为打造一套强大的可扩展的数据系统定义了架构规范。在该架构中,被读取的数据是不可变的,在并行处理的过程中,数据会依次进入流处理系统并进行实时的处理和离线数据分析。

Lambda 架构只是一个架构理念并不限定组成该架构的组件,组成该架构的组件需要根据实际情况进行选择。如图 8-3 所示是由 Kafka、Storm 和 Hadoop 等构成的 Lambda 架构,可根据需要将其替换成符合需求的工具。

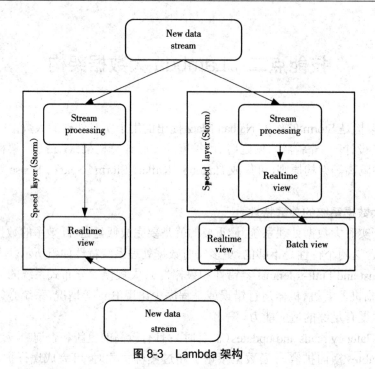

图 8-3　Lambda 架构

以上架构中主要可以分为三层，分别为批处理层、服务层和速度层，说明如下。

● 批处理层：主要由 Hadoop、Spark 等批处理工具组成，其中 HDFS 和 HBase 还可以作为数据持久化组件。

● 服务层：用于加载和实现数据库的批处理视图，方便用户查询。

● 快速处理层：主要处理新数据和服务层更新造成的高延迟补偿，能够利用流处理系统和随机读写数据存储库计算实时视图。批处理和服务层定期处理和转换实时视图为批处理视图。

3.Lambda 架构设计

根据以上对 Lambda 架构的介绍，通过使用 Flume、Kafka、Spark Streaming、HDFS、Spark SQL 和 MySQL 构建一个 Lambda 框架，如图 8-4 所示。

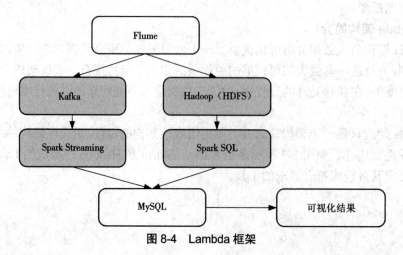

图 8-4　Lambda 框架

图 8-4 中各组件的作用如下。

● Flume：负责数据采集，将数据主动发送给 Kafka。

● Kafka：接收 Flume 的数据并将数据汇总发送给 Spark Streaming。

● Spark Streaming：进行实时的数据处理。

● MySQL：持久化处理结果。

● HDFS：直接接收 Flume 数据保存到 HDFS。

● Spark SQL：读取 HDFS 中的数据进行数据处理。

技能点三　Flask web 应用框架

Flask 是基于 Python 的轻量级 Web 框架，其核心非常简单且具有很强的扩展能力。虽然 Flask 是一个中小型的 Web 应用系统，但不代表它仅能够使用一个 Python 文件进行处理，开发人员可根据需求创建更多的 Python 文件来完成业务逻辑。通过 Pycharm 创建一个 Flask 框架步骤如下。

第一步：使用 pip 安装 Flask 库，并打开 Pycharm 软件依次点击 "Flie" → "New Project" 选择 "Flask" 点击 "Create" 按钮完成创建，结果如图 8-5 所示。

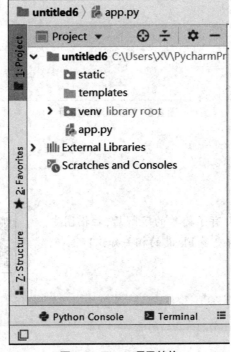

图 8-5　Flask 项目结构

如图 8-5 所示为 Flask 的项目结构。

● static：存储静态文件。

● templates：存放模板文件。
● app.py：逻辑代码。

双击打开 app.py 文件是一个最简单的案例，在代码中主要完成了以下任务。

● 导入 Flask 类。这个类的实例将会是 WSGI 应用程序。

● 创建一个 Flask 类的实例，第一个参数是应用模块或者包的名称。

● 使用 route() 设置访问路径，告诉 Flask 什么样的 URL 能触发函数。该函数用来返回需要在浏览器中显示的信息。

● 最后通过 run() 函数启动本地服务器。其中"if __name__ =='__main__':"确保服务器只会在该脚本被 Python 解释器直接执行的时候才会运行，而不是作为模块导入的时候。

第二步：运行 Flask，点击 Pycharm 右上角的三角图标运行 Flask，运行成功后通过浏览器访问本机 5000 端口，结果如图 8-6 所示。

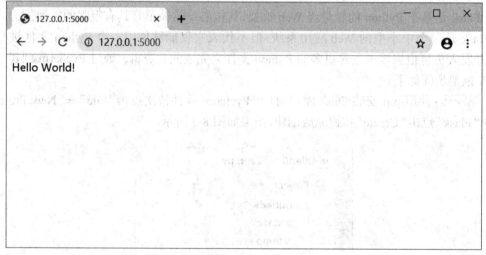

图 8-6　Flask 默认页面

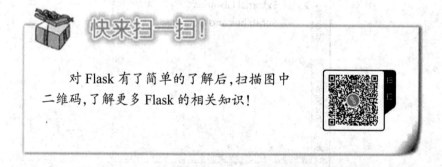

快来扫一扫！

对 Flask 有了简单的了解后，扫描图中二维码，了解更多 Flask 的相关知识！

通过以下几个步骤,根据 Lambda 框架的理念使用 Flume、Kafka、Spark Streaming 和 MySQL 构建一个 Lambda 架构,并使用该架构实时对服务器日志数据进行统计分析,分析结果保存到 MySQL 中,MySQL 表结构见表 8-3 至表 8-5。

表 8-3 pvtab 表

列名	类型	长度	
ID	int	11	主键自增
time	varchar	255	
Pv	varchar	255	

表 8-4 jumpertab 表

列名	类型	长度	
ID	int	11	主键自增
time	varchar	255	
jumper	varchar	255	

表 8-5 regusetab 表

列名	类型	长度	
ID	int	11	主键自增
time	varchar	255	
reguse	varchar	255	

步骤如下所示。

第一步:安装 httpd 服务器并在"/var/www/html"目录下创建一个名为 index.html 的页面,命令如下所示。

```
[root@master ~]# yum -y install httpd
[root@master ~]# cd /var/www/html/
[root@master html]# vi index.html          #输入如下内容
This is a page for generating log files
```

效果如图 8-7 所示。

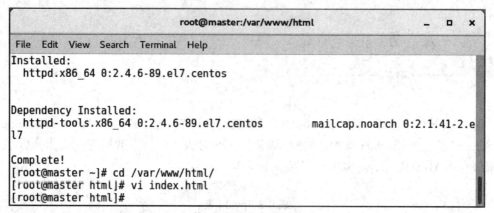

图 8-7　下载 httpd 服务器并创建 html 页面

第二步：启动 httpd 服务器，并通过 Linux 的 IP 地址访问该页面，命令如下所示。

[root@master html]# service httpd start

效果如图 8-8 和图 8-9 所示。

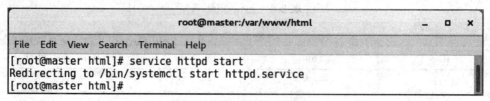

图 8-8　查找进程号

图 8-9　http 下静态页面

第三步：修改项目二中创建的 Flume 配置文件"access_Streaming.properties"中的 HDFS sinks 修改为 Kafka sinks 配置，代码如下。

```
[root@master conf]# vi access_Streaming.properties
a1.sources = s1
a1.sinks = k1
a1.channels = c1


# Describe/configure the source
a1.sources.s1.type= exec
a1.sources.s1.command = tail -f /var/log/httpd/access_log
a1.sources.s1.channels=c1
a1.sources.s1.fileHeader = false
a1.sources.s1.interceptors = i1
a1.sources.s1.interceptors.i1.type = timestamp


#Kafka sink
a1.sinks.k1.type = org.apache.flume.sink.kafka.KafkaSink
a1.sinks.k1.topic = testSpark
a1.sinks.k1.brokerList = master:9092
a1.sinks.k1.requiredAcks = 1


# Use a channel which buffers events in memory
a1.channels.c1.type = memory
a1.channels.c1.capacity = 1000
a1.channels.c1.transactionCapacity = 100


# Bind the source and sink to the channel
a1.sources.s1.channels = c1
a1.sinks.k1.channel = c1
[root@master flume]# bin/flume-ng agent --name a1 --conf conf  --conf-file conf/access_
Streaming.properties  -Dflume.root.logger=INFO,console
```

效果如图 8-10 所示。

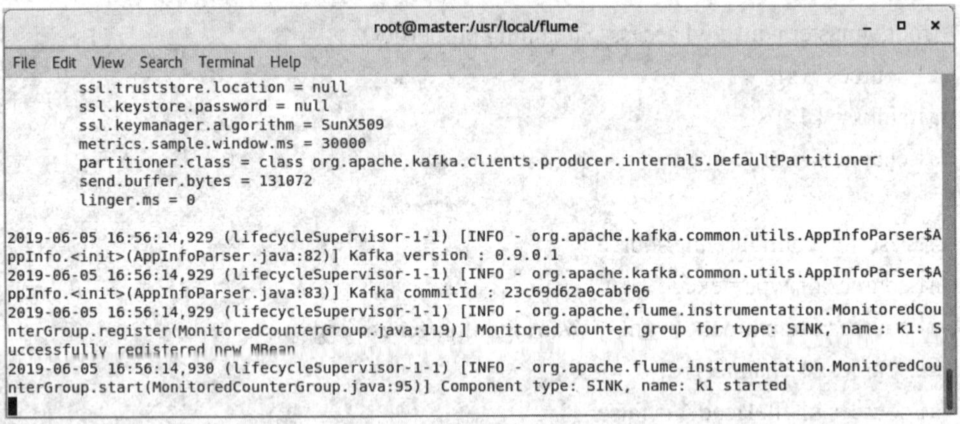

图 8-10 启动 Flume

第四步:在 MySQL 中创建用于存储处理结果的数据库和数据表,结果分三个表存储,pvtab 表存储阶段时间内的页面浏览量、jumpertab 表存储阶段时间内只访问了一次页面的用户数量、regusetab 表存储阶段时间内网站的注册量,代码如下。

```
[root@master ~]# mysql -uroot -p123456
mysql> CREATE DATABASE test;
Query OK, 1 row affected (0.00 sec)
mysql> use test;
Database changed
// 创建 jumpertab 表
mysql> CREATE TABLE 'jumpertab' ('ID' int(11) NOT NULL AUTO_INCREMENT,
'time' varchar(255) DEFAULT NULL,'jumper' varchar(255) DEFAULT NULL,PRIMARY
KEY ('ID'));
Query OK, 0 rows affected (0.65 sec)
// 创建 pvtab 表
mysql> CREATE TABLE 'pvtab' ('ID' int(11) NOT NULL AUTO_INCREMENT,'time'
varchar(255) DEFAULT NULL,'pv' varchar(255) DEFAULT NULL,PRIMARY KEY ('ID'));
Query OK, 0 rows affected (0.11 sec)
// 创建 regusetab 表
mysql> CREATE TABLE 'regusetab' ('ID' int(11) NOT NULL AUTO_INCREMENT,
'time' varchar(255) DEFAULT NULL,'reguse' varchar(255) DEFAULT NULL,PRIMARY KEY
('ID'));
Query OK, 0 rows affected (0.03 sec)
mysql>
```

结果如图 8-11 所示。

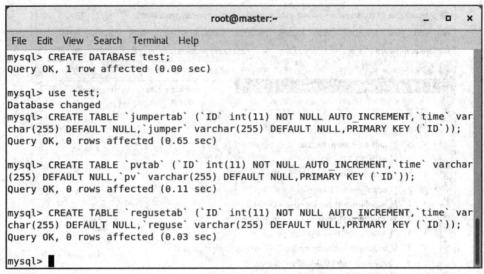

图 8-11　创建数据库

第五步：使用 IDEA 创建一个名为"Streamingword"的项目，在项目中创建一个名为"com.spark.streaming"的包并在该包中创建一个名为"sparkword"的 Scala 项目文件，结果如图 8-12 所示。

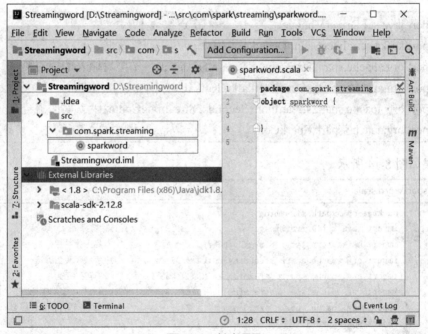

图 8-12　创建项目

第六步：引入 JAR 包，将"kafka_2.11-0.8.2.1.jar""metrics-core-2.2.0.jar""spark-streaming-kafka_2.11-1.6.3.jar"三个 JAR 包上传到 Spark 安装目录中 jars 文件夹中，并将该文件夹复制到本地导入到 Streamingword 项目中，结果如图 8-13 所示。

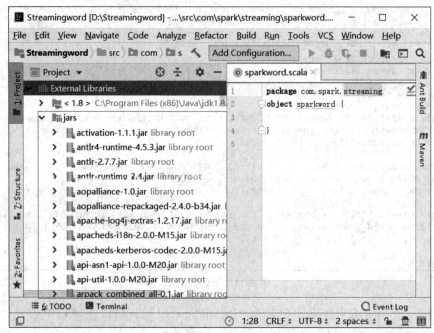

图 8-13　导入 JAR 包

第七步：在名为"sparkword"的 Scala 文件中，引入本程序所需要的全部方法，代码如下。

```
import java.sql.DriverManager              //连接数据库
import kafka.serializer.StringDecoder              //序列化数据
import org.apache.spark.streaming.dstream.DStream     //接收输入数据流
import org.apache.spark.streaming.kafka.KafkaUtils     // 连接 Kafka
import org.apache.spark.streaming.{Seconds, StreamingContext} // 实时流处理
import org.apache.spark.SparkConf                //spark 程序的入口函数
```

结果如图 8-14 所示。

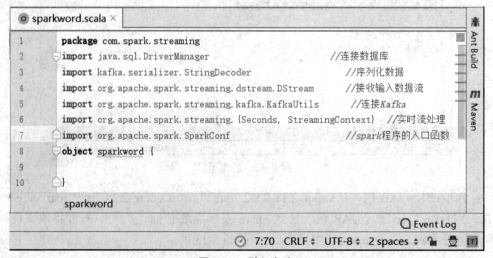

图 8-14　引入方法

第八步：在 sparkword 中创建 main() 函数，并在 main() 函数中初始化 Spark 入口程序，设置 Spark Streaming 每隔 20 s，接收并处理一次服务器日志数据，代码如下。

```scala
def main(args: Array[String]): Unit = {
  // 创建 sparksession
  val conf = new SparkConf().setAppName("Consumer")
  val ssc = new StreamingContext(conf,Seconds(20)) // 设置每隔 20 秒接收并计算一次
}
```

结果如图 8-15 所示。

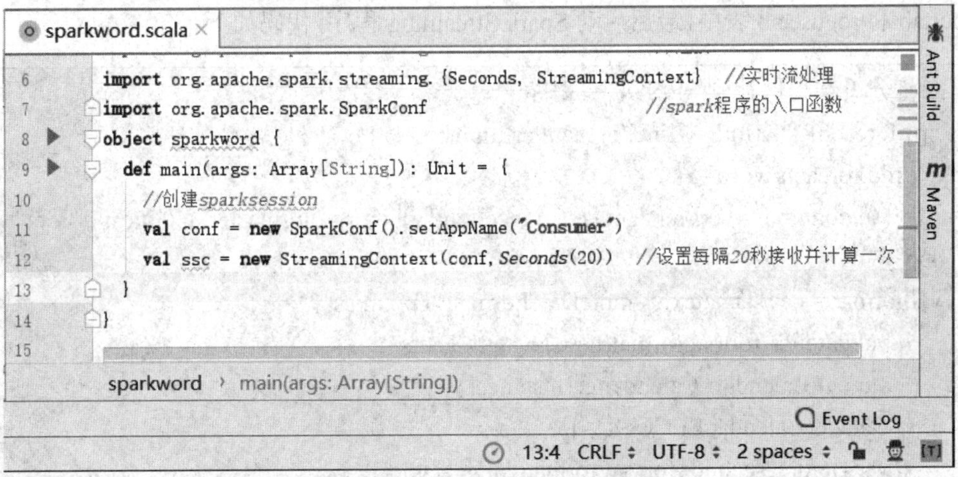

图 8-15 创建 main() 函数和 Spark 程序入口

第九步：程序入口创建完成后，继续在 main() 函数中设置接收 Kafka 发送的数据，设置 Kafka 服务的主机地址和端口号，并设置从哪个 topic 接收数据和设置消费者组，代码如下。

```scala
//kafka 服务器地址
val kafkaParam = Map("metadata.broker.list" -> "192.168.10.10:9092")
// 设置 topic
val topic = "testSpark".split(",").toSet
// 接收 kafka 数据
val logDStream: DStream[String] = KafkaUtils.createDirectStream[String,String,StringDecoder,StringDecoder](ssc,kafkaParam,topic).map(_._2)
```

第十步：接收到数据后，对数据进行分析，将服务器日志数据按照空格进行拆分，并分别统计出阶段时间内的网站浏览量、用户注册数量和用户的跳出率并将统计结果转换为键值对类型的 RDD，代码所示。

```
// 拆分接收到的数据
val RDDIP =logDStream.transform(rdd=>rdd.map(x=>x.split(" ")))
// 进行数据分析
val pv = RDDIP.map(x=>x(0)).count().map(x=>("pv",x))  // 用户浏览量
val jumper = RDDIP.map(x=>x(0)).map((_,1)).reduceByKey(_+_).filter(x=>x._2 ==
1).map(x=>x._1).count.map(x=>("jumper",x))  // 跳出率
val reguser =RDDIP.filter(_(8).replaceAll("\"","").toString == "/member.php?mod=regis-
ter&inajax=1").count.map(x=>("reguser",x)) // 注册用户数量
```

第十一步：遍历统计结果 RDD 取出键值对中的值并分别将分析结果保存到 pvtab、jumpertab 和 regusetab 表中，最后启动 Spark Streaming 程序，代码如下。

```
// 将分析结果保存到 MySQL 数据库
pv.foreachRDD(line =>line.foreachPartition(rdd=>{
    rdd.foreach(word=>{
     val conn = DriverManager.getConnection("jdbc:mysql://master:3306/test", "root",
"123456")
    val format = new java.text.SimpleDateFormat("H:mm:ss")
     val dateFf= format.format(new java.util.Date())
     var cal:Calendar=Calendar.getInstance()
     cal.add(Calendar.SECOND,-1)
     var Beforeasecond=format.format(cal.getTime())
     val date = Beforeasecond.toString+"-"+dateFf.toString
     val sql = "insert into pvtab(time,pv) values("+" ' "+date+" '," +" ' "+word._2+" ')"
     conn.prepareStatement(sql).executeUpdate()
    })
    }))
  jumper.foreachRDD(line =>line.foreachPartition(rdd=>{
   rdd.foreach(word=>{
    val conn = DriverManager.getConnection("jdbc:mysql://master:3306/test", "root",
"123456")
    val format = new java.text.SimpleDateFormat("H:mm:ss")
    val dateFf= format.format(new java.util.Date())
    var cal:Calendar=Calendar.getInstance()
    cal.add(Calendar.SECOND,-1)
    var Beforeasecond=format.format(cal.getTime())
    val date = Beforeasecond.toString+"-"+dateFf.toString
```

```
    val sql = "insert into jumpertab(time,jumper) values("+" ' "+date+" ',' "+" ' "+word._2+" ')"
  conn.prepareStatement(sql).executeUpdate()
    })
  }))
  reguser.foreachRDD(line =>line.foreachPartition(rdd=>{
    rdd.foreach(word=>{
    val conn = DriverManager.getConnection("jdbc:mysql://master:3306/test", "root",
"123456")
    val format = new java.text.SimpleDateFormat("H:mm:ss")
    val dateFf= format.format(new java.util.Date())
    var cal:Calendar=Calendar.getInstance()
    cal.add(Calendar.SECOND,-1)
    var Beforeasecond=format.format(cal.getTime())
    val date = Beforeasecond.toString+"-"+dateFf.toString
    val sql = "insert into regusetab(time,reguse) values("+" ' "+date+" ',' "+" ' "+word._2+" ')"
  conn.prepareStatement(sql).executeUpdate()
    })
  }))
  ssc.start()      // 启动 Spark Streaming 程序
```

第十二步：将 Spark Streaming 打包上传到虚拟机的 /usr/local 目录下并提交到集群中运行，将包命名为 Streaminglog，执行过程中程序会每隔 20 s 接收一次数据并进行计算，最后将计算结果保存到 MySQL 数据库中，代码如下。

```
[root@master bin]# ./spark-submit --master local[*] --class com.spark.streaming.
sparkword /usr/local/Streaminglog.jar
```

结果如图 8-16 所示。

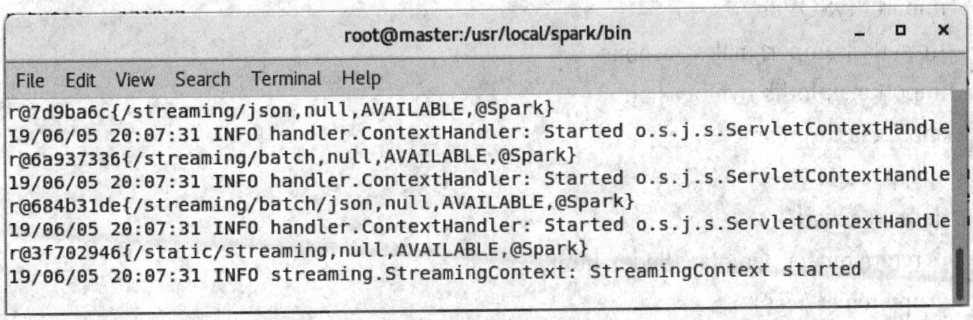

图 8-16 启动 Spark Steaming

第十三步：使用 Flask 框架完成数据可视化，打开 Pycharm，依次点击"File"→"New Project"→"Flask"创建一个 Flask 架构，结果如图 8-17 所示。

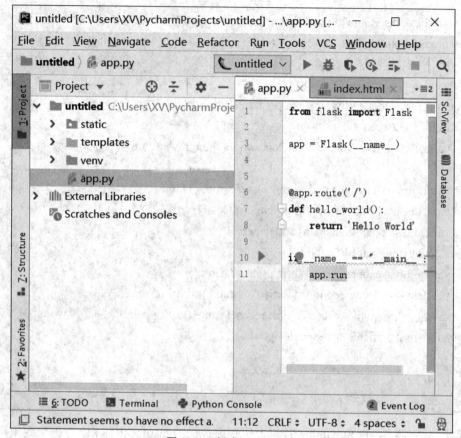

图 8-17　创建 Flask 项目

第十四步：在 app.py 文件中定义一个名为"test"的方法，该方法接收客户端的 AJAX 请求后查询数据库并将结果返回到客户端显示。为了能够更明显地看出实时效果程序中设置每秒都读取一次数据库每次获得数据库中最后的 10 条数据。代码如下。

```python
from flask import Flask,render_template
import json
import MySQLdb
from flask import make_response
import matplotlib.pyplot as plt
app = Flask(__name__)
@app.route('/')
def my_echart():
    return render_template('index.html')
@app.route('/test')
def test():
```

```
# 连接数据库
db = MySQLdb.connect("192.168.10.10", "root", "123456", "test")
# 使用 cursor() 方法获取操作游标
cursor = db.cursor()
sql = "SELECT * FROM(SELECT * FROM pvtab ORDER BY ID DESC LIMIT 10)
aa ORDER BY ID ASC"  // 查询数据库中的最后 10 条数据
data = []
pv = []
# 执行 SQL 语句
cursor.execute(sql)
# 获取所有记录列表
results = cursor.fetchall()
# 转换成 json 格式
jsonData = {}
xdays = []
yvalues = []
for data in results:
    xdays.append(data[1])
    yvalues.append(data[2])
jsonData['xdays'] = xdays
jsonData['yvalues'] = yvalues
# json.dumps() 用于将 dict 类型的数据转换成 str, 因为如果直接将 dict 类型的数据
# 写入 json 会报错, 因此将数据写入时需要用到此函数
j = json.dumps(jsonData)
cursor.close()
# 在浏览器上渲染 my_template.html 模板(为了查看输出数据)
return (j)
if __name__ == "__main__":
    app.run(debug = True)
```

第十五步: 在项目中导入 echarts.js 和 jquery-3.1.0.min.js 这两个文件到项目中的 static 文件夹中, 结果如图 8-18 所示。

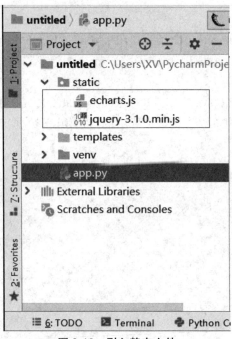

图 8-18　引入静态文件

　　第十六步：用鼠标右键单击 templates 文件夹，依次点击"New"→"HTML File"输入 index 点击"OK"按钮完成 HTML 页面创建，在该页面中使用 Echarts 绘制折线图实时显示网站浏览量信息，代码如下。结果如图 8-1 所示。

```
<!DOCTYPE html>
<html>
<head>
  <meta charset="utf-8">
  <title>ECharts</title>
  <!-- 引入 echarts.js 这里使用 flask 的 url_for-->
  <script src="{{ url_for('static', filename='echarts.js') }}"></script>
  <script src="{{ url_for('static', filename='jquery-3.1.0.min.js') }}"></script>
</head>
 <!-- 为 ECharts 准备一个具备大小（宽高）的 Dom -->
<div id="main" style="width: 800px;height:500px;margin: 0 auto;"></div>
<script type="text/javascript">
  var myChart = echarts.init(document.getElementById('main'));
  var app = {
    xday:[],
    yvalue:[]
```

```
};
// 发送 ajax 请求,从后台获取 json 数据
$(document).ready(function () {
  getData();
  console.log(app.xday);
  console.log(app.yvalue)
});
$(document).ready(function(){
  setInterval(getData, 5000);
});
function getData() {
  $.ajax({
    url:'/test',
    data:{},
    type:'GET',
    async:false,
    dataType:'json',
    success:function(data) {
      app.xday = data.xdays;
      app.yvalue = data.yvalues;
      myChart.setOption({
        tooltip: {
          trigger: 'none',
          axisPointer: {
            type: 'cross'
          }
        },
        legend: {
          data:[ '网站浏览量']
        },
        grid: {
          top: 70,
          bottom: 50
        },
        xAxis: [
```

```
        {
            type: 'category',
            axisTick: {
                alignWithLabel: true
            },
            axisLine: {
                onZero: false,
                lineStyle: {
                    color: '#d14a61'
                }
            },
            axisPointer: {
                label: {
                    formatter: function (params) {
                        return '时间段' + params.value
                            + (params.seriesData.length ? ':' + params.seriesData[0].data : ' ');
                    }
                }
            },
            data: app.xday
        }
    ],
    yAxis: [
        {
            type: 'value'
        }
    ],
    series: [
        {
            name:'网站浏览量',
            type:'line',
            smooth: true,
            data: app.yvalue
        }
    ]
```

```
            })
        },
        error:function (msg) {
            console.log(msg);
            alert('系统发生错误');
        }
    })
  };
</script>
<body>
</body>
</html>
```

至此，Spark 实时网站访问行为分析。

本项目通过实时网站访问行为分析的实现，对 Spark 集群的维护方法有了初步了解，对 Lambda 大数据架构配置和 Flask web 应用框架的使用有所了解并掌握，并能够通过所学的 Spark 相关知识实现网站访问行为的实时分析。

num	数字	memory	内存
cores	核心	driver	驱动程序
submit	提交	task	作业
application	应用	broadcast	播放

1. 选择题

（1）下列选项中（   ）用于配置 Executor 数量。

A.--num-executors   B.--driver-memory   C.--executor-memory   D.--executor-cores

（2）加入当前坏境中有 20 个 Executor，每个 Executor 有 2 个 CPU 核心，那么当前环境就能够并行执行（   ）个 Task。

A.20   B.40   C.60   D.80

（3）并行度是指在 Spark 作业中每个 Stage 的（   ）数量。

A.sample   B.collectAsMap   C.Task   D.takeSample

（4）当系统中需要添加新功能或新特性时能够以最小的代价完成指的是（   ）。

A.Extensible（可扩展）   B.Scalable（横向扩容）

C.Allows ad hoc queries（方便查询）   D.Debuggable（易调试）

（5）当集群出现错误时系统应该能够报出足够多的错误信息，方便找到问题根源指的是（   ）。

A.General（通用性）   B.Minimal maintenance（易于维护）

C.Debuggable（易调试）   D.Low latency reads and updates（低延时）

2. 简答题

（1）简述资源分配对性能有哪些影响。

（2）简述什么是 Lambda 架构。